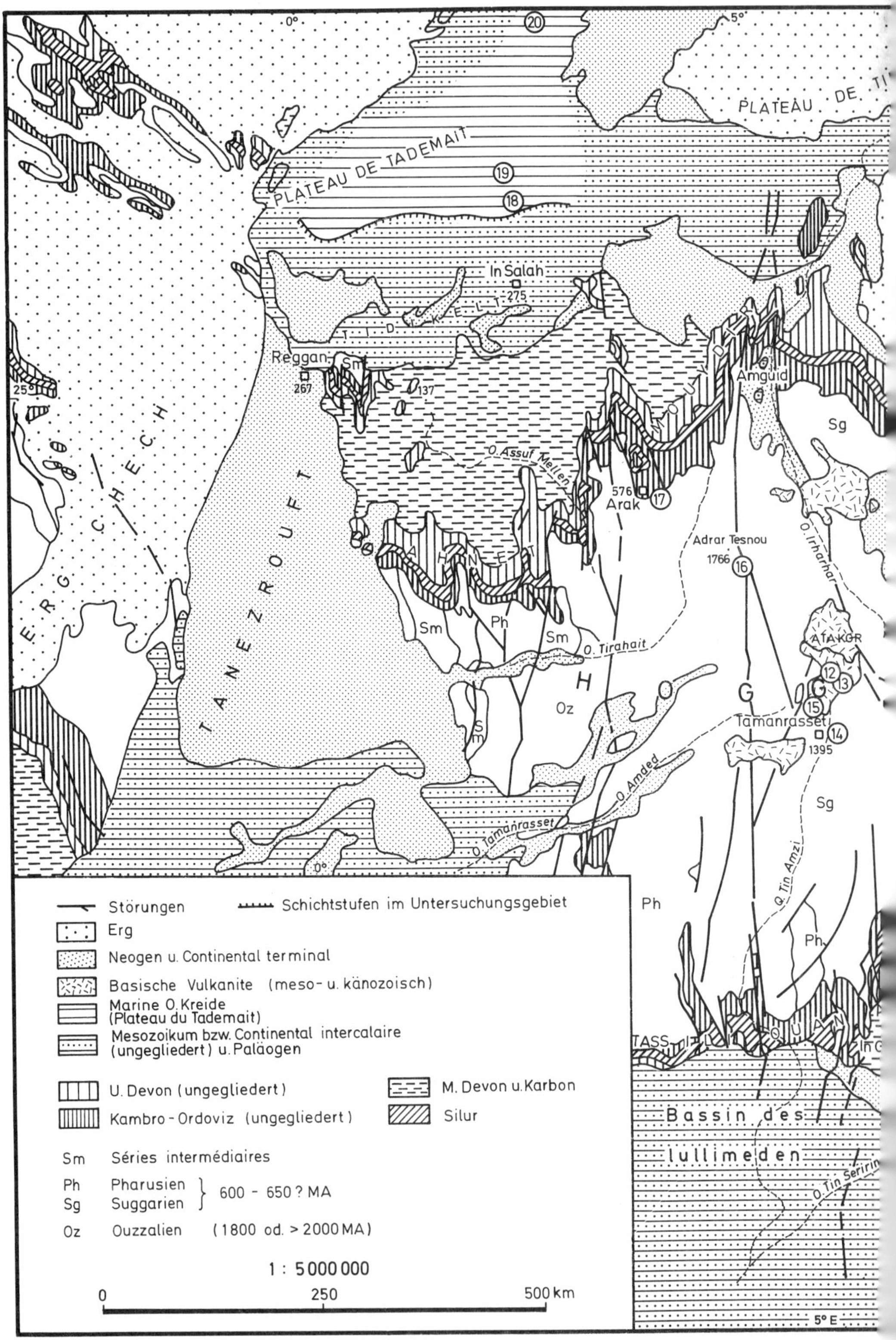

Fig. 31 Geologische Karte der zentralen Sahara (nach BEUF et al. 19

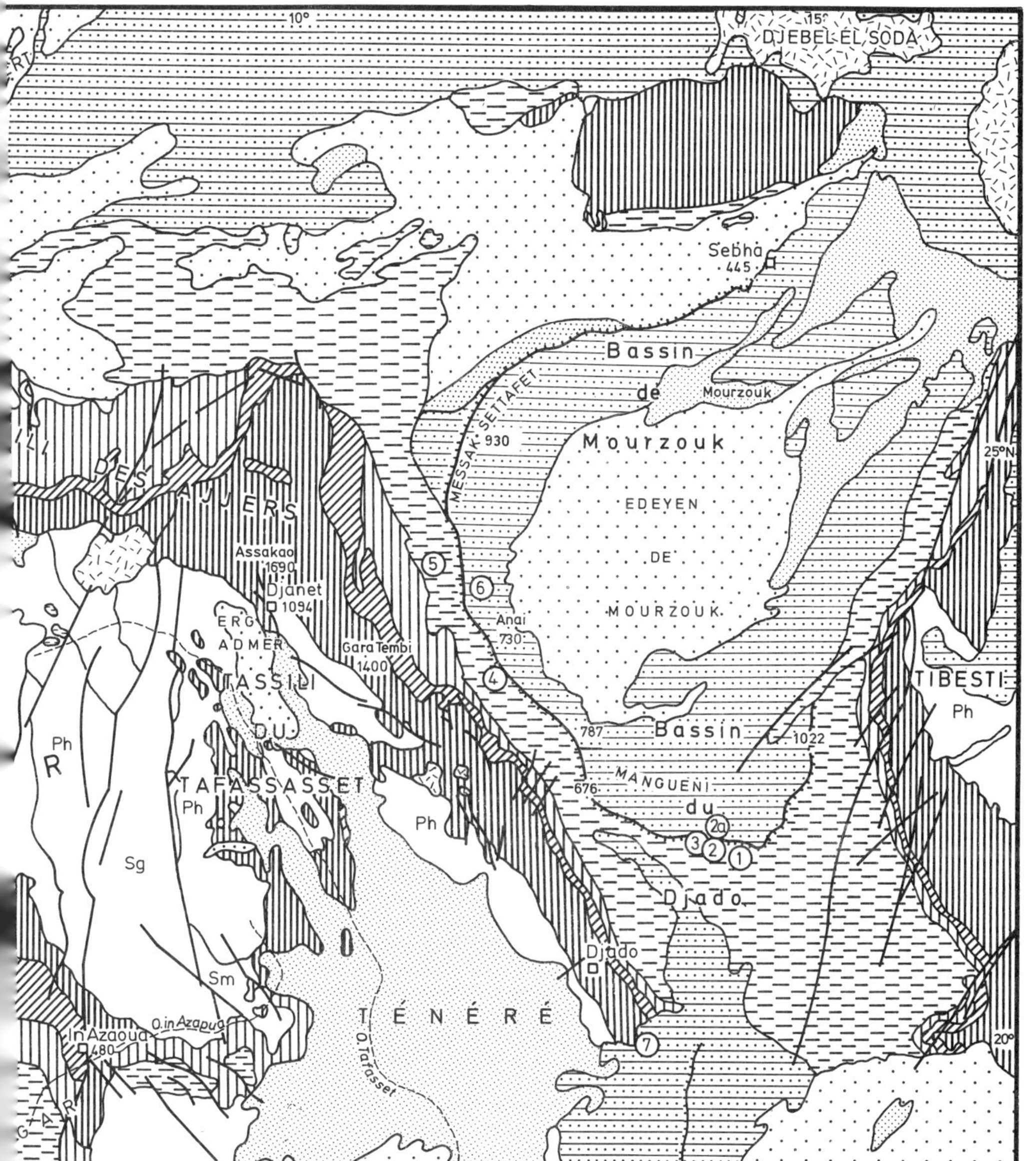

d Lage der untersuchten Profile 1 bis 20

Relief Boden Paläoklima Band 5

Relief Boden Paläoklima

Band 5

Böden als Indikator klimagesteuerter Landformung in der zentralen Sahara

Gebrüder Borntraeger · Berlin · Stuttgart · 1987

Böden als Indikator klimagesteuerter Landformung in der zentralen Sahara

von Armin SKOWRONEK
Universität Würzburg

Mit 32 Figuren und 16 Tabellen

Gebrüder Borntraeger · Berlin · Stuttgart · 1987

Die Arbeit wurde am 25. Juli 1984 von der Fakultät für Geowissenschaften der Bayerischen Julius-Maximilians-Universität Würzburg als Habilitationsschrift angenommen.

Adresse des Autors:
Privatdozent Dr. Armin Skowronek, Geographisches Institut der Universität Würzburg, Am Hubland, D-8700 Würzburg

ISSN 0720-4876 / ISBN 3 443 09005 2

Vorwort

Der wissenschaftliche Hintergrund für die vorliegende Arbeit entstand auf einer Forschungsreise, die im Früjahr 1977 unter Leitung von Prof. Dr. H. Hagedorn und mit Prof. Dr. D. Busche, Prof. Dr. J. Grunert, K. Schäffer und Dr. E. Schulz nach Libyen, Niger und Algerien führte. Herrn Professor Hagedorn und allen Teilnehmern danke ich sehr herzlich für die Mitnahme und die Gelegenheit, geowissenschaftliche Probleme der zentralen Sahara diskutieren zu können.

Eine zweite Reise im Frühjahr 1980, diesmal mit Dipl.-Geogr. B. M. Schmitt und Dr. E. Schulz, hatte das Djado-Becken und das Air-Gebirge in Niger zum Ziel, doch konnte auch im Hoggar-Gebirge und auf dem Plateau du Tademait in Algerien wertvolles Material gesammelt werden. Außerdem bestand auf einer Fahrt von Agadez nach Niamey und zurück die Möglichkeit, einen Teil des nigrischen Sahels kennenzulernen. Meinen Kollegen danke ich für die gute Zusammenarbeit in allen Situationen.

Beide Unternehmungen wurden von der Deutschen Forschungsgemeinschaft in großzügiger Weise gefördert, wofür ich ihr zu aufrichtigem Dank verpflichtet bin.

Im Frühjahr 1981 konnte ich in Begleitung meiner Frau und mit Freunden die Maghreb-Länder Tunesien, Algerien und Marokko bereisen und dabei wichtige Beobachtungen in der nördlichen Randzone der Sahara anstellen. Für die Gestaltung unseres abwechslungsreichen Aufenthaltes in Afrika sei allen Beteiligten herzlich gedankt.

Die aufwendigen Laborarbeiten habe ich selbst im Geomorphologischen Labor des Geographischen Instituts der Universität Würzburg durchgeführt. Bei der Bestimmung der Korngrößenzusammensetzung, des pH-Wertes und des $CaCO_3$-Gehaltes half mir Herr Dipl.-Geogr. R. Baumhauer, wofür ich ihm sehr danken möchte. Die chemischen und tonmineralogischen Analysen konnte ich wieder in bewährter Weise im Mineralogischen Institut vornehmen, wo mir Herr Prof. Dr. P. Richter und Herr Dr. K. Schmidt großzügig die Röntgengeräte zur Verfügung stellten. Auch dafür meinen besten Dank.

Herr Prof. Dr. M. Geyh vom Niedersächsischen Landesamt für Bodenforschung in Hannover hat vier Radiocarbon-Datierungen erstellt und drei weitere Proben bearbeitet. Für seine Bemühungen gebührt ihm aufrichtiger Dank.

Die in der vorliegenden Arbeit angeschnittenen Probleme hätten nicht bewältigt werden können, wenn das wesentliche Element der Diskussion gefehlt hätte. Darum danke ich allen, die mir bei Vorträgen, Gesprächen oder sonstigen Gelegenheiten geholfen haben, meine Gedanken und Meinungen zu formen. Besonders hervorheben möchte ich dabei Herrn Prof. Dr. K. Gießner und Herrn Prof. Dr. J. Grunert, die durch ihre Diskussionsbereitschaft und Kritik wesentlich zum Gelingen dieser Arbeit beitrugen.

In meinen Dank schließe ich die Herren D. Wucher und K. Kelber für die Erledigung von Photoarbeiten, ganz besonders aber Herrn K. Wepler ein, der die Reinzeichnung der Figuren übernahm. Ebenso schulde ich Frau B. Vogt Dank für die technische Hilfe bei der Fertigstellung des Manuskripts.

Nicht zuletzt gilt der Dank aber vor allem meiner Frau, die mir in den letzten Jahren viel Verständnis entgegenbrachte und mir mit kritischem Verstand immer wieder Mut machte.

Inhaltsverzeichnis

1 Einführung

1.1 *Problemstellung und Zielsetzung*

Auf der kontinentalen Erdkruste bilden Böden und Verwitterungsdecken weithin die unmittelbare Landoberfläche. Ihre Entstehung ist eng an die Wirkung von Klimaelementen wie Temperatur, Niederschlag und Verdunstung gebunden. Durch die Prozesse der Verwitterung und Bodenbildung wird in der Regel leichter bewegliches Material bereitgestellt, das von der Abtragung aufgenommen werden kann. Der Boden wird so zum Träger und Objekt der Abtragung. Die resultierende Oberflächenform ist klimatisch interpretierbar, wenn Art und Intensität der vorausgegangenen, pedo- und geogenen Gesteinsaufbereitung klimaökologisch eingeordnet werden können. Pedogenese und Morphogenese können genetisch zusammengehören und parallel verlaufen, sie können aber auch miteinander alternieren.

Die klima-genetische Geomorphologie stellt nach Büdel (1969) den wichtigsten Teil eines natürlichen Systems der Geomorphologie dar, weil durch sie das überwiegend aus fossilen Elementen bestehende Relief in seiner Gesamtheit analysiert wird. Ihre Hauptaufgaben sind deshalb die Trennung von Reliefgenerationen sowie die Kennzeichnung des Vorzeitklimas und der davon gesteuerten Formungsmechanismen. Als Methoden stehen zur Verfügung: der „logisch-historische Indizienbeweis", der „großräumige geographische Vergleich" und die „Aufhellung der Klimageschichte".

Rohdenburg (1971) fordert zur genaueren Erfassung der reliefverändernden Prozesse und deren Abfolge die Untersuchung aller Ablagerungen und aller Aufbereitungsprodukte der Gesteinsverwitterung. Innerhalb des sich daraus ergebenden, weiten Arbeitsfeldes der Geomorphologie wird eine Arbeitsteilung nötig. Eine klimagenetische Geomorphologie, die die Reliefentwicklung in Abhängigkeit von Klimaänderungen berücksichtigen will, muß daher den engen Kontakt zur Geologie und Bodenkunde herstellen.

Klimatisch bedingte Wüsten wie die Sahara zeichnen sich wegen der z. T. extremen Trockenheit durch ein relativ geringes pedogenetisches Potential aus. Um so wichtiger erscheint das Studium der Boden- und Reliefgenese in diesem Raum vor allem auch deshalb, weil die Sahara aufgrund ihrer strukturgeologischen Entwicklung teilweise schon seit dem Präkambrium der wiederholten Abtragung und Aufschüttung ausgesetzt war. Während sich die ältere Morphogenese paläoklimatisch in der Petrographie der paläozoischen und mesozoischen Sedimentgesteine niederschlägt, tragen die jüngeren Landoberflächen noch pedogene Spuren, die eine direkte Aussage über ihre klimatischen Bildungsbedingungen ermöglichen. Hinzu kommt ein tertiärer und quartärer Vulkanismus, welcher besonders im Hoggar-Gebirge ehemalige Oberflächenböden fossilierte und eine bodenstratigraphische Abfolge konservierte. Klimagenetisch-geomorphologische Forschungen in der größten Wüste der Erde entbehren also nicht der bedeutsamen Unterstützung durch pedologische Klimazeugen.

Die roten Paläosole des Hoggar hat Büdel (1952, 1955, 1963) als genetischen Bestandteil der Rumpfflächen auf dem altkristallinen Gondwana-Untergrund angesehen und nach dem Geländebefund als (wechsel)feucht-tropische Bildungen eingestuft. Später wurden noch mehrere rote Paläoböden Nordafrikas in die „Tropoide Alterde“ aufgenommen, welche über das ganze Tertiär hinweg bis in hohe Breiten die Einrumpfung verschiedenartiger Gesteinskörper ermöglichte und trug (1977). Konsequenterweise betrachtet Büdel alle „Rotlehm“-bedeckten Ebenheiten als unter feucht-tropischem Klima entstandene Rumpfflächen. In der Sahara gehen zahlreiche andere Geomorphologen ebenfalls von einem mehr oder weniger ausgeglichenen tropischen Feuchtklima während des Tertiärs aus. Viele Oberflächenbildungen werden deshalb als Produkte eines entsprechend feucht-tropischen Milieus gedeutet, so z. B. das Silcrete auf Sandstein der Nubischen Serie oder die chemische Verwitterung der Hoggar-Basalte (Busche 1983).

Andererseits führten klimageomorphologische Untersuchungen in der zentralen Sahara durch Meckelein (1959) zu der Aussage, daß die Kernräume schon seit dem Alttertiär ein wüstenhaftes Klima besitzen und wirkungsvolle Klimaschwankungen nur in den Randzonen nachzuweisen sind. Die Paläopedologie könnte nach Meckelein (1979) dabei einen wesentlichen Schlüssel für die jüngere Klimageschichte darstellen, aber auch zur Lösung der Frage der Flächenbildung beitragen, weil verschiedenartige Böden die saharischen Ebenheiten bedecken.

Ebenso haben die geomorphologischen Forschungen an einem Süd-Nord-Profil von Westafrika bis zum Mittelmeer durch Mensching und seine Mitarbeiter (1970) gezeigt, daß die Klima- und Reliefentwicklung in der zentralen Sahara seit dem Alttertiär von längeren semiariden bis ariden Phasen charakterisiert wird. Sediment- und Bodenanalysen bestätigen dieses Bild.

Von paläoklimatischer Seite hat Schwarzbach (1953) in dem Aufsatz: „Das Alter der Wüste Sahara“ alle bis dahin vorhandenen anorganischen und biologischen Klimazeugen ausgewertet und den Klimagang der Sahara in seinen Grundzügen seit dem Paläozoikum rekonstruiert. Danach war der Wüstenraum „mindestens seit dem Mesozoikum“ ein warmes und trockenes Gebiet, jedoch nicht immer vollarid. Die quartären Feuchtzeiten unterscheiden sich nur graduell von den älteren. Daraus ergibt sich eine relativ einförmige Klimageschichte.

Die z. T. stark divergierenden Auffassungen über die Klimaentwicklung der Sahara zogen weitreichende geomorphologische Schlußfolgerungen nach sich, weil jetzt intensiv diskutiert wird, ob der saharische Formenschatz mehr Ausdruck eines semiarid-ariden oder eines semihumid-humiden Klimageschehens ist. Teilweise werden die — klimagenetisch noch zu erklärenden — Formen selbst als wichtigste Klimaindikatoren ihrer Genese herangezogen. Vorhandene Böden dagegen wurden m. E. in diesem Zusammenhang oft sehr pauschal und wenig differenziert bewertet. Auch traten bei der Diskussion über die morphologische Wirksamkeit bestimmter Klimate Beobachtungen und Befunde in den Hintergrund, die besonders von französischen Geologen über Jahrzehnte hinweg gesammelt wurden und die erkennen lassen, daß in der Sahara die Anlage von Formelementen z. T. weit in die erdgeschichtliche Vergangenheit zurückreicht und daß das heutige Relief sehr oft eine extreme Anpassung an die Untergrundstrukturen aufweist (z. B. Birot et al. 1955).

Angesichts der potentiellen Aussagefähigkeit von Böden und den engen Beziehungen zwischen Relief und Boden bieten sich daher gezielte pedologische Untersuchungen zum Problem der klimagenetisch-geomorphologischen Landschaftsentwicklung in der Sahara an. Dabei ist m. E. folgende Zielsetzung angebracht:

1. Durch Geländeaufnahme und Laboranalyse saharischer Böden sollte die Grundlage für ihre Klassifizierung geschaffen werden. Diese ist für einen Vergleich mit aktuellen Oberflächenböden unbedingt erforderlich.
2. Die systematische Zuordnung und damit auch die weitgehende Kenntnis der pedogenen Prozesse bilden ihrerseits die Basis für die Rekonstruktion des Paläoklimas zur Zeit der jeweiligen Bodenbildung.
3. Die stratigraphische Stellung der Böden muß ermittelt werden, wenn man einen größeren Zeitraum klimagenetisch erfassen will.

4. Der Entwicklungsgrad der Böden kann Auskunft geben über Art, Intensität und Dauer der Pedogenese und damit evtl. auch klimatische Trends aufzeigen.

Da die zu untersuchenden Böden reliefkonform verbreitet sind, wird jetzt auch eine klimagenetische Aussage über die zugehörige Landoberfläche möglich. Dabei ist jedoch zu beachten, daß zunächst nur die klimaökologischen Verhältnisse der Bodenbildung charakterisiert werden, nicht aber die der Abtragung. Erst wenn beide zeitlich und klimatisch sehr nahe zusammenrücken, könnte man von einer Parallelität der Pedo- und Morphogenese sprechen. Semiaride bis aride Gebiete mit primär lückiger Bodenverbreitung scheinen dafür prädestiniert.

1.2 *Arbeitsgebiete*

Die Arbeitsgebiete liegen zwischen 2° und 13° östlicher Länge und zwischen 17° und 30° nördlicher Breite. Damit repräsentieren sie einen Großteil der zentralen Sahara (Fig. 1). Sie reichen von der mediterran-ariden bis zur randtropisch-ariden Zone und haben Anteil an den großräumigen Becken- und Schwellenstrukturen des nördlichen Afrika.

Im Mourzouk-Becken und am Plateau du Tademait stehen die Sedimente des terrestrischen bzw. marinen Mesozoikums oberflächlich an und bilden das Ausgangsmaterial für die Bodenbildung, während im Air- und Hoggar-Gebirge das präkambrische Grundgebirge zutage tritt, welches stellenweise von jungtertiären und quartären Vulkaniten überlagert wird (Fig. 31). Damit sind die wichtigsten geologisch-petrographischen Einheiten der zentralen Sahara vertreten.

Die Bodenaufnahme im Gelände erfolgte punkthaft an verschiedenen Reliefelementen (Fig. 32). Sie kann deshalb nur typisierend sein. Die Bodenverbreitung ist oft regional begrenzt,

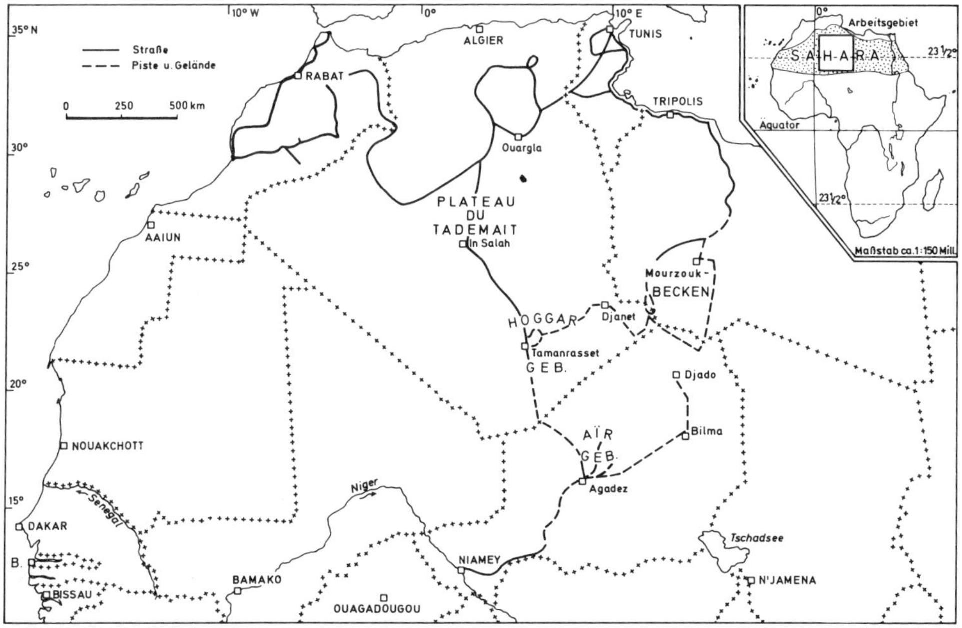

Fig. 1. Forschungsreisen in Nordafrika und Lage der Arbeitsgebiete in der zentralen Sahara.

weil entweder nur noch Reste vorliegen bzw. die Gesteinsoberflächen bodenfrei sind oder weil Dünen große Areale überdecken.

Die Reisen von Agadez nach Niamey und zurück sowie durch die Maghreb-Länder Tunesien, Algerien und Marokko gestatteten einen Vergleich mit den Bodenlandschaften der südlichen bzw. nördlichen Randzone der Sahara.

1.3 *Gelände- und Laboruntersuchung*

Die Aufnahme im Gelände erfolgte überwiegend an vorhandenen natürlichen und künstlichen Aufschlüssen. Nur in der Umrahmung des Mourzouk-Beckens (Profil 1, 2a, 4, 5 u. 7) mußten eigens Gruben angelegt werden. Sonst erwiesen sich Wadianschnitte als besonders geeignet. Doch hatte vor allem der Straßenbau in Algerien Verhältnisse geschaffen, die zeitweise einen guten Einblick in den Aufbau der Verwitterungs- und Bodendecken zuließen, den man wegen der verbreiteten Schuttdecken sonst nicht bekommt. So konnten entlang der Route Tamanrasset–El Goléa die Profile 15 bis 20 bequem aufgenommen werden. Aber auch im Air-Gebirge waren durch den Pistenausbau einige gute Aufschlüsse entstanden (Profil 9, 10 u. 11).

Die Proben-Entnahme im Gelände wurde nach visuellen Merkmalen vorgenommen und erfaßte alle Profilteile. Es wurde immer darauf geachtet, daß auch das unverwitterte Ausgangsmaterial der autochthonen Bildungen beprobt werden konnte. In einem Fall (Profil 14) gelang dies wegen des tiefreichenden Zersatzes nicht. Die Entnahme von Gesteinsproben an natürlichen Wänden (Profil D u. E) betraf nur wenige Lagen des Sedimentaufbaus.

Die Laboruntersuchungen dienten der Kennzeichnung einiger charakteristischer Merkmale. Sie wurden im wesentlichen so vorgenommen wie schon in einer früheren Arbeit beschrieben (Skowronek 1978: 47—54). Die wichtigsten Schritte der Aufbereitung und die Analyseverfahren sind in dem Schema der Tab. 1 aufgetragen.

Die mit der Köhn-Pipette ermittelten Korngrößen sind auf den humus- und carbonathaltigen Feinboden ($\emptyset < 2000\ \mu$) bezogen, das evtl. vorhandene Bodenskelett ($\emptyset > 2000\ \mu$) dagegen auf den Gesamtboden. Für die Böden des Air und Hoggar wurde zusätzlich noch das Verhältnis von Fein- und Mittelschluff ($2—20\ \mu$ = fU + mU) zu Ton (x 100) angegeben, weil damit eine genauere Abgrenzung gegen die Böden der feuchten Tropen möglich wird. Dort hat van Wambeke (1959) für Latosole ein Verhältnis von kleiner als 15 festgestellt.

Der pH-Wert und der $CaCO_3$-Gehalt wurden am Feinboden mit der Glaselektrode bzw. der Scheibler-Apparatur ermittelt.

Die Hauptelemente Silizium, Aluminium, Eisen, Mangan, Titan, Kalium und Calcium wurden aus litho-, pedo- und vulkanogenen Tonen ($\emptyset < 2\ \mu$) und aus magmatischen bzw. metamorphen Gesteinen bestimmt. Damit sollte eine bilanzanalytische Grundlage für die Bewertung der Verwitterungsart und -intensität geschaffen werden. Die Tone wurden einer Vorbehandlung unterzogen, bevor sie über ein Schmelzaufschluß-Verdünnungsverfahren zur Röntgenfluoreszenz-Spektralanalyse (RFA) gelangten. Die festen Plutonite und Metamorphite wurden vorher lediglich gemahlen (homogenisiert). Dagegen konnten die lithogenen Tone aus dem Lehmmergel (3C), dem dolomitischen Kalk (4R) und dem sandigen Kalkstein (5R) des Karbons erst nach Zerstörung der carbonatischen Bestandteile dieser Ausgangsgesteine gewonnen und weiterbehandelt werden. Bei den Mourzouk-Proben (Tab. 4) wurde vor der chemischen Analyse noch zusätzlich das dithionitlösliche Eisen entfernt, weil bei der Gewinnung o.g. nichtcarbonatischer Rückstände bereits viel freies Eisen gelöst wird, so daß ein direkter Vergleich mit den pedogenen (eisenhaltigen) Tonen dann nicht mehr möglich ist. Wie man an dem Profil 18 vom Tademait-Plateau sieht, reduziert die Dithionit-Behandlung lediglich die MnO-Werte stärker (Tab. 13). Bei den Air- und Hoggar-Böden geht das an den — nicht mit Dithionit versetzten

— Tonen verbliebene pedogene Eisen mit in die Analyse ein (Fe_2O_3 total = t). Das aus den gemessenen Gehalten errechnete und eigens dargestellte Molekularverhältnis von SiO_2 und Al_2O_3 sollte den Verwitterungstyp kennzeichnen und für einen regionalen Vergleich besser sichtbar machen (Fig. 9, 14, 22 u. 25).

Tonmineralanalysen wurden an Texturpräparaten der Fraktion $< 2\,\mu\varnothing$ vorgenommen, nachdem diese mehrfach vorbehandelt war. Insgesamt vier Präparate je Probe wurden mit Röntgenstrahlen (CuKα) belichtet. Die Kurven der Röntgen-Beugungs-Diagramme wurden etwas geglättet, verkleinert und als Tiefenfunktion dargestellt (Fig. 10, 15 u. 23). Der Vergleich der Basisabstände ermöglicht die qualitative Unterscheidung der wichtigsten Tonminerale.

Dünnschliffuntersuchungen erstreckten sich auf Böden, Sedimente und Gesteine. Die Kennzeichnung des Mikrogefüges an verwitterten Materialien erfolgte nach genetischen Konzepten und auf morphometrischer Basis. Die Darstellung ist tabellarisch (Tab. 5, 8, 11 u. 14). Bildhafte Wiedergaben existieren nur in Fig. 6 und 20.

Tabelle 1. Gang der Probenaufbereitung und Laboranalysen.

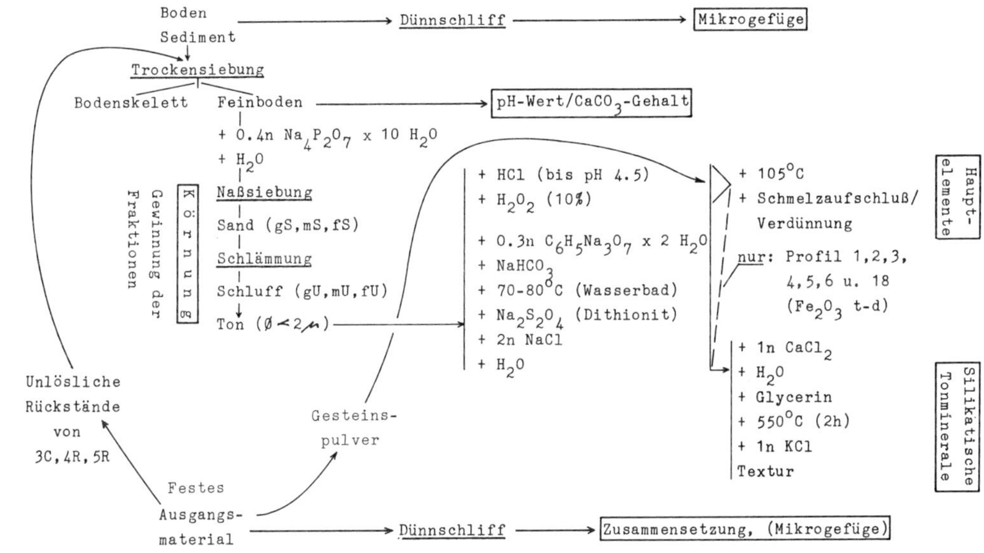

2 Grundzüge der Verwitterung, Bodenbildung und Abtragung in Afrika nördlich des Äquators als eine Voraussetzung für die klimageomorphologische Bewertung der zentral-saharischen Vorkommen

Verwitterung, Bodenbildung, Abtragung, Transport und Aufschüttung sind die wichtigsten Stationen im exogenen Teil des Gesteinskreislaufes. Sie unterliegen einem horizontalen und vertikalen Wandel, der weitgehend vom Klima verursacht wird. Betrachtet man das durch diese Prozesse entstandene Relief ebenfalls unter klimatischem Aspekt, so ist es nötig, die aktuellen Unterschiede der exogenen Morphodynamik zu kennen. Meistens umfaßt die Geomorphogenese aber Zeiträume, in denen das Klima mehrfach wechselte. Dann gilt es, Vorzeitformen und Jetztzeitformen von einander zu trennen. Verwitterungsprodukte und Böden können dabei als Indikatoren für geomorphologische Prozesse und für paläoklimatische Verhältnisse wertvolle Hilfe leisten.

Der saharische Wüstengürtel liegt klimazonal zwischen den winterfeuchten Subtropen im Norden und den sommerfeuchten Tropen im Süden. Es ist statthaft anzunehmen, daß in der

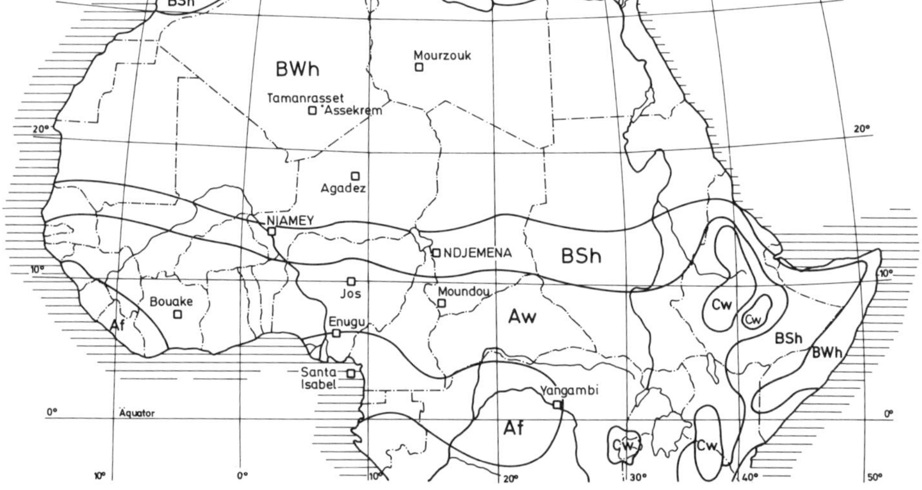

Fig. 2. Klimazonen in Afrika nördlich des Äquators nach W. Köppen & R. Geiger.

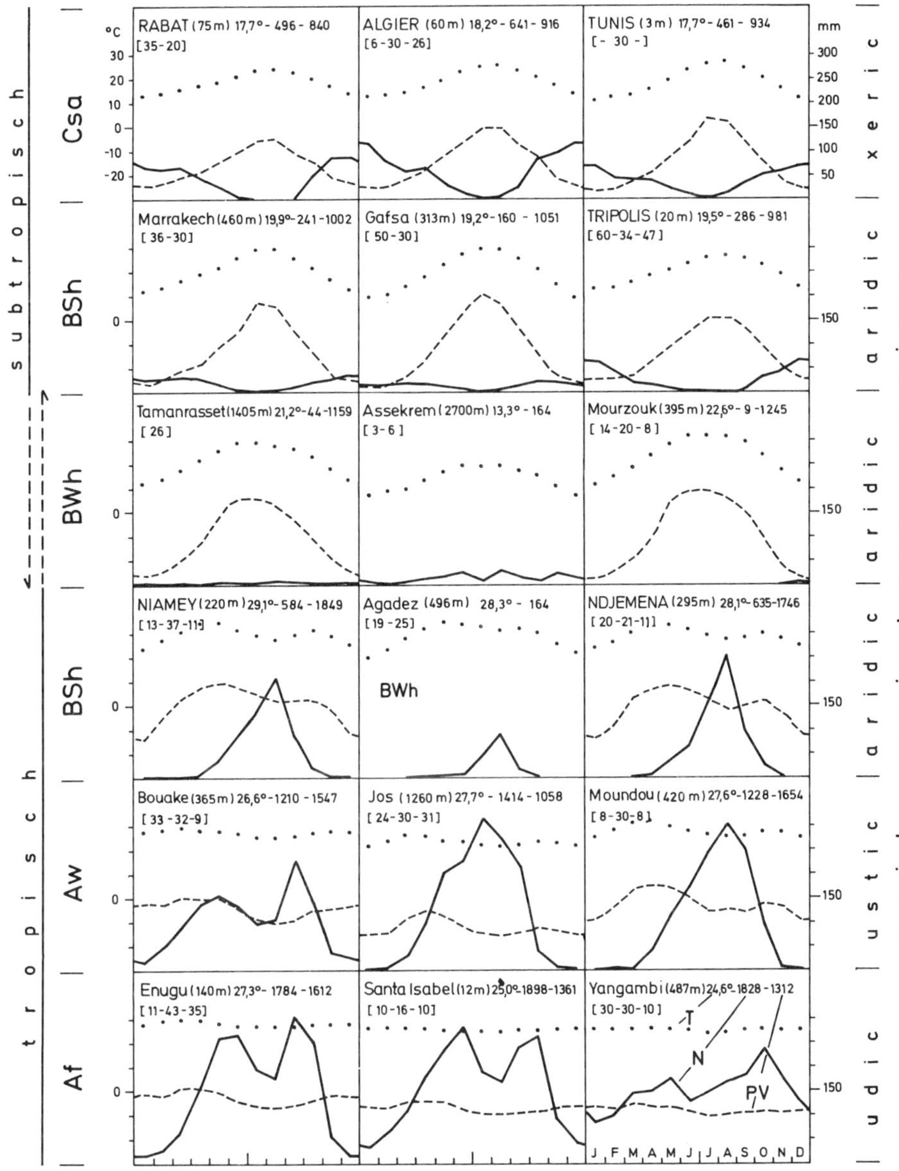

Fig. 3. Klimadiagramme von Stationen in Nord- und Westafrika.

Sahara nicht immer nur aride Bedingungen herrschten, sondern daß auch humidere Klimate an der Formung beteiligt sind. Allein das hohe, präkambrische Alter vieler an der Oberfläche anstehender Massengesteine und die mineralogische Zusammensetzung der jüngeren Beckensedimente erfordern diese Annahme. Eine klimageomorphologische Bewertung der vorhandenen Oberflächenböden ist m.E. dann hinreichend möglich, wenn gleichzeitig der bodengeographisch-paläopedologische Zusammenhang mit Nord- und Westafrika hergestellt wird.

Zu diesem Zweck werden anhand ausgewählter Literatur die Grundzüge der Verwitterung, Bodenbildung und Abtragung in Afrika nördlich des Äquators aufgezeigt. Eine Klimakarte nach Köppen & Geiger und 18 Klimadiagramme sollen die Orientierung erleichtern (Fig. 2 u. 3). Die Werte für Temperatur, Niederschlag und potentielle Verdunstung wurden dem Handbuch ausgewählter Klimastationen der Erde von Müller (1980) entnommen. Nur die Angaben der Stationen Assekrem und Agadez stammen von Dubief (1959: 280 u. 282; 1963: 140 u. 145). Die Darstellungsweise der zonal angeordneten Klimadiagramme lehnt sich an die Kennzeichnung des Bodenwasserhaushaltes („soil moisture regime") der Soil Taxonomy an (Soil Survey Staff 1975: 51—57).

2.1 *Winterfeuchte Mediterrangebiete*

In seiner Bodengeographie Algiers betont Vageler (1955) mehrfach, daß die heutige Bodenverteilung nicht ohne Berücksichtigung der örtlichen Klimageschichte befriedigend erklärt werden kann. Außerdem müsse der genetische örtliche Zusammenhang der Böden beachtet werden, um die gesetzmäßigen Entwicklungsstufen richtig zu deuten. Die „Catena" als die wahre bodenkundliche Einheit und als die wahre Klimafunktion des Bodens biete dafür die beste Grundlage.

Auch Kubiena gelangt bei der Beschreibung der Böden des mediterranen Raumes (1962: 169—170; 1970: 173—188) zu der Ansicht, daß der Einfluß vorzeitlicher Klimate in allen Mediterrangebieten eine größere Rolle spiele als in feucht gemäßigten oder immerfeuchten tropischen Zonen. Die entsprechenden Reliktböden, vorwiegend Braun- und Rotlehme auf Silikat- und Carbonatgesteinen, seien weit verbreitet und verdankten ihre Entstehung Bildungsvorgängen im Pleistozän oder im Tertiär. Die rezenten Umweltverhältnisse bewirkten eine Transformation der Böden, nämlich die sog. braune Vererdung in der Feuchtzone und die Lockerung bzw. Verstaubung in der Trockenzone.

Detaillierte Untersuchungen an Böden verschiedener Reliefeinheiten Marokkos scheinen die Existenz unterschiedlich starker Verwitterungs- und Bodenbildungsprozesse während des Neogens und Quartärs zu bestätigen. So unterscheidet Schoen (1966: 104—105) anhand der Tonmineralgarnitur z. B. „eisenhaltige tropische Böden" auf Material des Pliozän/Villafranca von „roten mediterranen Böden" auf post-Villafranca-zeitlichem Substrat.

Auch die Terra rossa Algeriens ist nach J. H. Durand (1959) einem „climat tropical" zuzuschreiben, das im Jungtertiär und Altquartär herrschte. Die pedogenetischen Prozesse wiesen damals eine lateritische Tendenz auf. Heute werde die Mediterran-Roterde nicht mehr gebildet und sei ein Paläoboden.

Gegen ein „Tertiär-Reliktböden-Reliefstabilitäts-Konzept", das man besonders aus den Überlegungen Kubienas ableiten könnte, wenden sich Rohdenburg & Sabelberg (1969, 1969a, 1973, 1980). So sprechen mächtige Hangsedimente, quartäre Fußflächen bzw. Fußflächentreppen und Lösse in den mediterranen Tiefländern deutlich für kräftige Hangabtragungen auch im jüngsten Abschnitt der Erdgeschichte. Boden-Sediment-Serien mit z. T. über 30 fossilen Böden reichten bis tief in das Quartär und belegten einen mehrfachen Wechsel von morphodynamischer Stabilität und morphodynamischer Aktivität. Kalkkrusten seien generell Cc-Horizonte von Böden, also durch deszendente Sickerwasserbewegung entstanden. Die Verbreitungslücken zwischen den Oberflächenböden lassen sich durch die anthropogen ausgelöste, jungholozäne Bodenerosion erklären, da sonst die natürliche Vegetation einen wesentlich besseren Bodenschutz gewährleiste. In den stärker entwickelten Böden auf Carbonatgestein (Terra fusca, Terra rossa) könne die Anreicherung von Nichtcarbonatsubstanz durchaus von älteren Bodensedimenten beeinflußt sein. Auch die kräftig entwickelten holozänen Silikatböden treffen in der

Regel nicht auf das frische Gestein, sondern z.B. auf schon tiefgründig vergrusten Granit. Der hohe Zerteilungsgrad des Substrats gestatte daher eine Parallelisierung von Granit- und Lößböden. Trotz unterschiedlich intensiver Geomorphodynamik müsse das Holozän insgesamt als eine stabile Phase mit kräftiger Bodenbildung angesehen werden.

Nach umfassenden stratigraphischen Untersuchungen im gesamten Mittelmeerraum kommt Brunnacker (1979, 1980) zu dem Ergebnis, daß in einem Nord-Süd-Profil zeitlich-räumliche Änderungen hinsichtlich der Pedogenese und Geomorphogenese auftraten. Besonders an jungpleistozänen Lößprofilen konnte festgestellt werden, daß stabile Landoberflächen mit Bodenbildung (= Biostasie) im Altwürm und im Spätglazial-Holozän dort häufiger existierten, wo die winterliche Bodendurchfeuchtung das Maximum ihrer Verwitterungswirksamkeit erreichte, also am Nordsaum der südlich anschließenden Subtropen.

Geht man davon aus, daß in den humiden Mediterrangebieten die saisonal bedingte Durchfeuchtung stärker, die Evaporation gleichzeitig herabgesetzt und die winterlichen Temperaturen höher sind als in Mitteleuropa, so müßte die spätglazial-holozäne Verwitterung und Bodenbildung auch zu stärker entwickelten Lockerdecken führen.

Die Tirse Marokkos sind auf rubefiziertem und nicht rubefiziertem, Ca^{2+}- und Mg^{2+}-haltigem sowie Montmorillonit-führendem Ausgangsmaterial entwickelt (Scheffer et al. 1967). In Hydro-Topo-Sequenzen reicht das bodentypologische Spektrum von der Rendzina über den kastanienfarbenen Boden (auf rubefiziertem Substrat) bis zum Senkentirs. Hydro-Klima-Sequenzen mit Jahresniederschlägen von 400 mm und mehr besitzen Hangböden vom Sol châtain bis zur Rendzina. Zumindest auf den Sedimenten des Rharbien (= Holozän) ist auch das Bodenalter gesichert.

Untersuchungen an 12 Bodenprofilen auf verschiedenen Ausgangsgesteinen im Einzugsbereich des Oued Moulouya Nordost-Marokkos lassen nach Paquet (1969: 9—30) relativ einheitliche Tendenzen der Tonmineralbildung erkennen. In den Hangböden der Gebirge: Sols fersiallitiques aus Flysch, Rendzines, Sols bruns calcaires und Sols fersiallitiques rouges (ggf. lessivés) aus Kalkstein, Dolomit und Sandstein werden die lithogenen Tone vorwiegend zu Vermikulit bzw. Illit-Vermikulit-Wechsellagerungsmineralen umgebildet (transformiert). Kaolinit wird vollständig vererbt, Montmorillonit dagegen verschwindet sehr schnell. Nach ihrer Geländeposition und den oben angestellten Überlegungen zur Reliefentwicklung (vgl. Rohdenburg & Sabelberg) könnten diese Böden den holozänen Klimax darstellen. Die Böden der Glacis und Aufschüttungsflächen sind aus quartären Erosionssedimenten verschiedenen Alters hervorgegangen. Typologisch handelt es sich um Sols chatains et bruns isohumiques. In ihnen addiert sich das pedogene Material der Abtragungshänge. An Neubildungen wurde Villafranca-zeitlicher Attapulgit festgestellt, welcher heute in den humiden Bereichen der Triffa-Ebene zerstört wird.

Auf Granit-Massiven Nordost-Algeriens sind die Biotite zu 10 bis 14 Å-Wechsellagerungsmineralen, Vermikuliten, Illiten und zu Kaoliniten verwittert. Sowohl Kaolinisation als auch Ferruginisation stehen nach Penven et al. (1981) mit dem gegenwärtigen Niederschlagsangebot von über 1000 mm/Jahr im Einklang. Der Verwitterungsgrad wird als intermediär bezeichnet, eine Form, die klimazonal zwischen den gemäßigten Breiten und den Tropen einzuordnen ist.

Eine Studie zur Geomorphogenese und Pedogenese im Flysch Nordwest-Tunesiens von Bos (1971: 112, Fig. 25 u. 124—125, Fig. 26) zeigt folgende Bodenentwicklung auf: im Eem erfolgte unter Wald die Bildung von tiefgründigen Parabraunerden mit rubefizierten Bt-Horizonten und von Vertisolen. Das Würm war durch starke Geomorphodynamik gekennzeichnet, welche zur Ablagerung von Grobmaterial und örtlich von „stonelines" führte. Auf altholozänen tonigen Kolluvien konnten sich Böden mit einem braunen Bt-Horizont entwickeln. Infolge (anthropogener ?) Reduktion des Waldes kommt es seit dem Mittelholozän zur Degradation der altholozänen und Eem-zeitlichen Böden. Die rezente Pedogenese beinhaltet die Ausbildung von Struktur-B-Horizonten (Dystrochrept, Eutrochrept), von Eluvial-A2-Horizonten (Spodic Entisol) auf sandigen Substraten und die sog. „Steppisation", d. h. die Homogenisierung von organischem Material in den nicht bewaldeten Gebieten.

Diese Ergebnisse werden im wesentlichen bestätigt durch absolute Datierungen fossiler Böden in Tunesien (Scharpenseel & Zakosek 1979). Besonders die altholozäne Bodenbildungsphase mit Bt-Horizonten konnte als eine gemeinsame großräumigere Entwicklung erkannt werden. Die jüngeren Paläoböden fallen mit dem holozänen Klimaoptimum zusammen oder lassen sich evtl. mit historischer Bodenerosion deuten. Bemerkenswert ist die Datierung eines mächtigen humosen fBt-Horizontes (Argid) in den Dünengebieten westlich Nefta, also schon im saharischen Bereich: das ^{14}C-Alter ist 22730 ± 400 Jahre BP. Auf eine Tendenzgleichheit der o.g. Bodendaten mit den Hauptvegetationsphasen des Sahararaumes wird hingewiesen.

Die in Einzeluntersuchungen ermittelten bodengeographisch-paläopedologischen Verhältnisse in den Tieflagen des humiden Nordafrika werden auch in Bodenkarten wiedergegeben. So findet man auf der Soil Map of the World 1:5000000, Sheet VI-1 (FAO-Unesco 1973) nachstehende Bodeneinheiten mit flächenhafter Verbreitung: in gut drainierten Abtragungspositionen entstanden je nach Ausgangsgestein und Exposition zu den Niederschlägen einmal Böden mit Struktur-B-Horizont (Calcic, Chromic Cambisols), zum anderen Böden mit Textur-B-Horizont (Orthic, Chromic, Albic Luvisols). Die grundwassernahen Standorte und die Aufschüttungsflächen tragen Fluvisols, Planosols, Kastanozems, Phaeozems, Vertisols und Gleyic Luvisols. Ein reduzierter Bodenwasserhaushalt innerhalb der humiden Verbreitungsgrenzen stellt sich dort ein, wo Leepositionen eine stärkere Durchfeuchtung verhindern.

Im Afrika-Kartenwerk (1:1000000) sind überwiegend Böden der jüngsten Landoberflächen ohne größere Horizontdifferenzierung ausgewiesen (Brechtel & Rohmer 1980). 33 Bodenprofile aus dem nördlichen und zentralen Tunesien sowie aus dem östlichen Algerien wurden untersucht. Ihre Verbreitung reicht von der mediterran-humiden Zone bis in die Wüstengebiete.

Die aktuelle Abtragung in den winterfeuchten Mediterrangebieten Nordafrikas wird in entscheidendem Maße von der Tatsache beeinflußt, daß der natürliche Bodenschutz, nämlich der mediterrane Hartlaubwald, schon seit ca. 3000 Jahren großflächig durch den Menschen vernichtet wird. Nach Wilhelmy (1974: 150—173) findet deshalb die flächenhafte Abtragung bereits auf wenig geneigten Hängen die besten Voraussetzungen. Auf tonigem und mergeligem Untergrund erfolgt Zerrachelung, ebenso besteht starke Neigung zu Rutschungen. In Massengesteinen mit präexistenter (tertiärer und pleistozäner) Tiefenverwitterung wird das Anstehende flächenhaft zu Felsburgen und Blockmassen herauspräpariert.

Quantitative Untersuchungen zur Erosionsbestimmung an vier Einzugsgebieten Tunesiens durch Gießner (1977) belegen, daß der jährliche Bodenabtrag um das Doppelte ansteigen kann, wenn bestimmte Bodennutzungsformen, wie z.B. Getreidemonokulturen betrieben werden. Generell wird das Verhältnis von Abflußhöhe, Schwebstoffabtrag und Schwebstoffbelastung jedoch von der landschaftsökologischen Grundausstattung des jeweiligen Einzugsgebietes bestimmt. Danach liegt der Bereich des maximalen rezenten Bodenabtrags in Tunesien zwischen der mediterran-subhumiden Stufe im Norden und der mediterran-semihumiden Stufe im Süden (Gießner 1977: 64, Abb. 5).

2.2 *Trockene Subtropen*

Hier werden Verwitterung und Bodenbildung von einem „aridic soil moisture regime" gesteuert, das durch 180 Tage Trockenheit in allen Teilen oder fehlende Feuchtigkeit an 90 aufeinanderfolgenden Tagen in einigen oder allen Teilen des Bodens gekennzeichnet ist. Gegenüber dem wesentlich weniger trockenen („xeric") Bodenwasserhaushalt der humiden Mediterrangebiete ist in den trockenen Subtropen die abwärts gerichtete Perkolation von Bodenbestandteilen stark gehemmt. Bei Niederschlagshöhen von ca. 100—300 mm/Jahr und oberflächennahem Grundwasserspiegel kommt es in den subtropisch-wechselfeuchten Klimaten mit überwiegender Trockenzeit sogar zu einem kapillaren Aufstieg des Wassers (Wilhelmy 1974: 208—236).

Das Resultat dieser reduzierten Verwitterung und Bodenbildung und der spezifischen Wasserzirkulation sind auch entsprechend mäßig entwickelte sowie carbonat-, gips- und salzreiche Böden. So unterscheiden Beckmann et al. (1972) in Tunesien südlich der Mediterraneis Steppenböden (mäßig kalkhaltiger Regosol, Vertische Kalkpaternia) von Halbwüstenböden (Gips- und kalkreicher Sierosem, Solontschak, Gley, Oasenboden). Das mikromorphologische Bild der z. T. tiefgründigen Böden zeigt nach Stephan (1972) eine differenzierte Carbonat- und Gipsgenese sowie die Beteiligung alter Verwitterungsprodukte. Die Wirkung hoher Bodenaridität läßt sich gut an den Schwundrissen in den tonreichen Horizonten der Vertischen Kalkpaternia bei Kasserine erkennen (Tafel 7, Fig. 2).

Auch das Afrika-Kartenwerk weist in Gebieten mit Jahresniederschlägen von 300 mm und darunter Böden des oben beschriebenen Habitus aus (Brechtel & Rohmer 1980).

Die Weltbodenkarte 1 : 5 000 000 nennt die flächenhaft verbreiteten Böden der trockenen Subtropen entsprechend ihres Wasserhaushaltes jetzt schon Haplic, Calcic Xerosols, Calcaric Regosols und Orthic Solonchaks, welche nur stellenweise von Lithosols und Rendzinas unterbrochen werden (FAO-Unesco 1973).

Die Böden des subtropischen Nordafrika liegen in einem Relief, das vorwiegend auf den marinen Sedimenten der tethydischen Geosynklinale entwickelt ist. Der relativ junge geologische Untergrund erzeugt sowohl durch seine tektonische Struktur als auch durch seine einseitige (carbonatische) Petrographie eine spezifische Plattform für die nachfolgende Reliefentwicklung. Auch der Träger und das Objekt der Abtragung und Aufschüttung, nämlich die durch Verwitterung und Bodenbildung entstandenen Lockerdecken besitzen noch viele Merkmale des Ausgangsgesteins. Paquet (1969: 180) spricht bei ihrem regionalpedologischen Vergleich des mediterranen und des tropischen Afrika daher auch von „domaine alpin et calcaire" und von „vieu socle cristallin". Zumindest seit dem Pliozän dürfte im feuchten und trocken-subtropischen Nordafrika ein Wechsel von humiden und ariden Klimaphasen die heutige Geländegestalt erzeugt haben. Flächenhafte Abtragung führte und führt zur Ausbildung von Pedimenten und Glacis.

Detaillierte paläoklimatische Erkenntnisse zum Jungquartär konnten auf sedimentologisch-paläopedologischem Weg an Kliffprofilen Südwest-Marokkos von Sabelberg (1978) gewonnen werden. Im Übergangsbereich von humid- und semihumid-mediterranem Klima im Norden und semiaridem bzw. arid-saharischem Klima im Süden wurden für den o. g. Zeitraum differenzierte Vorstellungen zur Morphogenese und Pedogenese abgeleitet: seit dem Ouljien (= Eem) vollzog sich in strenger Periodizität ein vielfacher Wechsel von Bodenbildung und fluvialer Morphodynamik und teilweise auch Dünenbildung. Zahlreiche Böden, manchmal mit Kalkkrusten, entwickelten sich im Soltanien (Grimaldien, Würm). Der jüngste rote Boden — ihm entspricht ein Kalkstein-Braunlehm auf Jurakalk — wurde am Übergang zum Holozän gebildet. Derartige Akkumulationsserien bieten praktisch die einzige Möglichkeit, indirekt auf die Abtragungsprozesse im Hinterland zu schließen.

Auch die Schuttdecken, Roterde-Relikte, Kalkkrusten und äolischen Komponenten der nördlichen Cyrenaika deuten auf unterschiedliche Klimaverhältnisse des Jungquartärs. Das gesamte Stufen-, Täler- und Flächenrelief in den flachlagernden Carbonatgesteinen ist nach Pfeffer (1975) erst im post-Miozän entstanden und trägt heute stellenweise Rendzinen, Verbraunte Rendzinen und „Braunerden" über vergrusendem Kalk. Diese Böden unterscheiden sich chemisch-mineralogisch von einer verbreiteten Roterde, welche aber nicht sehr intensiv verwittert sein kann, da sie noch Feldspäte führt. Die aus dem Formenschatz abgeleitete Geomorphodynamik muß seit dem Pliozän von einem Trockenklima gesteuert worden sein (vgl. bes. Bildtafel 5 u. 6).

Gerade die Gebiete mit langer Trockenzeit aber hoher Niederschlagsvariabilität scheinen es zu sein, in denen flächenbildende geomorphodynamische Prozesse bevorzugt wirken können. Katastrophenartige Abflußereignisse, besonders in endorheischen Systemen, sind dann kurzfristig zu exzessiven Erosions-, Transport- und Akkumulationsleistungen fähig.

So war die herbstliche Hochwasserkatastrophe 1969 in Tunesien durch außergewöhnlich hohe Starkregen im September und Oktober gekennzeichnet (Ballais 1973). Die morphodynamische Wirksamkeit der resultierenden Spitzenabflüsse äußerte sich u. a. in: der Ablagerung von Schotterfächern in der Dorsal-Vorbergzone über mehrere hundert Meter und mit einem mittleren Durchmesser der Grobkomponenten von 30—40 cm, der Schluchterosion bis 25 m Tiefe und 40 m Breite in feinkörnigen Glacis-Sedimenten, der Lateralerosion von fast 50 m und der breitenhaften Sedimentation von Feinmaterial in Becken (Gießner 1977: 70—73, Bild 1—4).

Nach stratigraphischen Befunden durch Rohdenburg (1977) sind die Areale mit holozäner Flächenbildung in Süd-Marokko auf leichter verwitterbare Gesteine (Mergel) beschränkt. Gegenüber den inaktiven Altflächen mit Wüstenlack erfolgte aber eine flächenhafte Tieferlegung von mehreren Dezimetern bis Metern. Ein Grund für die reduzierte rezente Flächenbildung wird auch in der Auflage von vorzeitlichem Grobmaterial gesehen, das jetzt Abtragungsschutzfunktion ausübt.

2.3 *Subtropisch-tropische Wüstenklimate*

Auch wenn heute die klimabedingte Trockenheit der Sahara praktisch zu einem ständigen Wasserdefizit im oberflächennahen Bereich führt, gehen doch die meisten Verwitterungs- und Geländeformen auf die Tätigkeit des Wassers zurück. Paläohydrologische Spuren des Boden- und Grundwassers in der Wüste sind — neben dem fluvialen Abtragungs- und Aufschüttungsrelief — besonders die Produkte von Infiltration und subterraner Migration. Nach Knetsch (1966) findet man in klastischen Gesteinsverbänden der Nubischen Fazies zahlreiche Indikationen einer früheren Wasserbewegung, so z. B. oberflächennahe Krusten, Verfärbungs- oder Lösungshorizonte, Verkieselungsanlagen an der Grenze von Tonkomplexen und Sandstein, verkarstete oder Kalk-, Mn- oder Fe-belegte Klüfte, Bänder, Schwarten, Röhren in Sanden und Sandsteinen usw.

Die Wasservorkommen in den Sedimentgesteinen der Sahara sind in erster Linie an die Struktur des tieferen Untergrundes gebunden, der durch die Ausbildung großer artesischer Becken die Voraussetzung eines weiträumigen Wassertransportes und einer Speicherung schuf. Das Grundwasser tritt dort bevorzugt zutage bzw. nahe an die Oberfläche, wo geomorphologische Depressionen in Reliefumkehr flachen geologischen Strukturen aufsitzen (Rognon 1980a: 60, Fig. 8). Die für die Grundwasserbildung erforderlichen Niederschläge fallen dabei außerhalb der eigentlichen Sahara oder in höheren Gebirgen. So werden die Oase Sebha sowie die Sebkhen im Bereich des Oued Chatti und um Oubari möglicherweise von Niederschlägen gespeist, die im ca. 800 km entfernten Tibesti-Gebirge fallen, über die Serir Tibesti nach Nordwesten abfließen und dann in die paläozoischen Sedimente des Mourzouk-Beckens eintreten. Auch die Tidikelt-Oasen verdanken ihre Existenz dem Regenaufkommen des Sahara-Atlas mit 250—300 mm Jahresniederschlag. Als Aquifers dienen mesozoische Sandsteine, die an den nördlichen, westlichen und südlichen Schichtstufen-Rändern des Plateau du Tademait ausstreichen.

Es ist durchaus denkbar, daß zwischen der geomorphologischen Anlage von Schichtstufen in den meso- und känozoischen Gesteinen und diesem ferngesteuerten Wasserhaushalt ein unmittelbarer Zusammenhang besteht: flächenhafte Grundwasseraustritte im Bereich der Schwellen (an Dachlecks?) und bei stärkerer Neigung der Schichten auch im Beckeninnern bilden die Denudations- und Erosionsbasis für die nur wenig über den Wasserspiegel herausragenden Teile. Flächenhafte Abtragung wird allein schon dadurch gefördert, daß die Reliefenergie minimal ist. Zugleich wird das Gestein „tiefgründig" verwittert und verkarstet. Der lockere Zersatz kann nach einer Grundwasserabsenkung und/oder tektonischen Hebung von der Abtragung dann viel leichter entfernt werden. Sind erst einmal größere Reliefunterschiede in Form einer Rumpf- oder Schichtstufe entstanden, so wird letztere ihr Eigenleben entwickeln und die Abtragung im Stufenbereich autochthon steuern. Die infolge der neogenen Hoggar-Aufwölbung höher gehobenen paläozoischen Sedimentserien werden vorwiegend nach „rückwärts" in die Grundwasseraustritte entwässern. Stärkere Einschneidung im entstehenden Stufenbereich der Tassili führt dabei bis zur Schluchtbildung, so z.B. bei Arak. Die weiten Abtragungsflächen im präkambrischen Sockel des Hoggar verhindern durch ihre Ebenheit und Ausdehnung die Konzentration von Wasser selbst dann, wenn humidere Verhältnisse einen höheren Abfluß bewirken. Pedogene Überprägung der Lockerdecken ist nach Rognon (1980a: 50, Fig. 3) nur über eine vertikale Bodenwasserbewegung möglich. Auch die Bodenbildung am Fuß größerer Inselberge bedürfe bestimmter topographischer Gegebenheiten.

Die eben skizzierte Abhängigkeit der Geomorpho- und Sedimentgenese von nicht-klimatischen (geologisch-lithologischen und topographischen) Faktoren spiegelt sich weitgehend in den materiellen Eigenschaften des bodenbildenden Substrats wider. Danach besitzen die Yermosols und Regosols der FAO-Weltbodenkarte eine „stony phase", während in den Abtragungsgebieten überwiegend ein „rock debris or desert detritus" — zum Teil in Lithosols — die Lockerdecken kennzeichnet. Diese kommen verbreitet z.B. in den höheren Teilen des Hoggar-Gebirges, auf den stufennahen Dachflächen der Tassili und des Mourzouk-Beckens sowie auf dem Plateau du Tademait vor.

Neben der Substratbeschaffenheit entscheidet der Klimafaktor, welche Böden gebildet werden. In der Cyrenaika erkennt man daher eine Nord-Süd-Abfolge von den Alfisols über die Inceptisols und Entisols zu den Aridisols (Hubert 1970: 328—329, Fig. 9). Auf marinen und lakustrinen Ablagerungen Nord-Ägyptens findet man Calciorthids (Labib & Sys 1970). Einen zusammenfassenden Überblick über die Böden in den Trockengebieten Afrikas gibt Dregne (1976: 51—70).

Die flächenhaft den Untergrund der zentralen Sahara überziehenden Lockersedimente lassen sich nach Fürst (1965, 1966, 1970) in eine Lesedecke, eine Hauptzone mit carbonatischer Dachlage und eine Übergangszone zum Anstehenden gliedern. Sie besitzen weitgehend autochthonen Charakter, wobei in den Serir-Böden häufig fremde Klastika vorkommen. Die pedogene Überprägung äußert sich in Verfestigungen und vor allem in Wurzelböden zwischen der Lesedecke und der Hauptzone. Diese Bildungen werden einem semiarid-wechselfeuchten Vorzeitklima mit über 200 mm Jahresniederschlag zugeschrieben. Die Serir-Böden stellen ein einebnendes Element dar, da sie altangelegte Entwässerungssysteme von Rumpfflächen nivellieren. Schutthammada, Hammada-Böden, Serir-Böden, Gehängeschutt, Restschutt sowie Wadi- und Graretalluvionen seien Produkte des Quartärs, könnten sich teilweise aber auch schon im Jungtertiär gebildet haben. Für die Rotfärbung im unteren Drittel der bis 200 m hohen Dünen des Ergs von Mourzouk macht Fürst (1970: 145) einen fossilen Grundwasserstand verantwortlich.

Die oft zu weitreichenden paläoklimatischen Schlußfolgerungen verleitende Rotfärbung der „Red desert soils" kann auf Nubischem Sandstein bei Kufra eindeutig auf die Eigenschaften des Ausgangsmaterials zurückgeführt werden. Auch die hohen Kaolinit-Gehalte der schwach verwitterten Vorzeitböden sind lithogen vererbt (Atkinson & Waugh 1979).

Zur Rubefizierung von Kalksteinböden kann es schon bei der Lösungsverwitterung kommen, wenn carbonatisch gebundenes Eisen und eine gute Durchlüftung vorhanden sind. Hämatit-Abscheidung erfolgt an den Mineraloberflächen, ohne daß eine weiterführende Silikatverwitterung das Fe liefern muß (Meyer 1979).

Hinweise auf die Geschwindigkeit der Eisenoxid-Bildung geben Untersuchungen an Kalksanden in rezenten Terrassen am Toten Meer in Israel (Bowman 1982). Dort ließ sich feststellen, daß die farbgebende Anreicherung von Eisen in den letzten zwölf Jahren zustande kam und damit das Initialstadium einer „red bed formation“ in extrem aridem Milieu erreicht wurde.

Generell scheinen Wüstengebiete die Räume zu sein, in denen „Red Beds“ bevorzugt entstehen. Nach Untersuchungen von Walker (1967) an pliozänen, pleistozänen und rezenten Ablagerungen der Sonora-Wüste und an jungpaläozoischen Sedimentgesteinen Colorados geht die Rotfärbung auf Verwitterungsprozesse zurück, die nach der Ablagerung und in situ abliefen. Fe-Lieferanten waren besonders die (detritischen) Hornblenden und Biotite. Die arid-semiariden Klimabedingungen seit dem Pliozän sind in Sonora durch Evaporite, regionale Fauna und Flora sowie durch pedologische Zeugen belegt. Diese klimatische Deutung stellt Walker der Hypothese gegenüber, wonach Hämatit nur in lateritischen Böden der feuchten Tropen und Subtropen gebildet werde und dann in den daraus abgeleiteten „Red Beds“ detritisch sei. Eine zusammenfassende Übersicht zum Problem der „Red Beds“ gibt Glennie (1970: 173—193).

Die Eisenpanzer des Mouydir in der zentralen Sahara, welche lange Zeit als tropische Bodenbildungen angesehen wurden, verdanken ihre Existenz der rein chemischen Verwitterung eines besonderen geologischen Untergrundes, nämlich der Pyritschiefer des Silurs und Devons (Dewolf et al. 1972, 1976; vgl. auch Conrad 1969: 319—332). Alle Alluvialdecken auf diesen Schiefern sind durch eine rein eisenhaltige Matrix verfestigt. Interessant ist, daß in der jüngsten Aufschüttung des 1 bis 3 m-Niveaus Montmorillonit und Chlorit auftreten, während die älteren Ablagerungen bis zum 75 m-Niveau an Tonmineralen nur Kaolinit und Illit führen. Die nichtpedogene „Ferruginisation“ hat im Mouydir auch die Lockerdecken auf den Hängen und den Glacis betroffen.

Die Eisenkrusten auf den mesozoischen Sand- und Siltsteinen im Bereich der Kufra-Oasen sieht Becker (1979) im Zusammenhang mit der Ausbildung einer Peneplain. Danach seien die Umlagerungsprodukte dieser Einebnung, nur wenige Meter mächtige Sande und Feinkiese, in einer warmfeuchten Klimaperiode lateritisiert worden und anschließend unter semiariden Bedingungen zur Eisenkruste I verhärtet. Gleichzeitig kam es auf den geringfügig höher gelegenen lateritfreien Erosionsflächen zur Bildung einer Silikatkruste. Abtragung unter feuchteren Verhältnissen führte zur Ablagerung brecciöser und fanglomeratischer Sedimente, die nach erneuten Klimaveränderungen analog Eisenkruste I laterisiert und verhärtet wurden (= Eisenkruste II). Diese Vorgänge und Bildungen fallen zeitlich in das Tertiär. Eine Eisenkruste III entwickelte sich in Grobschutt auf einem Niveau, das während des Altquartärs durch Tiefenerosion etwa 50 m unter die Peneplain eingeschnitten wurde. Becker (1979: 593) vergleicht die Eisenanreicherungen offensichtlich mit pedogenen Prozessen, die in „heutigen Lateriten“ ablaufen.

Die in Nordafrika verbreiteten Kalkkrusten stellen nach Kulke (1974) vorwiegend Zementationshorizonte in Böden i.w.S. dar. Das pliozäne Alter der 1—5 m mächtigen Krustenkalke in der Sahara nehme nach Norden hin ab (S. 975, Abb. 1). Die Ausscheidung erfolgte weitgehend unabhängig vom Grundwasser. Gipskrusten-Bildung nahe von Schotts und in Oasen setzte nach der Krustenkalkperiode ein und dauere auch heute noch an, infolge Verdunstung oberflächennaher Grundwässer in Sandböden.

Die physikalischen, chemischen und mineralogischen Eigenschaften der sandigen Oasenböden in Kufra sind noch weitgehend identisch mit denen des Ausgangsmaterials, da die Bodenentwicklung nicht weit fortgeschritten ist (Abdelgawad et al. 1974). Auch andere Lockerdecken in Südost-Libyen sind wenig verwittert und pedogen überprägt, wie tonmineralogische Untersuchungen gezeigt haben (Abdelgawad et al. 1980).

Tonmineralneubildung (Neoformation) scheint aber in hochariden Gebieten nicht ganz zu fehlen. So besteht die Feinton-Fraktion ($\emptyset < 1\,\mu$) der Torrifluvents und Torrerts im Überschwemmungsbereich des unteren Nil überwiegend aus Montmorillonit. Dieser ist zwar schon im Ausgangsmaterial vorhanden, doch sprechen der gute Kristallisationsgrad, der hohe pH-Wert und das Ca/Mg-Angebot der Bodenlösung sehr für die Möglichkeit einer Neubildung (Hanna & Beckmann 1975). Das Substrat leitet sich aus den Suspensionen des Nilwassers ab, welches von den abessinischen Hochgebieten die Erosionssedimente der dortigen rezenten und lateritischen Böden mitbringt (Nabhan et al. 1969).

Generell ist die pedogenetische Wirksamkeit des gegenwärtigen Klimas in der Sahara jedoch stark eingeschränkt. Dutil (1971: 58—178) gliedert die aktuellen Böden in drei Klassen:

1. Sols minéraux bruts mit den Litosols, den Sols minéraux bruts d'ablation und d'apport
2. Sols peu évolués mit den Sols des „daias", den Sols des buttes à Tamarix und den Sols des oasis des régions cristallines
3. Sols halomorphes mit den Sols dérivés des substrats gypseux, den solontchaks und den Sols des oasis des régions sédimentaires.

Vorhandene Paläosole und deren Ausgangsmaterialien werden in den Hochgebieten mechanisch degradiert und in den Tiefgebieten fossiliert. Wind bewirkt eine relative Konzentration der Grobkomponenten an der Bodenoberfläche (Dutil 1964).

Nach Kubiena (1953) besteht die rezente Transformation der vorzeitlichen Braun- und Rotlehme vor allem in einer Verstaubung (= Pulverisierung der Aggregate) und dem Verlust der Löslichkeit der Kieselsäure (= Vererdung).

Eine in vielen Trockengebieten verbreitete Erscheinung sind die sog. Schaumböden, welche auch in Nordafrika beobachtet werden. Volk & Geyger (1970) haben sie aus Süd Spanien, Marokko und Südwest-Afrika beschrieben. Danach bilden sich in den obersten 2—4 cm eines Bodens lufterfüllte Hohlräume von meist kugeliger Form, mit z.T. hoher Dichte von 300—500 Blasen pro cm^2 und Durchmessern von 25—500 μ, wenn nach einer Befeuchtung schnelle Austrocknung folgt und Bodenluft eingeschlossen werden kann. Nach eigenen Beobachtungen besitzen die Schaumhorizonte auch in der Sahara weite Verbreitung. Diese Bildungen dürften wohl als eine spezifische Anpassung der Lockerdecken an das aride Milieu aufgefaßt werden.

Einzeluntersuchungen zu Fragen der ariden Verwitterung deuten an, daß die aktuelle Gesteinsaufbereitung möglicherweise erheblich stärker ist als bisher angenommen. Z.B. führen thermoklastische Prozesse zur Spaltung verschiedener Gesteinstypen (Bertouille et al. 1979). Die Bildung der Hammada des Djebel es Sauda könnte sogar mit der physikalischen Verwitterung durch Frost (Kongelifraktion) erklärt werden. Zeitweise hohe Abflüsse — von Schaumböden weitgehend an der Infiltration gehindert — transportieren Grobmaterial mit Durchmessern bis zu 50 cm dann über weite Strecken (Jäkel 1980). An freien Felsflächen der Granit-Inselberge bei Moulay Hassan stellte Selby (1977: 177) einen starken Zersatz der Biotite und Feldspäte fest. Auch die Granit-Komplexe des östlichen Antiatlas unterliegen einer differentiellen Verwitterung und Abtragung (Riser 1975).

Eine der auffälligsten Erscheinungen der Trockengebiete ist die dunkle Patina auf Gesteinsoberflächen. Scheffer et al. (1963) zeigen auf, daß die Anwesenheit von Blaualgen als eine wesentliche Ursache bestimmter Formen des Wüstenlacks angesehen werden muß und möglicherweise auch für die Rotfärbung in den obersten Horizonten bestimmter Aridisols mitverantwortlich ist.

Gegenüber Krusten entstehen Wüstenlacke und Verwitterungshäute aktuell (Haberland 1975, Haberland & Fränzle 1975). Nach Rohdenburg (1977: 79) ist die Wüstenlackbedeckung kein Hinweis auf ein präholozänes Alter von Geländeoberflächen.

Die fluviale Abtragung in der Sahara kann räumlich und zeitlich begrenzt große Wirksamkeit erreichen, weil starke Niederschläge vorkommen (z.B. Klitzsch 1966), weil große Areale vegetationsfrei sind, und weil außerdem bestimmte Formen des Substrats wie Schaumböden, Krusten oder Felsoberflächen die Infiltration weithin verhindern (Hagedorn 1980). Hinzu kommt der schon genannte Topographie-Faktor in den großen Ebenheiten (Rognon 1980a) und, daß in den endorheischen Systemen die Flüsse ihre Erosionsbasis durch Akkumulation erhöhen. Dies führt im Sinne von Rohdenburg (1977) zu einem „Basisstau" und damit zur Bildung unzerschnittener glatter Oberflächen.

Andererseits reicht die Kompetenz des heutigen Oberflächenabflusses vielfach nicht aus, das sehr grobe Material auszuräumen, welches in Perioden mit höherer Abflußkompetenz auf Hängen und Flächen abgelagert wurde. Es kommt zur Einschneidung. Gleichzeitig gewährleistet die durch das Grobmaterial erzeugte Abflußdämpfung eine flächenhafte Infiltration von Bodenwasser, das möglicherweise für kurze Zeit auch verwitterungswirksam werden kann und in den meist gut durchlüfteten Lockerdecken zur Bildung von „Red beds" führt.

Beobachtungen zur Wasserbewegung in quartären Hangablagerungen liegen aus dem Hoggar-Gebirge vor (Soleilhavoup & Cailleux 1979). So konnte am NW-Hang des 1937 m hohen Mont Debnat, einem Trachytphonolith 25 km ostsüdöstlich Tamanrasset, in Blockströmen und in aus Schutt und Lehm bestehenden Rücken rezente Suffosion mit z.T. erheblicher Abtragungsleistung nachgewiesen werden.

Den sichtbarsten Ausdruck findet die fluviale Tätigkeit in den Terrassen, welche in der Sahara bevorzugt von größeren Erhebungen oder Gebirgen ausgehen. Um den Atakor und das Tibesti unterscheidet Rognon (1980) drei verschieden alte Akkumulationskörper:

1. Oberterrasse. Sie besteht aus Kies und Grobsand, führt sehr viel Feldspat, ist rötlich braun und sehr charakteristisch. Im Ober- und Mittellauf erreicht sie Mächtigkeiten von 3—6 m, in der Piedmontregion des Atakor solche von 10—15 m. Das Material ist der Schutt aus dem Verwitterungsmantel der Hänge und wurde unter arid-klimatischen Bedingungen abgetragen. Ihr Alter ist nicht genau festzustellen, liegt aber jenseits des ^{14}C-datierbaren Zeitraums und gehört nach entsprechenden Funden in das Acheul des unteren Jungquartärs (< 100 000 BP).
2. Mittelterrasse. Sie ist in die Oberterrasse eingeschnitten und baut sich im Gegensatz zu dieser nur aus Schluff und Ton auf. Charakteristisch sind $CaCO_3$-Ausfällungen in Sümpfen und kleinen Seen sowie Gastropoden und Pollen mediterraner Gehölze. Froststrukturen an der Basis in Meereshöhen von 1000 bis 1500 m NN um den Atakor deuten auf kühle Bedingungen des Jungwürm. Die Montmorillonite und die mengenmäßig variierenden Illite leiten sich aus Paläoböden ab, die als „typical brown Mediterranean soils" angesprochen werden. Insgesamt ist die Sedimentation der Mittelterrasse stabilen geomorphodynamischen Verhältnissen mit Bodenbildung und Vegetationsbedeckung zuzuschreiben („biostatic Mittelterrasse"). Ihr Alter ist spätglazial-holozän und nach ^{14}C-Datierungen zwischen 15 000 und 8000 Jahren BP einzuordnen.
3. Niederterrasse. Die kreuzgeschichteten Grobsande und Fein- bis Mittelkiese heben sich deutlich von der Mittelterrasse ab und entsprechen etwas feuchteren Bedingungen als zur Zeit der Oberterrasse und der Gegenwart. Sehr wahrscheinlich wurde die Niederterrasse am Ende der neolithischen (mittelholozänen) Feuchtzeit geschüttet, welche in den saharischen Ebenen zwischen 5700 und 4100 BP durch Vegetationsbedeckung, Elefanten, Giraffen, Büffel usw. ausgezeichnet war. Unterschiede in der geomorphologischen Entwicklung zwi-

schen Atakor und Tibesti äußern sich u.a. darin, daß die Niederterrasse im Hoggar mehr feine, siltige Sedimente führt, was auf eine längere Persistenz der Bodendecke hindeute.

Auf eine räumlich und zeitlich differenzierte Klimaentwickung in der Sahara weist auch Gießner (1981) hin. Besonders die kartograpische Umsetzung der jüngeren Literaturbefunde zum Klima der letzten 30 000 Jahre macht deutlich, daß wir noch weit von einem geschlossenen klimageschichtlichen Bild entfernt sind, vor allem auch deshalb, weil die qualitative Einstufung der geomorphologisch-sedimentologischen Klimazeugen nicht einheitlich, sondern manchmal sogar konträr vorgenommen wird.

Die progressive Aridität des Jungholozäns äußert sich u.a. in einem großräumigen Sandtransport (Mainguet & Cossus 1980) und einem äolischen Materialumsatz, der nach Schütz & Jaenicke (1980) in der Sahara etwa ein Viertel der Globalproduktion von 1 Milliarde Tonnen ausmacht.

2.4 *Trockene Randtropen*

Gegenüber den nordafrikanischen Gebieten mit Winterregen fallen südlich der Sahara die Niederschläge im Sommer. Trotz höherer Luft- und Bodentemperaturen ist die Verwitterungspotenz der ariden Tropen wegen Wassermangels aber noch relativ gering („aridic soil moisture regime"). Die Beziehungen zwischen Ausgangsgestein und Verwitterungsprodukten bleiben eng (Schmidt-Lorenz 1971).

Für die (aktuellen) Böden der Regionen mit Niederschlägen zwischen ca. 200 und 1000 mm existieren verschiedene Begriffe. Bei dem Versuch einer internationalen Vereinheitlichung in Form der „Soil Map of Africa" (d'Hoore 1964) unterscheidet man die „Brown and reddish-brown soils of arid and semiarid regions" mit 200—500 mm Jahresniederschlag bei mindestens 9 Trockenmonaten von den feuchteren „Ferruginous tropical soils (fersiallitic soils)". Das Blatt Niamey der „Carte pédologique de reconnaissance de la République du Niger" im Maßstab 1:500 000 von 1964 umfaßt in diesem Bereich neben „Sols minéraux bruts", „Sols peu évolués", „Vertisols et Paravertisols", „Sols isohumiques" und „Sols hydromorphes" verbreitet die nicht-lessivierten, lessivierten und rubefizierten „Sols ferrugineux tropicaux". Diese sind ausschließlich auf sandigem Material unterschiedlicher Körnung entwickelt. Auch die Weltbodenkarte der FAO-Unesco (1973) kennt hier unter den terrestrischen Böden vornehmlich die „Cambic" und „Luvic Arenosols" sowie die „Ferric Luvisols" mit einer „Petric phase".

In den Bodennamen kommt der Einfluß des Ausgangsmaterials zum Ausdruck. Dieses besteht weithin aus alten („fossilen" oder „fixierten") Dünen, deren Sedimentationsphasen allgemein in das Jungquartär gestellt werden (Mensching 1979). Auf den Sanden haben sich rubefizierte Böden mit Textur-B-Horizonten gebildet (z.B. Gavaud 1968, Williams 1968, Felix-Henningsen 1983). Heute unterliegen die Böden einer starken fluvialen und äolischen Degradation (Mensching 1980). Im Sahel Malis gefährdet der exzessive Eingriff des Menschen in den Naturhaushalt auch die noch ungestörten Sand- und Dünenkomplexe (Barth 1982). Nach Beregnungsversuchen östlich Tahoua (Niger) wurden Abtragungsmengen bis zu 20 t/ha im Jahr gemessen (Vuillaume 1968, 1969). Auch die „Carte du danger d'érosion en Afrique au Sud du Sahara" im Maßstab 1:10 000 000 weist für die Dünengebiete die höchsten Gefährdungsgrade mit über 2000 t/km^2/an aus.

Als verbreitetes Ausgangsgestein fungiert auch das sog. Continental Terminal (CT). Darunter versteht man die post-eozänen und prä-quartären kontinentalen Sedimente der westafrikanischen Becken. Im „Bassin des Iullemmedden" des westlichen Niger nimmt es mit maximal 300 m Mächtigkeit 90 000 km^2 ein und bildet die weiten Plateaus der „brousse tigrée". Drei

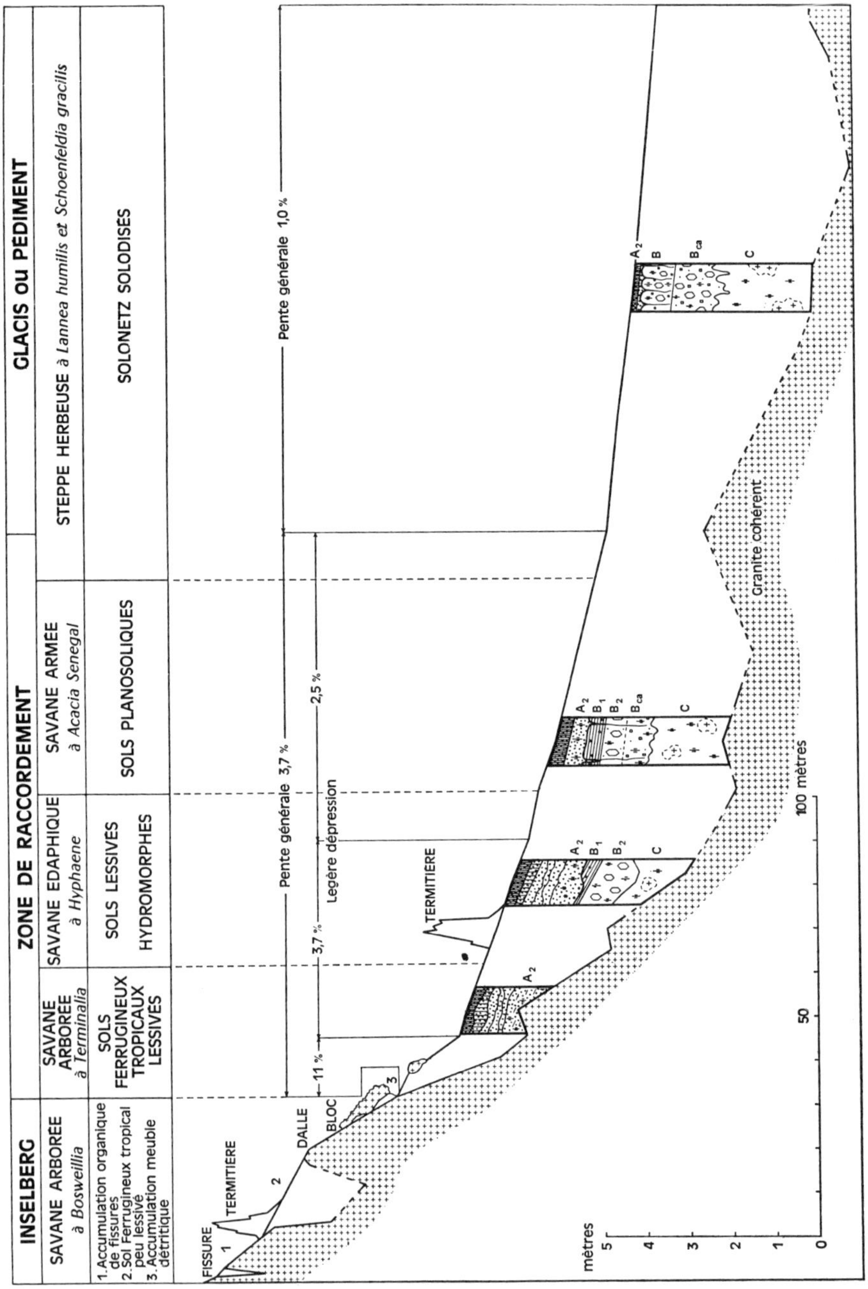

INSELBERG
ZONE DE RACCORDEMENT
GLACIS OU PEDIMENT
SAVANE ARBOREE à Bosweillia
SAVANE ARBOREE à Terminalia
SAVANE EDAPHIQUE à Hyphaene
SAVANE ARMEE à Acacia Senegal
STEPPE HERBEUSE à Lannea humilis et Schoenfeldia gracilis
1. Accumulation organique de fissures
2. Sol Ferrugineux tropical peu lessivé
3. Accumulation meuble détritique
SOLS FERRUGINEUX TROPICAUX LESSIVES
SOLS LESSIVES HYDROMORPHES
SOLS PLANOSOLIQUES
SOLONETZ SOLODISES
FISSURE
TERMITIERE
DALLE
BLOC
Pente générale 3,7 %
Pente générale 1,0 %
11 %
3,7 %
2,5 %
Legère dépression
Granite cohérent
mètres
100 mètres
50

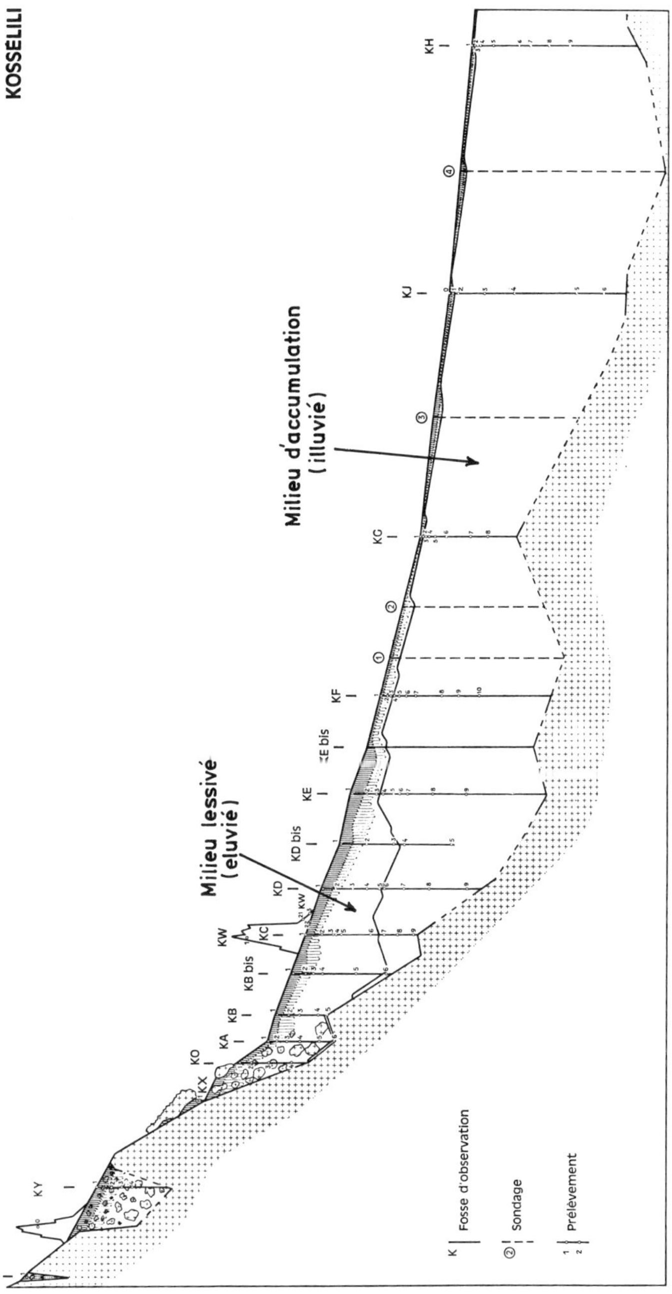

Fig. 4. Toposequenz am Granit-Inselberg bei Kossélili, Tschad (aus Bocquier 1973).

Einheiten werden unterschieden (Greigert & Pougnet 1967: 159—163): eine „série sidérolithique de l'Adrar Doutchi“ (CT 1), eine „série argilo-sableuse a lignites“ (CT 2) und die „gres argileux du Moyen Niger“ (CT 3). Neben seiner ökonomischen Bedeutung als Speichergestein für Wasser, als Bau- und Versatzstoff, als Rohstoff für die Keramik- und Ziegelindustrie oder als potentielle Erzlagerstätte (Kogbe & Dubois 1980) bestimmt das Continental Terminal die quartäre Boden- und Sedimentbildung in vielfacher Weise mit. Besonders die wechselnden Anteile von Ton und Sand machen sich in dem heterogenen Aufbau der Profile bemerkbar (Didier de Sant-Amand 1969). Am mittleren Casamance (ca. 13° Nord) im atlantisch getönten Sénégal sollen nach Chauvel & Pedro (1978) in ariden Phasen aus präexistenten „Sols rouges ferrallitiques“ auf tonigen Sandsteinen des Continental Terminal „Sols beiges ferrugineux tropicaux lessivés“ entstanden sein. Die roten Böden liegen dabei auf einer Altfläche in gut drainierten Positionen über den helleren Böden (S. 236, Fig. 3).

Im Bereich des präkambrischen Grundgebirges existieren tiefreichende Zersatzzonen, die im Alttertiär unter feuchtem Tropenklima mit dichtem Wald entstanden, dann in nachfolgenden trockeneren Phasen mit geöffneter Vegetation flächenhaft abgetragen wurden und in Relikten die heutige Landoberfläche bilden. Aus den wechselnden Umweltbedingungen resultiert oft ein komplizierter Aufbau der Böden, so z.B. in den Aufforstungsgebieten von Ouagadougou (Schmidt-Lorenz 1977).

Die wichtige Frage nach der zeitlichen Einordnung einzelner Bodenbildungsphasen kann für das Tschad-Becken schon einigermaßen sicher beantwortet werden. Die nötigen Zeitmarken ergeben sich dabei aus der Sedimentations- und Erosionsgeschichte während des Tertiärs und Quartärs. So unterscheidet Pias (1970, 1970a) südlich des 10. Breitengrades, also schon in einem Bereich mit einem „Climat Soudano-Guinéen“, auf den Ablagerungen des Continental Terminal folgende Oberflächenbildungen:

1. eine prämiozäne „Surface bauxitique de Koro“
2. eine pliozäne „1ère surface ferrallitique“, von der Bodenrelikte noch bei etwa 14° nördlicher Breite vorkommen (500 mm-Isohyete)
3. eine plio-pleistozäne „Surface cuirassée“ und
4. eine „2ème surface ferrallitique plusieurs fois rajeunie“, welche zeitlich mit der dritten Transgression des Tschadsees (320 m gegenüber 282 m) zusammenfällt und auf 12 000—5400 BP datiert wird.

Jungpleistozän und Holozän des Tschad insgesamt sind durch die pedogenen Prozesse der Steppisation, Hydromorphie, Vertisolierung, Carbonatisierung und Halomorphie ausgezeichnet, welche wiederum vom örtlichen Klima, Relief und Substrat abhängen. Auf sandigem Ausgangsmaterial entstand generell ein „Sol ferrugineux tropical lessivé“ (Pias 1970: 314).

Die bodengeschichtlichen Daten des Tschad werden weitgehend von geomorphologischen Untersuchungen in anderen Trockengebieten Westafrikas bestätigt. Michel (1980) kann für Mauretanien, Nord-Senegal und das mittlere Nigerbecken eine Reliefentwicklung aufzeigen, in die fast alle o.g. Bodenbildungen integriert werden können: nach drei Einebnungszyklen im mittleren Jura, der mittleren Kreide und im U.Eozän, welche durch drei Lateritpanzer dokumentiert sind, kommt es zur Ablagerung des Continental Terminal. Dieses deckt z.B. bei Niamey den tiefgründig zersetzten präkambrischen Sockel mit einem Sandstein ab. Infolge epirogenetischer Hebungen kommt es zur Zerschneidung, Flächen- und Stufenbildung in den Sedimentgesteinen. Das Klima ist trockener. Ein jüngerer Eisenpanzer wurde unter feuchteren Bedingungen wahrscheinlich während des Pliozän gebildet. Er überzieht auch andere Gesteine. Im Quartär erfolgt vorwiegend Einschneidung. Bei günstigen Gesteins- und Geländeverhältnissen werden die Glacis von Eisenablagerungen betroffen. Die besonders trockene Periode des

„Ogolien“ (ca. 20 000—15 000 BP) führte zur Aufschüttung großer Dünenfelder, auf denen sich zwischen 11 000 und 4000 BP rote Böden entwickelt haben.

Die prämiozäne „Surface bauxitique de Koro“ von Pias und der untereozäne (dritte) Laterit von Michel könnten dabei möglicherweise mit dem weltweit korrelierbaren frühtertiären „Bauxit-Event“ in Südamerika, Afrika und Indien zeitlich zusammenfallen (s. Prasad 1983).

Außerdem wurden in den trockenen Randtropen des Tschad auf pedologischem Weg sehr wertvolle Erkenntnisse für die Erklärung von Bergfußniederungen an Inselbergen gewonnen. Die detaillierten Gelände- und Laboruntersuchungen von Bocquier (1973) an zwei Toposequenzen auf präkambrischem Granit und auf quartären Sedimenten zeigen einen differenzierten vertikalen und lateralen Stoff- und Wassertransport, dessen Richtung und dessen Gradient vom jeweiligen Hang gesteuert werden. Man erkennt dies deutlich am Alter der seitlich akkumulierten Carbonate: während die B_{ca}-Horizonte in den Glacis (Pediment)-internen, solodierten Solonetzen und Vertisolen ein ^{14}C-Alter von 8570 bzw. 8665 BP besitzen, sind die Planosol-B_{ca}-Horizonte der „zone de raccordement“ nur 2710 bzw. 1780 Jahre alt (S. 264, Fig. 97). Besonders das Beispiel der Toposequenz am Granit-Inselberg von Kossélili könnte bei der Interpretation von saharischen Reliktböden am Fuße von Inselbergen eine wichtige Hilfe darstellen. Deshalb werden zwei Figuren von Bocquier (1973) bzw. Bocquier et al. (1977) unverändert in die vorliegende Arbeit übernommen (Fig. 4). In diesen Toposequenzen sieht Bocquier übrigens eine prinzipielle bodengeographisch-geochemische Abfolge. Unterschiede des Humiditätsgrades in den Tropen bewirken lediglich die Bildung qualitativ unterschiedlicher Stoffkomponenten und bestimmen natürlich deren Entwicklungsgeschwindigkeit. Z.B. erfolgen im tropischen Regenwald am Oberhang Podsolierung und Allitisation unter Bildung von Gibbsit, Si- and Al-Migration im Hang führt zu absoluter Anreicherung und zur Neubildung (Monosiallitisation) von Kaolinit am Bergfuß. Unter randtropischen Verhältnissen entwickelt sich am Oberhang Kaolinit, während die Si-Auswaschung und Anreicherung am Hangfuß die Bildung von Montmorillonit (Bisiallitisation) unterstützen. Unter noch trockeneren Bedingungen treten an die Stelle des Oberhang-Kaolinit Montmorillonit und an die Stelle des Unterhang-Montmorillonit Kalk, Attapulgit, Salz u.a.m. (S. 277, Fig. 100).

Zu gleichlautenden Ergebnissen kommt Boulet (1978) nach Untersuchungen an Toposequenzen in Obervolta.

2.5 *Sommerfeuchte Tropen*

Mit steigender Durchfeuchtung nimmt bei hohen Temperaturen auch das Verwitterungspotential der Böden rasch zu (Schmidt-Lorenz 1971). Das „ustic soil moisture regime“ der semihumiden Tropen führt jedoch zeitweise zu einem Wasserdefizit in den oberflächennahen Bereichen. Charakteristische Neubildungen der hydrolytischen Verwitterung sind bei gehemmter Drainage in den Vertisolen der Montmorillonit, in den durchlüfteten „Sols ferrugineux tropicaux“ und den „Sols ferrallitiques“ dagegen der Kaolinit (Paquet et al. 1961).

Geomorphologisch zeichnen sich diese Gebiete besonders durch die Prozesse der Flächenbildung aus (Wilhelmy 1974: 290—326). Neuere bodenkundliche Untersuchungen von Fölster (1964, 1964a, 1969, 1971, 1979, 1983), Fölster & Kalk (1967), Fölster & Ladeinde (1967) und Fölster et al. (1971) ermöglichen dabei einen tieferen Einblick in das Prozeßgefüge und die zeitliche Abfolge von flächenhafter Abtragung und Aufschüttung. Besonders stratigraphische Beobachtungen lassen auch Rückschlüsse auf unterschiedliche Bildungsbedingungen zu.

Folgt man dem Begleittext zur Bodenkarte Westafrikas des Afrika-Kartenwerkes (Fölster 1983), so muß vor allem der polyzyklische Aufbau der Verwitterungs- und Bodendecke beachtet werden, weil daran verschiedene geomorphogenetische Vorgänge geknüpft werden können. Zunächst ist zwischen Boden (Solum) und Zersatz (Saprolith) zu unterscheiden. Während in den gemäßigten Breiten der Saprolith noch Teil der eigentlichen Bodendecke ist und durch Tonbildung, Eisenfreisetzung und Verbraunung gekennzeichnet wird, eilt in den Tropen die Verwitterung den an die Oberflächennähe gebundenen Prozessen weit voraus und erzeugt besonders auf magmatischen und metamorphen Gesteinen tiefgründige Verwitterungsdecken. Hinsichtlich der Wasserbewegung kommt dadurch ein klimabedingter Sättigungswechsel im oberflächennahen Bereich zustande, dort, wo auch Verlagerungsvorgänge größeren Umfangs stattfinden. Der Einfluß der Landschaftsgeschichte wird durch die Mehrschichtigkeit und durch Diskontinuitäten in der Bodendecke belegt. Pediment-Oberflächen gliedern sich in a) ein feinkörniges Hangsediment (Hillwash), b) den Pedimentschutt und c) die Steinsohle. Die letztere stellt das Niveau der Ausräumungs-Basisfläche im Solum und/oder Saprolith dar, eine Fläche, die sich von lokalen Erosionsbasen rückschreitend unter Herausarbeitung einer Stufe gebildet hat (= Pedimentation). Die Steinsohle besteht aus Bruchstücken von Quarzadern, widerständigen Gesteinen, Konkretions- und Krustenschutt mit Anteilen von Feinmaterial. Der Pedimentschutt gilt als Durchgangssediment, das während der Abtragungsphase auf die Steinsohle geschüttet wird. Die abschließende Hillwash-Decke ist gegenüber der Schutt- und/oder Saprolith-Oberfläche sehr eben und wird als Umlagerungsprodukt auslaufender Aktivitätsphasen gedeutet (Rohdenburg 1969). Die rezente Bodenbildung umfaßt: Produktion von Humus und dessen Homogenisierung, vertikale und laterale Tonverlagerung, vertikale und lokale Eisendifferenzierung, Wirkung episodischen und periodischen Stauwassers, laterale Verlagerung von Eisen und Bodenversauerung. Als Ursache einer Texturdifferenzierung kommt auch die zoogene Entmischung vorwiegend durch Termiten in Frage (Bioturbation). Die stratigraphische Anordnung der Pedisedimente und Bodenprofile läßt damit den Schluß zu, daß Phasen vorwiegender Abtragung mit Phasen abgewechselt haben, in denen Pedogenese ungestört auf einer stabilen Oberfläche ablief. Da Pedimente neben Altflächen und Muldentälern Bauelemente von Rumpfflächen sind, und da die älteren Verebnungsflächen in ihrem Aufbau der jüngeren Pediplain sehr ähnlich sind, könnte die Fläche als Ganzes durch das mehrmalige Alternieren von Bodenbildung und Pedimentation erklärt werden. Die höheren (lateritischen) Altkrusten sind heute in Reliefumkehr erhalten. Sie wurden früher an Unterhängen und in Talpositionen durch lateralen Hangwasserzug angereichert, Prozesse, die man stets auch auf den jüngeren Pedimenten beobachtet. Damit liegt in dem Schichtaufbau der Böden Westafrikas eine wichtige geomorphogenetische Information, deren geomorphologisch-stratigraphisch-bodenkundliche Deutung im Gegensatz zu der Lehrmeinung steht, wonach „Abtrag nur ein kontinuierlicher Abwaschungsprozeß sei, der durch fortschreitende Tiefenverwitterung mehr oder weniger kompensiert wird" (Fölster 1983: 11).

Hinweise für pedo- und morphogenetisch wirksame Klimawechsel gibt es bis in den Regenwald Nigerias hinein. Sie reichen zeitlich evtl. bis in das Jungtertiär. Interferenzen mit tektonisch bedingter Einschneidung der Gerinne werden diskutiert. Generell erfolgte Bodenbildung auf stabilen Landoberflächen unter humiderem Klima bei Vegetationsschluß, Abtragung dagegen unter arideren Bedingungen bei Vegetationsöffnung (Jeje 1980).

Wie wichtig gesicherte Vorstellungen zur Geomorphogenese tropischer Degradations- und Aggradationsflächen auch für die Interpretation analytischer Bodenkenndaten werden, zeigt z. B. eine Toposequenz roter und schwarzer Böden in Karamoja, Uganda (Beese et al. 1974, Hugenroth et al. 1974, Ehlers & Beese 1974): ohne die Annahme einer partiellen Einschneidung und einer Reliefinversion in der miozänen „Kyoga surface" und einer allmählichen Verlagerung der Wasserscheiden während der einzelnen Erosionsphasen wären die pisolithischen Eisenkrusten auf den heutigen Interfluves oder die Elementverteilung in den tieferen Einheiten der

Toposequenz nicht zu erklären. Besonders die gegenüber dem erhabenen Oxisol erhöhten TiO_2-Gehalte in den einzelnen Abschnitten der Hangböden (Inceptisols) deuten auf geogene Einmischung hin und lassen den Schluß zu, „daß der heutige Entwicklungszustand der Böden und ihre Vergesellschaftung das Ergebnis sich mehrmals wiederholender Zyklen der Erosion, Sedimentation und Bodenbildung darstellt“ (Beese et al. 1974: 135).

Beispiele ähnlicher Bodenabfolgen ließen sich aus verschiedenen Regionen der humiden Tropen und auf verschiedenen Ausgangsgesteinen anführen (z.B. Nye 1954, 1955, 1955a; Boulvert 1968; Kantor & Schwertmann 1974; Léveque 1976, 1977, 1978; Verheye 1979).

Die grundsätzliche und die speziell in den Tropen manifestierte, enge Beziehung zwischen Relief und Boden hebt auch Semmel (1980, 1982) hervor. Besondere Bedeutung komme dabei der vorzeitlichen Reliefentwicklung zu, da diese vielfach mit der Ausbildung von mächtigen Verwitterungsprofilen das Substrat für nachfolgende Einschneidung, Umlagerung und erneute Bodenbildung liefere. Gesteinsunterschiede seien von wesentlicher Bedeutung, sie führten in der Regel zu Strukturlandschaften. Die Boden-Catenen des immerfeuchten Regenwaldes und der Feuchtsavannen besitzen große Ähnlichkeit, nur im pH-Wert werden die rezenten Klimaunterschiede deutlich. Ausgangsform für die jüngere Relief- und Bodenentwicklung sind bei Semmel tertiäre Rumpfflächen-Landschaften.

Die Weltbodenkarte 1:5 000 000 (FAO-Unesco 1973) weist für die Degradationsbereiche des tropisch-wechselfeuchten Afrika neben flachgründigen Böden „Ferric Acrisols“, „Dystric Nitosols“, „Ferric“ und „Plinthic Luvisols“ sowie „Eutric Regosols“ aus. Die genannten Bodeneinheiten besitzen teilweise eine „petric“ bzw. „petroferric phase“. Nach dem immerfeuchten West- und Zentralafrika hin gehen die Acrisols und Nitosols in die „Ferralsols“ über. Den Acrisols, Nitosols und Luvisols ist ein Tonanreicherungshorizont („argillic B“) gemeinsam, Unterschiede bestehen vorwiegend hinsichtlich des Gehaltes an austauschbaren Kationen, wobei in der o.g. Reihenfolge die Basensättigung zunimmt. Darin könnte die skizzierte Reliefentwicklung ihren pedologisch-bodengeographischen Niederschlag gefunden haben, wenn durch die Prozesse der flächenhaften Abtragung und Aufschüttung immer wieder neue Gesteins-, Saprolith- und Bodenoberflächen und Pedimente mit Steinsohle, Pedimentschutt und Hillwash-Sedimenten entstehen.

2.6 *Immerfeuchte Tropen*

Obwohl die potentielle Evapotranspiration zeitweise den Niederschlag übersteigt, tritt dennoch kein maßgebliches Wasserdefizit im Boden auf, weil in der Zeit des Wasserüberschusses genügend Feuchtigkeit gespeichert wurde („udic soil moisture regime“). Im Verein mit ganzjährig hohen Luft- und Bodentemperaturen kommt es in Gebieten dieser Klimaausstattung daher auch zu den höchsten Verwitterungsintensitäten. Nach Schmidt-Lorenz (1971: 46) ist „das Verwitterungspotential von Wasser bei 25 °C etwa 4, bei 40 °C nahezu 12 mal so groß wie bei 8 °C“.

Die hydrolytische Mineralzersetzung als die wichtigste Verwitterungsart führte in den immerfeuchten Tropen zu mächtigen Zersatzdecken und stark ausgelaugten Böden. Die FAO-Weltbodenkarte kennt für die entsprechenden Regionen West- und Zentralafrikas überwiegend die „Ferralsols“ mit den Untereinheiten „Plinthic“, „Humic“, „Rhodic“, „Xanthic“ und „Orthic F.“. Den Ferralsols entsprechen systematisch die Latosols, die Sols ferrallitiques bzw. die Oxisols in anderen Bodenklassifikationen. Diagnostisches Merkmal ist der sog. „Oxic-B-Horizon“, der sich u.a. dadurch auszeichnet, daß alle primären Alumosilikate bis auf Spurengehalte verwittert sind, daß kein Tonanreicherungshorizont vorliegt, und daß die Gesteinsstruktur weniger als 5 Volumenprozent ausmacht. Neben den Ferralsols kommen im terrestrischen Milieu verbreitet auch noch „Nitosols" und „Arenosols" vor.

Von besonderer geomorphologischer Bedeutung ist eine Form der Tiefenverwitterung, die vorzugsweise in alten Kristallin-Gesteinen auftritt und lithologisch-tektonische Unterschiede kryptogen herausmodelliert, welche nach der Abtragung des Verwitterungsmantels dann als markante Vollformen in Erscheinung treten. Gemeint sind die Inselberge (bornhardts, tors) auf den Rumpfflächen. Eindrucksvolle Beispiele dieser „crypto-altération differentielle" und der Entstehung eines „crypto-relief" werden z.B. aus Süd-Camerun beschrieben (Boye & Fritsch 1973, Boye & Seurin 1973). Hier sind präkambrische Quarzdiorite und Migmatite der Biotit-Amphibolit-Fazies an Diaklasen, texturellen und petrographischen Inhomogenitäten teilweise bis 50 m tief verwittert. Nicht nur in den Aufschlüssen, sondern auch an freigelegten Felsflächen beobachtet man die Produkte einer differentiellen Gesteinsaufbereitung wie Residualblöcke, Pseudo-Taffoni, ausgewitterte Boudinage-Zonen usw. Interessant sind ferner oberflächlich in den Verwitterungsmantel eingeschnittene Steinsohlen, die von Boye & Fritsch (1973: 47—48) als kolluviale Bildungen gedeutet werden, und die damit heute in Reliefumkehr auf den höchsten Geländeteilen liegen. Auch die chemisch-mineralogischen Analysen sprechen für einen lateralen Import, vor allem des Eisens (Boye & Seurin 1973: 78). Erfolgt flächenhafte Ausräumung der mächtigen Zersatzdecken um einen kryptogen angelegten Inselberg herum, so entsteht eine sog. „Etchplain".

Beweise für Flächenbildung in äquatorialen Breiten gibt es mehrere. Am Ituri im Nordosten des ehemaligen Belgisch-Kongo, dem heutigen Zaire, unterscheidet Ruhe (1956) eine „Mid-Tertiary" und eine „End-Tertiary surface". Die quartären Landoberflächen umfassen vier Pedimente, eine Terrasse und eine „Floodplain". Stratigraphie und Zusammensetzung von Sedimenten auf der jungtertiären Abtragungsfläche und den Pedimenten zeigen, daß diese Degradationsflächen nicht aus einem tiefgründigen Verwitterungsmantel exhumiert wurden und damit „Etchplains" darstellen, sondern daß die Flächenbildung auf die Prozesse der Pedimentation zurückgeht und daher eine „End-Tertiary pediplain" vorliegt. Die Pedi-Sedimente sind genauso aufgebaut wie bereits in Abschnitt 2.5 beschrieben und tragen allesamt einen „Dark-horizon Latosol" (Ruhe 1956: 84, Fig. 17). Dagegen sind an den Pedimentationsstufen und auf der mitteltertiären Landoberfläche Lithosole entwickelt. Letztere sind nur noch in einigen Laterit-gekrönten Inselbergen erhalten. Den Begriff „Peneplain" (Rumpffläche, Fastebene) möchte Ruhe (1956: 76—77) lediglich für die Beschreibung des physiographischen Ausdrucks von Verebnungsflächen verwenden, nicht aber, wenn damit ein landschaftsgenetisches Konzept verbunden werden soll.

Auch jüngere Arbeiten machen auf den Zusammenhang von Reliefentwicklung und Bodenverbreitung aufmerksam. So hat z.B. die Form der Wasserscheiden: „Plateau", „Colline en demiorange" und „Forme complexe" entscheidenden Einfluß auf die Profilentwicklung der „Sols ferrallitique" und den Grad ihrer „Induration" (Martin 1967).

Ferrallitische Böden bedecken verschieden alte Oberflächen Cameruns, deren Entwicklung bis in den Jura oder die Kreide zurückgeht. Im Norden überwiegen rote Bodenfarben. Die älteren Böden sind immer polyzyklisch aufgebaut und legen Zeugnis für einen mehrfachen Klimawechsel ab (Segalen 1967, 1974). Allen taxonomischen Einheiten, also auch den weniger stark entwickelten und den hydromorphen Böden, gemeinsam ist ein hoher Verwitterungsgrad, was sich u.a. in sehr niedrigen SiO_2/Al_2O_3-Molekularverhältnissen (meist weit unter 2) der Tonfraktion und in den Tonmineralen selbst niederschlägt (Kaolinit, Gibbsit, Goethit). Die $SiO_2:Al_2O_3$-Beziehung ist dabei in Basalt-Böden generell um durchschnittlich 0,5 niedriger als in Grundgebirgs-Böden (Segalen 1967a, Sieffermann 1973). Mikromorphologisch zeichnen sich die Ferrallite der äquatorialen Tropen durch eine höhere Beweglichkeit des Plasmas aus als die entsprechenden Böden der Feuchtsavanne (Beaudou et al. 1977, Beaudou & Chatelin 1979). Die Begriffe „Braunlehm" und „Rotlehm" i.S. Kubienas sollten nach Stoops (1968) bei Kaolisolen unter strengem Vorbehalt und nur in ihrer morphologischen, nicht aber genetischen Bedeutung angewandt werden.

2.7 *Zusammenfassung*

Ziel der vorstehenden Ausführungen war es, die Grundzüge der Verwitterung, Bodenbildung und Abtragung in Afrika nördlich des Äquators soweit darzulegen, daß Art und Intensität dieser Prozesse in ihrer räumlichen Differenzierung sichtbar werden. Gleichzeitig wurde versucht, damit eine Grundlage für die qualitative und quantitative Interpretation der zentral-saharischen Verwitterungs- und Bodendecken zu erhalten. Deren klimageomorphologische Bewertung setzt auch die Kenntnis der bodengeographisch-paläopedologischen Verhältnisse in den angrenzenden Klimazonen voraus.

Zu diesem Zweck wurden jüngere geomorphologisch-bodenkundliche Arbeiten herangezogen. Die Auswahl erfolgte nach einem längeren Literaturstudium. Von zahlreichen pedologischen Karten fand besonders die FAO-Weltbodenkarte 1 : 5 000 000, Blatt VI-1, Verwendung. Zur klimageographisch-klimatologischen Orientierung sind eingangs eine Klimakarte nach Köppen & Geiger sowie 18 Klimadiagramme vorangestellt.

Eine großräumige Gemeinsamkeit besteht wohl darin, daß Verwitterung/Bodenbildung und Abtragung mehrfach miteinander abwechselten. Stratigraphisch faßbar ist dieser Wechsel allerdings nur in den humideren Klimazonen. Auch reicht der Nachweis unterschiedlich weit in das Quartär und Tertiär zurück. Gegen die Trockenräume hin scheint lediglich das jüngere Quartär durch ein Alternieren geprägt zu sein, die Mittelterrasse des Atakor belegt sogar die Gleichzeitigkeit von Bodenbildung und Abtragung.

Eine Abgrenzung rezenter bzw. holozäner Bildungen gegen fossile bzw. pleistozäne ist mangels Zeitmarken oft nicht möglich. Besonders die Verwitterung des Ausgangsmaterials kann dabei erhebliche Schwierigkeiten bereiten. Dennoch hat gerade die Schichtung tropischer Böden zu der Erkenntnis geführt, daß die jungtertiären und quartären Abtragungsflächen durch das Alternieren von Bodenbildung und Pedimentation entstanden. Ob die Pedimentation der Flächenbildungsprozeß schlechthin ist, muß m.E. noch offen bleiben, da der stratigraphische Aufbau älterer Flächen unbekannt oder so kompliziert ist, daß eine Entscheidung schwerfällt. Denkbar wäre immerhin auch die einphasige Exhumierung eines Kryptoreliefs aus einem tiefgründigen Verwitterungsmantel zu einer Etchplain. Tiefenverwitterung und flächenhafte Ausräumung blieben dabei aber funktionell und zeitlich getrennt. Hinweise für Flächenbildung durch Pedimentation gibt es auch nördlich der Sahara, wo eine analoge Stratigraphie und Steinsohlen beobachtet werden.

Größere geomorphologische und pedologische Unterschiede ergeben sich aus dem Alter und der petrographischen Zusammensetzung des geologischen Untergrundes. Gegenüber den jungen Orogenen Nordafrikas sind die Becken der Sahara und Westafrikas mit flachlagernden Sedimentgesteinen verfüllt, welche weite Tafeln bilden. Diese und die altererbten Rumpfflächen im kristallinen Grundgebirge schaffen besondere Bedingungen für Verwitterung und Abtragung. In den saharischen Ebenheiten verhindert deren Ausdehnung die Konzentration von Wasser. Ferngesteuerte Grundwasseraustritte spielen möglicherweise eine wichtige Rolle, da sie einerseits das Gestein aufbereiten, andererseits eine regionale bzw. lokale Denudations- und Erosionsbasis darstellen. Bodenkundliche Untersuchungen zum Afrika-Kartenwerk Westafrika zeigen, daß petrographische Unterschiede zwischen (präkambrischem) Grundgebirge und Deck-

Tabelle 2. Namen und geographische Abfolge nord- und westafrikanischer Böden in verschiedenen Klassifikationen.

FAO-Unesco 1974	D'HOORE 1964	KUBIENA 1957/1967	ORSTOM/HERVIEU o.J.	Soil Taxonomy 1975	
Luvisols Cambisols Rendzinas Kastanozems	Red and brown mediterranean soils	Meridionale Braunerden Erdige Braunlehme Terra fusca/rossa ?	Sols rouges et bruns méditerranéens	Alfisols Inceptisols Mollisols	Winterfeuchte Mediterrangebiete
Phaeozems Lithosols Regosols Xerosols	Brown and reddish-brown soils of arid and semiarid Mediterranean regions	?	Sols isohumiques AC ou A(B)C Sols peu évolués d'origin climatique AC	Entisols Aridisols	Trockene Subtropen
Yermosols Regosols Lithosols	Raw mineral soils - Calcareous crusts - Sands (ergs) - Desert pavements (regs)	Yerma Reliktisch: Vererdete Braun- u. Rotlehme	Sols mineraux bruts d'origin climatique (A)C	Aridisols Entisols	Subtropisch-tropische Wüstenklimate
Arenosols Luvisols	Brown soils of arid and semi-arid tropical regions Ferruginous tropical	?	Sols isohumiques AC ou A(B)C - Sols bruns subarides Sols ferrugineux	Inceptisols Mollisols Alfisols	Trockene Randtropen
Luvisols Acrisols Nitosols	soils (fersiallitic soils) Ferrisols	Tropische Rot- u. Braunlehme, z.T. lateritisiert	tropicaux Sols	Ultisols	Sommerfeuchte Tropen
Nitosols Ferrallsols	Ferrallitic soils	Tropische Braunlehme z.T. lateritisiert	ferrallitiques	Oxisols	Immerfeuchte Tropen

gebirge sich vorwiegend in der Profiltiefe und der Vertikalgliederung der Verwitterungs- und Bodendecken bemerkbar machen.

Die wichtigsten pedogenen Prozesse sind die Lessivierung, die Rubefizierung oder Ferruginisation und die Ferrallitisation oder Laterisierung. Tonverlagerung kommt in der humiden Mediterraneis und den feuchten Tropen vor. Fossil ist sie — besonders auf sandigen Substraten — bis weit in die Trockenräume nachweisbar. Bioturbat-zoogene Entmischung von (eisenhaltigem) Ton, vorwiegend durch Termiten verursacht, kann südlich der Sahara bedeutend sein. Rubefizierung, also die verwitterungsbedingte Freisetzung von Eisen und dessen Oxidation ist auf Carbonatgestein generell, auf Silikatgesteinen nur bei höherem Verwitterungspotential möglich. Intensitätsunterschiede gehen auf die Gegenläufigkeit bzw. Gleichsinnigkeit des Temperatur- und Niederschlagsganges zurück. In den Tropen ist die Ferruginisation daher stärker. Die Möglichkeit einer Rotfärbung in aridem Milieu wird angedeutet. Aktuelle Laterisierung wird nur in den humiden Tropen beobachtet. Lateraler Transport von Eisen und/oder Aluminium im Hangzugwasser führt zu absoluter Anreicherung und stellt die wichtigste Form der Fe-Konzentration dar. Ältere Bildungen sind heute meist in Reliefumkehr erhalten. Die relative Anreicherung infolge intensiver Verwitterung und Kieselsäureverlustes scheint mengenmäßig zurückzutreten.

Die drei genannten Prozesse durchwirken in den sommerfeuchten und immerfeuchten Tropen alle pedostratigraphischen Einheiten (Hillwash, Pedimentschutt, Stoneline, Solum, Saprolith) und komplizieren die genetische Deutung der polyzyklischen Bodendecken. Catenen bzw. Toposequenzen sind der sichtbarste Ausdruck für den Einfluß des Reliefs auf die Bodenentwicklung.

Versucht man die bodenbildenden Prozesse und die Böden des nördlichen Afrika nach ihrem planetarischen Wandel und taxonomisch gegeneinander abzugrenzen, so ist zu beachten, daß die einzelnen Bodengliederungen z.T. sehr unterschiedliche Kriterien für eine Klassifizierung verwenden. In Tab. 2 sind korrelative Namen bzw. mutmaßliche Äquivalente aus wichtigen Bodenklassifikations-Systemen aufgetragen (FAO-Unesco 1974, d'Hoore 1964, Kubiena 1957 u. 1967, ORSTOM/Hervieu o.J., Soil Taxonomy 1975). Die Begriffe stehen dabei nicht immer auf einem vergleichbaren taxonomischen Niveau. Die französische ORSTOM-Gliederung ist beispielhaft von Hervieu auf Madagaskar übertragen worden, wo die Verbreitung der Böden auch eine extreme Klimadifferenzierung auf relativ engem Raum widerspiegelt. Der entsprechende Teil in Tab. 2 ist daran angelehnt. Kubiena (1957, 1967) weicht stark von den internationalen Verfahren ab, indem er „nicht direkt den Verwitterungsgrad, sondern vor allem die Auswirkungen der durch unterschiedliche Umwelteinflüsse ausgelösten Veränderungen in der Zusammensetzung, im Zustand und in der Verteilung der anorganischen Kolloide auf die Mikro- und Makromorphologie" nutzt (Schmidt-Lorenz 1971: 59). Die resultierenden Gefügetypen kennzeichnen daher den Gesamtcharakter der Böden. Die FAO-Nomenklatur ist eine Legende zur Weltbodenkarte, doch spielen bei der Abgrenzung der Bodeneinheiten sog. diagnostische Horizonte eine große Rolle, welche in der US-amerikanischen Gliederung (Soil Survey Staff 1975) eine Grundlage des Systems bilden. Hier wird die Definition der Merkmale so stark bevorzugt, daß eine Korrelation mit genetischen Systemen oft nur bedingt möglich ist.

Trotz verschiedener Konzeptionen kommt in den Bodennamen der Tab. 2 deutlich eine planetarische Abfolge der Böden zum Ausdruck, welche vorwiegend eine Funktion klimagesteuerter Intensitätsunterschiede der Pedogenese ist.

3 Struktur und Analyse des Verwitterungsmantels und der Bodendecke in der zentralen Sahara, dargestellt an regionalen Beispielen

In diesem Abschnitt werden nach einer geologischen und pedologisch-geomorphologischen Einführung in das jeweilige Arbeitsgebiet die Gelände- und Laborbefunde an Böden aus der Umrahmung des Mourzouk-Beckens, dem Air- und Hoggar-Gebirge und vom Plateau du Tademait vorgestellt. Unmittelbar darauf folgt immer eine Diskussion der Ergebnisse, besonders unter dem Aspekt der klimagenetisch-geomorphologischen Wertigkeit der Böden und Sedimente.

Die Beschreibung der Horizonte und Schichten wurde im wesentlichen so vorgenommen, wie es in Deutschland die Arbeitsgruppe Bodenkunde (1982: 62—135) festgelegt hat. Die Bodenkundliche Kartieranleitung enthält auch eine große Anzahl genetisch definierter Symbole, die eine befriedigende Kennzeichnung der Sahara-Böden gestatten. Abweichend von der deutschen Kartieranleitung wurden das Hauptsymbol R und das Merkmalsymbol y für festes Ausgangsmaterial bzw. für die Anreicherung von Gips angewendet. Ist R vorhanden, so entspricht C einem „vorverwitterten" Saprolith oder einem carbonat- bzw. gipsangereicherten Horizont. Im einzelnen bedeuten:

A Mineralischer Oberbodenhorizont mit Akkumulation organischer Substanz
B Mineralischer Unterbodenhorizont mit einer Änderung der Farbe und des Stoffbestandes des Ausgangsgesteins durch Akkumulation von eingelagerten Stoffen aus dem Oberboden und/oder durch Verwitterung in situ entstandenen und mit weniger als 75 Vol.-% Festgesteinsresten
C Mineralischer Horizont oder Schicht aus unverfestigtem Material, aus dem das Solum entstand
R Verfestigtes Ausgangsgestein
G Mineralbodenhorizont mit Grundwassereinfluß und mit bestimmten hydromorphen Merkmalen
M Mineralbodenhorizont des Kolluviums und Äoliums, entstanden aus sedimentiertem Solummaterial (vor Umlagerung pedogen veränderte, fluviatil oder äolisch transportierte Auftragsmasse)
h durch Huminstoffe dunkelgefärbt
v durch Mineralverwitterung verbraunt, rubefiziert und verlehmt
t durch Einwaschung mit Ton angereichert
c mit $CaCO_3$ angereichert
y mit Gips angereichert
f begrabener (fossiler) Horizont
r überprägter (reliktischer) Horizont
II, III ... geologischer Schichtwechsel

Fossile und reliktische Horizonte waren wegen der z. T. geringmächtigen und lückigen Auflage (Schutt, Serir usw.) nicht immer eindeutig voneinander zu trennen.

Rein formal unterscheidet sich die deutsche Nomenklatur von der anderer Bodenklassifikations-Systeme.

Was die Lage der untersuchten Profile im Oberflächenrelief betrifft, so wird dieses oft als (Hang)Glacis bezeichnet. Der französische Begriff besitzt dabei größtenteils denselben Inhalt wie die deutsche Bezeichnung Fußfläche.

In Fig. 5 kann die genaue Lage der untersuchten Profile im Gradnetz der Erde anhand der Internationalen Weltkarte 1 : 1 000 000 und der Topographischen Karte 1 : 200 000 ermittelt werden.

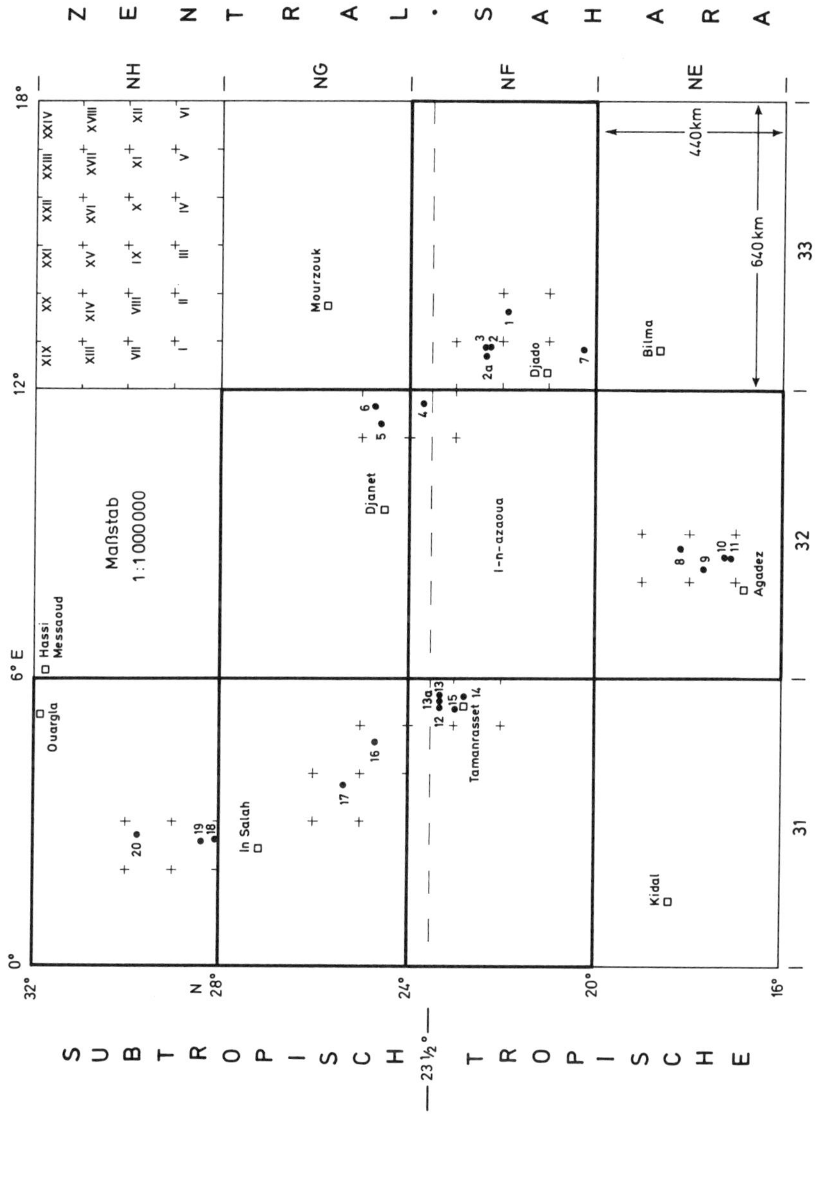

Fig. 5. Lage der untersuchten Profile im Blattschnitt der Internationalen Weltkarte (IWK) und der Topographischen Karte 1 : 200 000 (+ +, + +).

3.1 *Umrahmung des Mourzouk-Beckens*

3.1.1 *Literatur*

Im System der weiträumigen epirogenen Becken- und Schwellenbildungen Nordafrikas besitzt das ca. 600 km x 1000 km große Mourzouk-Becken eine zentrale Position. Seine Anlage verdankt es der Vergitterung der altpaläozoischen, NW-SE-streichenden Tripoli-Tibesti- bzw. Tihemboka-Schwelle mit der jungpaläozoisch-mesozoischen, NE-SW-streichenden Gargaf- bzw. Tibesti-Syrte-Schwelle (Klitzsch 1970, 1971).

Während des Paläozoikums konnten in die Tieflagen dieses Struktur-Reliefs auf dem konsolidierten, eingerumpften und z. T. noch tiefzersetzten, präkambrischen Grundgebirge sowohl die Verwitterungs- und Abtragungsprodukte der Hochgebiete diskordant sedimentiert werden als auch marine Transgressionen eindringen. Den Anschluß dieser Sedimentation bilden auch Mergel, Kalke und Kalkarenite des O. Karbon.

Mit schwacher Winkeldiskordanz setzen dann fast völlig flach lagernde, stratigraphisch schwer faßbare, aber wahrscheinlich permo-triadische, kontinentale Schichten ein, die auch als post-Tassilien bezeichnet und — ebenfalls wieder schwach diskordant — von der sog. Nubischen Serie oder auch dem „Continental intercalaire" abgedeckt werden (Hecht et al. 1964). Die letztgenannte reicht zeitlich bis in die U. Kreide.

Die marinen Transgressionen der O. Kreide, des Paläozäns und des Eozäns auf die nördliche Sahara-Tafel haben das Mourzouk-Becken nicht mehr erreicht (Fürst 1964, 1968). Nach Klitzsch (1970) konnte das Paläozän-Meer aber deshalb bis in das Vorland des heutigen Tibesti-Gebirges vordringen, weil die präexistenten Schichtstufen-Systeme des östlichen Mourzouk-Beckens und westlichen Kufra-Beckens einen Durchlaß nach Süden gestatteten. Mit der Korrelation tertiärer Schichtfolgen nördlich Sebha kommt Klitzsch (1974) sogar auf ein „präspätoberkretazisches" Alter des dortigen Schichtstufen-Reliefs.

Aufgrund seiner strukturellen Entwicklung ist das Mourzouk-Becken die zweitgrößte Grundwasser-Provinz Libyens (Jones 1971: 453, Fig. 1). Das in verschiedenen Stockwerken gespeicherte Wasser ist weitgehend fossil und besitzt ein ^{14}C-Alter zwischen 20000 und 40000 Jahren BP (Klitzsch et al. 1976). Darüber hinaus bestand wahrscheinlich die Möglichkeit zur Erdöl-Bildung. Als Muttergesteine kommen Tonsteine, als Speichergesteine Sandsteine und Trümmerkalke des Karbon in Betracht (Hecht et al. 1964: 433—434, Klitzsch 1970: 491).

Die tektonische Konstellation und die klimatischen Verhältnisse, denen das Mourzouk-Becken seit seiner Anlage ausgesetzt war, finden ihren vollen Niederschlag in der Fazies und in der mineralogisch-petrographischen Zusammensetzung der Sedimentgesteine. Besonders an den Tonmineral-Spektren der paläozoischen und mesozoischen Gesteine Ost-Nigers kann ein mehrfacher Wechsel der Verwitterungsbedingungen abgelesen werden (s. Faure 1966: 451, Fig. 164 u. 461, Fig. 168).

Die auf geologischen Übersichtskarten dargestellten Oberflächengesteine in der Umrahmung des Mourzouk-Beckens (Plachut et al. 1960, Conant & Goudarzi 1977) umfassen das O.Karbon und die kontinentalen Serien des Mesozoikums bis zur U. Kreide. Ihre Struktur und Zusammensetzung ist an mehreren Stellen untersucht und auch paläoklimatisch ausgedeutet worden (z.B. Oberlin & Freulon 1958, Oberlin et al. 1958, Sindowski 1959, McKee 1962, Bakker 1966, Kallenbach 1972, Zöller 1976, Glaeser 1980).

Die — im folgenden nach Kallenbach (1972: 304, Abb. 1) benannten — Dembaba-Schichten, der Madama-Sandstein, die Tilemsin-Schichten und der Messak-Sandstein spielen bei der klimagenetischen Interpretation der Landschaftsentwicklung des Mourzouk-Beckens deshalb eine Rolle, weil sie das Ausgangsmaterial für bestimmte Prozesse der Verwitterung, Bodenbildung, Abtragung und Aufschüttung bereitstellten. Wichtig ist hier nämlich eine deutliche Zweiteilung der Schichtenfolge: während das marine O.Karbon und die Tilemsin-Schichten durch Illit/Montmorillonit-Vormacht und selektive Feldspat-Verwitterung gekennzeichnet sind, ist in dem hangenden Messak-Sandstein eine starke Kaolinit-Vormacht und völlige Feldspatzersetzung zu erkennen (vgl. Kallenbach 1972).

Kallenbach, der eine postsedimentäre, wesentliche Veränderung des ursprünglichen Mineralbestandes ausschließt (1972: 316—317 u. 320), erkennt in der o.g. mineralogischen Zusammensetzung der Tonsteine einen allmählichen Wechsel von einem semiariden bis semihumid-tropischen Klima mit relativ milden Verwitterungsbedingungen zu einem humid-tropischen Klima mit intensiver, lateritischer Verwitterung im Abtragungsgebiet. Nach der generellen Nordrichtung der Schüttungen zu urteilen (vgl. McKee 1962: 559—564), muß dieses für den Westrand des Mourzouk-Beckens im Hoggar-Massiv bzw. auf der Tihemboka-Schwelle gelegen haben.

Am Ostrand des Mourzouk-Beckens kommt Glaeser (1980) zu ähnlichen Ergebnissen, wobei zu bemerken ist, daß dort, den Tilemsin-Schichten analoge Ablagerungen mit Illit/Montmorillonit-Vormacht offenbar fehlen. Außerdem belegen Untersuchungen an Schwermineralen eine Herkunft aus älteren Sedimentgesteinen, d.h. die paläozoischen und mesozoischen Proben gehören zu einem wiederaufbereiteten Sediment (S. 11—17).

Legt man die bekannte stratigraphische Gliederung zugrunde (Kallenbach 1972: 304, Abb. 1), so müssen vor der Aufschüttung des Messak-Sandsteins, also in der U.Kreide, im Hoggar-Massiv bzw. auf der Tihemboka-Schwelle feuchttropische Verwitterungsbedingungen geherrscht haben. Der Grund hierfür kann sowohl eine andere Position im Gradnetz der Erde als auch eine größere Ausdehnung der unterkretazischen Tropenzone gewesen sein, oder es treffen beide Möglichkeiten zu.

In der Umrahmung des Mourzouk-Beckens wäre danach der Beginn der Entwicklung zur heutigen Landschaft an das Ende der Sedimentation und Diagenese des Messak-Sandsteins und an dessen Ausbildung zu einem Plateau-artigen Abtragungsgebiet zu legen (vgl. Klitzsch 1970: n.S. 480, Abb. 10). Damit hätten ungefähr 100 Millionen Jahre Zeit zur Verfügung gestanden.

In einer ausführlichen Darstellung der Reliefgeschichte des westlichen Mourzouk-Beckens, des Djado-Plateaus und des nördlichen Kaouar hält Busche (1982: 60—63 u. Karte 2) aber ein oberkretazisches Alter des Messak-Sandsteins für sehr wahrscheinlich, so daß die Dauer der postsedimentären Reliefentwicklung jetzt auf ca. 70 Millionen Jahre veranschlagt werden müßte. Der weitgehend nach Reliefelementen im Sinne von „Reliefgenerationen" und aus paläogeographischen Überlegungen rekonstruierte Klimaablauf im Tertiär und Quartär stellt sich nach Busche (1982) folgendermaßen dar:

1. Tropische bis wechselfeucht-tropische Klimate vom Eozän bis wahrscheinlich zum frühen Miozän ermöglichten über eine lateritische Tiefenverwitterung die flächenhafte Tieferlegung des Messak-Sandsteins um mindestens 100 m. Im System der gesamtafrikanischen Einebnungszyklen entspricht diese Flächenbildung der sehr weitgespannten „Afrikanischen Abtragungsfläche".
   Als Beweis für die chemische Intensivverwitterung und eine damit gekoppelte flächenhafte Abtragung führt Busche (1982: 76—87) innerhalb und außerhalb seines Arbeitsgebietes an
   — die Bleichung von Sandsteinen der Messak-Folge
   — Kluftnetz-orientierte Inselberge
   — die „Calcaire de Mourzouk" als korrelates Sediment im Norden
   — chemische Sedimente mit nördlicher Abkunft im südlichen Ost-Niger
   — das „Continental Terminal" als korrelates Sediment im Süden
   — Latosole und Laterite im Bereich des Hoggar und Tibesti

— Wollsackverwitterung entlang der Piste Passe des Salvador-Djanet
— weltweiter Höhepunkt lateritischer Verwitterung im Eozän.

2. Nach Abtragung der hauptsächlich eozänen lateritischen Tiefenverwitterung bis auf die unteren Profilabschnitte der Bleichzone begann eine Silifizierung der Dachfläche nahe eines hochstehenden Grundwasserspiegels und bei schlechter Drainage in einer sehr ebenen Landschaft. Busche (1982: 115) kennzeichnet das Silcrete-Bildungsmilieu als „eine weite Deltazone unter immerfeuchten amphibischen Bedingungen". Die auf diese Weise silifizierte Dachfläche sei damit ein besonderer Altflächentyp in den völlig ebenen Plateaubereichen Nordafrikas. Zugleich komme der Silcrete-Bildung die Funktion einer Zeitmarke zu, da die Zerschneidung der silifizierten Landoberfläche mit der datierbaren Aufwölbung des Hoggar und Tibesti ursächlich zusammenhänge. Weil dort im prä-Miozän bis Miozän noch feuchttropische Basalt-Verwitterung erfolgte, müssen am Ende der Silifizierung im Mourzouk-Becken „zumindest noch randtropische Bedingungen" geherrscht haben (Busche 1982: 119).
3. Die nächste Phase gleichzeitiger Talbildung, flächenhafter Ausräumung, Stufenbildung und Silikatkarst-Entwicklung erhält ihre Impulse zwar aus junger Tektonik, werde aber noch gesteuert von einem warm-feuchten Klima mit intensiver chemischer Verwitterung. Auch das Vorland der Schichtstufen um das Mourzouk-Becken sei danach als eine Rumpffläche wechselfeucht-tropischen Typs zu betrachten. Zeitlich fällt dieser Abschnitt der Reliefgeschichte in das Pliozän (Busche 1982: 121—221).
4. Seit dem — mittels geomorphologischer Kriterien festgelegten — Beginn des Pleistozäns haben fluviale bzw. äolische morphodynamische Prozesse unter semiariden bis ariden Klimabedingungen das Stufen- und Täler-Relief ausgestaltet bzw. den äolischen Formenschatz aufgebaut (Busche 1982: 222—363).

Unter klimagenetisch-geomorphologischem Aspekt wäre damit der Großteil des geomorphologischen Inventars in der Umrahmung des Mourzouk-Beckens einem (wechsel) feucht--tropischen Relieftyp zuzuordnen.

In einer umfassenden Arbeit zur Entwicklung der Stufenhänge geht Grunert (1983) davon aus, daß bis in das Jungtertiär hinein semihumide Verhältnisse herrschten, und die Schichtstufen des Mourzouk-Beckens genetisch aus Rumpfstufen abzuleiten sind. Nach einer tiefreichenden, fluvialen Zerschneidung im frühen Quartär und aufgrund des mineralogisch zweiteiligen Aufbaus des Sedimentkörpers konnten im Alt- oder Mittelpleistozän Rutschungen in großem Umfang einsetzen. Diese sind heute fossil, prägen aber das Bild des untersuchten Stufenbereichs. Die für eine entsprechende Durchfeuchtung der montmorillonitischen Tonsteine erforderlichen Niederschläge werden auf ca. 400 mm/Jahr veranschlagt und einem Winterregenregime mit tagelangen Regenfällen und herabgesetzter Verdunstung zugeschrieben.

Mit dieser paläoklimatischen Deutung stehen sowohl Grunert (1983) als auch Busche in gewissem Widerspruch zu Barth & Blume (1975), welche den Formenschatz des Schichtstufen-Reliefs an der Hamadet Mourzouk und am nördlichen Djebel Ben Ghnema auf eine arid-morphodynamische Abtragung zurückführen. Barth & Blume, die auch die Stufenflächen als „ausgesprochene Schichtflächen" ansehen (1975: 124), erklären den Unterschied zu der intensiven rezenten Erosion und Denudation an der Stufe des Adrar Acacus mit Resistenzunterschieden bzw. Mächtigkeitsrelationen zwischen Stufenbildner und Stufensockel sowie mit höherer Reliefenergie und näherer Erosionsbasis. Im übrigen seien die feuchteren Phasen des Pleistozäns nur graduell von den rezenten Verhältnissen abgewichen.

In der Reliefkonfiguration: Dachfläche — Stufenhang — Vorland (s. Busche et al. 1979) findet man nun Böden und Sedimente, deren Analyse Rückschlüsse auf das Bildungsklima zuläßt.

Von der Dachfläche des Djebel Messak, der nach Busche (1982, Karte 1) im Hauptniveau

Silcrete trägt, untersuchte Kallenbach (1972a: n.S. 84, Fig. 1) eisenreiche Krusten (Proben M_{a-e}), Serir-Sedimente (M_{1-3}), einen Paläosol (M_4) und einen Dünensand (M_5). Für die Bildung der bis 5 cm dicken Fe-Krusten — evtl. Reste von B-Horizonten — kommen „die quartären Pluvialzeiten und die feuchtwarmen Perioden des Tertiärs" in Frage (Kallenbach 1972a: 87). Auch der Paläosol, eine mehr als 4 m mächtige, aber nicht-lateritische Roterde kann „der jungtertiären Feuchtzeit zugeordnet werden" (S. 89). Die von höher liegenden Rändern der Dachfläche in das Becken transportierten, quartären Serir-Sedimente deuten mit neugebildeten Illiten und Montmorillonit/Illit-Wechsellagerungsmineralen „auf ein wechselfeuchtes Klima semiariden bis subtropischen Charakters".

In Verlängerung der z.T. über 60 m mächtigen, quartären Löß-Paläoboden-Folgen am Djebel Nefusa in Nord-Libyen erkennen Hugenroth & Meyer (1979) auch auf südtripolitanischen Basalt-Plateaus und im Fezzan eine Mehrphasigkeit des Sedimentaufbaus. Dieser zeigt einmal Produkte von Bodenbildung, dann von Umlagerung durch Pedimentation. Der aktuelle Klimaxboden ist ein Yermosol aus äolischem Schluffehm „mit einem bis zu 6 cm starken Schaumoberboden" (S. 830).

Ebenfalls aus dem Fezzan beschreiben Blume & Petermann bzw. Petermann & Blume (1979) Böden aus fluvialen Sedimenten des Wadi Irawan, 60 km westsüdwestlich von Oubari (S. 799, Abb. 1). Unter dem Gesichtspunkt eines zukünftigen Bewässerungsfeldbaus werden zahlreiche bodeneigene Merkmale analytisch charakterisiert. Danach haben unter feuchteren Klimaverhältnissen auch Silikatverwitterung, Sesquioxid- und Tonbildung stattgefunden (S. 804). Bei der Klassifizierung nach einer erweiterten FAO-Nomenklatur werden mit der Bezeichnung „Luvic" sogar Tonverlagerungsprozesse ausgewiesen (Petermann 1981).

Großräumig-vergleichende Untersuchungen zur potentiellen Fruchtbarkeit von Wüstenböden in der mittleren Sahara durch Vogg (1981) betreffen auch zwei Profile in der Umrahmung des Mourzouk-Beckens (S. 14, Abb. 4 u. S. 97—104). Im Mineralgehalt der Böden spiegelt sich deutlich das Ausgangsmaterial wider, so der Kalksandstein der Nubischen Serie bei dem Torriorthent von Profil 19 und die alttertiären Kalke und Mergel bei dem Calciorthid von Profil 20 (S. 102, Tab. 28).

Die im folgenden Abschnitt 3.1.2 abzuhandelnden Böden und Sedimente wurden teilweise schon vorgestellt (Skowronek 1979, 1979a, 1979b, Busche et al. 1979a).

3.1.2 *Lage und Aufbau der Profile 1—7*

Profil 1

Karten: Fond topographique au 1:200 000, NF-33-VIII, Madama (1979); Carte Géologique du Bassin du Djado 1:500 000, Feuilles Djado et Toummo (1960)
Länge: 13° 34′ E Breite: 21° 59′ N
Ort: Grube im südöstlichen Stufenvorland des Plateau du Mangueni, auf höherem Teil einer durch flache Rinnen zerschnittenen, welligen Serir, ca. 10 km nordwestlich Madama
Höhe über NN: ca. 575 m
Hangneigung und -richtung: eben
Ausgangsmaterial: wahrscheinlich „Gres fins" des Madama-Sandsteins (Westphalien terminal, hW_c)

Serir	0— 3 cm	rötlich gelber (5 YR 6/8), mit Carbonatkörnern durchsetzter, humusfreier, mittelkiesiger, schwach toniger Sand; Einzelkörner
fAhBv	3—15 cm	roter (2.5 YR 4/6), carbonatfreier, humoser, sehr schwach kiesiger, sandig-toniger Lehm; kohärent; porös; manchmal Gips-Ausscheidungen

fBv	15—25 cm	roter (2.5 YR 5/6), carbonatfreier, humoser, sehr schwach kiesiger, lehmiger Ton; kohärent; manchmal Gips-Ausscheidungen
C	25 cm +	dunkelroter (2.5 YR 3/6), carbonatfreier, humusfreier, lehmiger Ton; kohärent; oft Gips-Ausscheidungen

Dieser Boden wurde früher als Profil 10 geführt (Skowronek 1979, 1979a, 1979b, Busche et al. 1979a, Grunert 1983: 159—164). Außerdem machte neueres Karten- und Luftbildmaterial einige Lagekorrekturen möglich.

Der Boden gehört rein morphographisch zur Ebene von Madama, die nach Busche (1982: 135 u. 151) das endtertiäre Vorlandniveau darstellt und unter einem verwitterungsintensiven warm-feuchten Klima zur Rumpffläche abgetragen wurde. Heute unterliegt die weitere Umgebung des Standortes von Profil 1 der korradierenden Wirkung äolischen Sandtransportes (Busche 1982: 308 u. Karte 4). Das Gebiet ist vegetationsfrei (s. Schulz 1979, 1979a, 1980).

In der künstlich angelegten Profilgrube ließ sich bei der Aufnahme (19.3.1977) deutlich eine Zweiteilung erkennen: ein fluviales Serir-Sediment mit hohem Anteil gut gerundeter Komponenten über 2 mm Ø deckt ein Solum mit völlig anderer Farbe, Körnung und anderem Gefüge an der Oberfläche ab. Der Fossilierung ging wahrscheinlich eine Abtragung in höheren Profilabschnitten voraus. Die weißen Gips-Ausscheidungen sind möglicherweise gesteinsbürtig, da das „Westphalien terminal" (hW_c) Gips als Bindemittel führt (Plachut et al. 1960: 20). Sicher sind auch die intensiven Bodenfarben lithochrom.

Von Holzkohlestückchen aus einer Tiefe von 5—10 cm wurde eine Radiocarbon-Datierung vorgenommen. Das ^{14}C-Modellalter der Probe (Labor Hv 9069) war 10 900 ± 540 Jahre BP.

Profil 2

Karten: Fond topographique au 1 : 200 000, NF-33-XIII, Achelouma (1975); Carte Géologique du Bassin du Djado 1 : 500 000, Feuilles Djado et Toummo (1960)
Länge: 12° 58′ 50″ E Breite: 22° 11′ 31″ N
Ort: natürlicher Terrassenaufschluß eines zum Enneri Achelouma entwässernden Wadi 18 km östlich (Fort) Achelouma, im südlichen Vorland der Schichtstufe des Plateau du Mangueni
Höhe über NN: ca. 620 m
Hangneigung und -richtung: eben, SW
Ausgangsmaterial: jungpleistozänes, braunes Bodensediment

Sed.	0— 10 cm	Schotter mit Durchmesser bis zu 10 cm
Sed.	10—110 cm	rötlich gelber (5 YR 6/8), feingeschichteter Sand mit Kieseinschaltungen
fAh1	110—200 cm	dunkelbrauner (7.5 YR 4/2), carbonathaltiger, humoser, sehr schwach kiesiger, toniger Lehm; kohärent und Prismengefüge; porös; durchwurzelt; Schneckenschalen
fAh2	200—270 cm	rötlich brauner (5 YR 4/3), carbonathaltiger, humoser, sehr schwach kiesiger, stark sandiger Ton; kohärent; porös; Pseudomycelien; Schneckenschalen
IIC	270 cm +	rötlich gelber (5 YR 6/6), verbackener Grobsand mit Kieseinschaltungen; Wurzelröhren

Der vorher als Profil 11 bezeichnete fossile Boden (Skowronek 1979, 1979a, Busche et al. 1979a) wurde sowohl pollenanalytisch untersucht (Schulz 1980: 132—133 u. Tab. 6) als auch paläoklimatisch interpretiert (Grunert 1983: 159—164). Nach der geomorphologischen Position und einem großräumigen Vergleich entspricht das jungpleistozäne Bodensediment der Schüttung der Mittelterrasse (vgl. Busche 1982: 274—291 u. Abb. 97—107).

Bei der Proben-Entnahme (21.3.1977) waren im fAh1-Horizont an einigen Stellen deutliche „slickensides" zu beobachten. Außerdem war die Absonderung kohärenter Bodenmassen in Prismen so stark, daß in die entstandenen Zwischenräume Sand aus den Hangenden einfließen konnte. Diese Merkmale sind einer Vertisol-Dynamik zuzuordnen, welche das Bodensediment nach dessen Ablagerung noch einmal pedogen überprägte. Das bedeutet, daß nach der flächenhaften (?) Abtragung autochthoner Böden im Einzugsbereich und ihrer Ablagerung zur Mittelterrasse diese Sedimente eine gewisse Zeit die Landoberfläche bildeten, von der aus bodenbildende Prozesse einwirken konnten. Weiterhin deuten die Lage des Sedimentkörpers im Talunterlauf und Abdrücke von Schilf-Rhizomen im Liegenden sowie entsprechende Beobachtungen unterhalb des Standortes auf einen zumindest sporadischen, ehemaligen Grundwassereinfluß hin. Damit wäre der Boden von Profil 2 als ein topomorpher Vertisol anzusprechen.

Im Gegensatz zu dem allmählichen Übergang zwischen dem IIC und fAh2 ist der fAh1-Horizont deutlich diskordant von den Sanden der Niederterrasse überlagert. Ob und wieviel von dem fAh1 vorher durch flächenhafte Abtragung erodiert wurde, läßt sich nicht exakt bestimmen. Doch belegt der deutliche Substratwechsel einen Wechsel in den landschaftsökologischen Verhältnissen.

Dank der ^{14}C-Datierung eines Huminsäureauszuges aus dem fAh2-Horizont (250—260 cm) auf 9500 ± 215 Jahre BP kann der nachfolgende Geschehnisablauf rekonstruiert werden: wenn dieses Datum die ausklingende Pedogenese zu einem Vertisol markiert, dann hat eine zunehmende Austrocknung, verbunden mit einer möglichen flächenhaften Abtragung der obersten Profilabschnitte und beginnender Sandakkumulation den Boden fossiliert. Den Abschluß bildet dann die Auflage von Grobschottern unter einem plötzlich (?) ruckhaften Transport. Linienhafte Zerschneidung und zeitweilige Einsandung durch Wind kennzeichnen den Übergang zur geologischen Gegenwart.

Sein Äquivalent findet der fossile Boden von Profil 2 in einer Aufschüttung der von uns so genannten „Seeterrasse", welche — ebenfalls in einem Seitental des Enneri Achelouma — ca. 15 km nordwestlich des aufgelassenen Forts untersucht werden konnte (Busche et al. 1979a: 184—188; Grunert 1983: 153—159; Schulz 1980: 137—143, Foto 37—39, Tab. 10—11). Die Fazies: carbonatreiche Sande mit Schnecken, Ostrakoden, Schilf-Rhizomen, mazeriertem Holz u.a.m. wird verursacht von einer Rutschungsscholle, die den obersten Talabschnitt vom Mittellauf abschnürte und damit für die Sedimentation der Seeterrasse das Milieu eines kleinen Durchlaufsees schuf. Vier ^{14}C-Daten von 8165 bis 6960 Jahre BP zeigen gegenüber Profil 2 allerdings einen um 1300 Jahre verspäteten Beginn der Ablagerung an. Dies läßt sich evtl. mit einer allmählichen, talauf gerichteten Wanderung des Aufschüttungs-Fußpunktes erklären (Busche et al. 1979a: 190).

Profil 3

Karten, Koordinaten, Ort: wie bei Profil 2
Höhe über NN: ca. 625 m
Hangneigung und -richtung: eben, E
Ausgangsmaterial: Mergel des O.Karbons (Westphalien, hW)

Sed.	0— 35 cm	Hammada-Schutt und Serir-Sediment, nach unten vermischt mit Sand und Feinmaterial
fAhBvc	35— 65 cm	rötlich gelber (5YR 6/6), carbonatreicher, humushaltiger, sehr schwach kiesiger, sandig toniger Lehm; kohärent und Prismengefüge; porös; Kalk-Konkretionen nesterhaft im Gefüge: in mittlerer Anzahl, klein (< 1 mm Ø), unregelmäßig geformt bis kugelig, rauh, porös, weich, rötlich gelb (7.5YR 8/6); z.T. auch noch Bruchstücke vom Ausgangsgestein vorhanden

fBvCc	65— 80 cm	rötlich gelber (5YR 6/6), carbonatreicher, humusfreier, sehr schwach kiesiger, sandig toniger Lehm; kohärent und Prismengefüge; porös; Kalk-Konkretionen und -Bruchstücke wie zwischen 35—65 cm
C	80— 90 cm	poröser, bröckeliger Lehmmergel
IIC	90—120 cm	poröser, bröckeliger Lehmmergel
IIIC	120—135 cm	weißes Kalkband
IVC	135 cm +	Lehmmergel

Das im Zuge der Geländearbeit um das Fort Achelouma ebenfalls am 21.3.1977 aufgenommene Profil 3 war nur ca. 300 m oberhalb Profil 2 an einem ostexponierten Prallhang des rezenten, z.Zt. aber äolisch eingesandeten Wadi aufgeschlossen. Im Unterschied zu 2 ist hier ein autochthoner Boden entwickelt, und zwar auf den bänderartig wechselnden, manchmal gefältelten und meist leicht verbogenen, mergeligen Carbonatgesteinen des O.Karbons. Daneben sind noch kleinere Karsterscheinungen von flachen Lösungs-Erweiterungs-Spalten zu beobachten. Diese sind offensichtlich relativ jung, da der Niederterrassen-zeitliche Hammada-Schutt bzw. das Serir-Sediment in die syngenetischen Hohlräume eingearbeitet sind (vgl. Grunert 1980: 342, Abb. 69; Busche 1982, Abb. 43).

Die Frage, ob im Stufenvorland des Plateau du Mangueni jemals eine zusammenhängende Bodendecke auf den Karbon-Mergeln existierte, läßt sich an den Aufschlußwänden nicht sicher entscheiden. Jedenfalls sind autochthone Bodenreste nur dort erhalten, wo abtauchende Schichten Schutz vor nachfolgender Ausräumung gewährten (Skowronek 1979, Foto 3 u. 4). Bereits makroskopisch erkennbare Merkmale wie partielle Lösungsverwitterung, unvollständige Verbraunung, Prismengefüge u.a.m. deuten auf relativ trockene Bildungsbedingungen hin, so daß ein nur inselhaftes Auftreten dieser Bodenbildung nicht auszuschließen ist. Die sehr plastischen Tone des Karbon-Mergels bewirken dabei die Entwicklung zu einem lithomorphen Vertisol mit Verbraunungstendenz.

Durch die ^{14}C-Datierung eines Huminsäureauszuges aus dem fAhBvc-Horizont (45—50 cm) auf 9580 ± 180 Jahre BP kann auch die postpedogene Entwicklung der Landschaft in ihrer zeitlichen Abfolge rekonstruiert werden: flächenhafte Abtragung der Böden und Gesteine (Mergel) zu einem glacis d'érosion führte zu einer Verkürzung von Profil 3, unterhalb bei Profil 2 dagegen zur Aufschüttung der Mittelterrasse = glacis d'accumulation. Bei Nachlassen dieser Geomorphodynamik konnten evtl. noch einmal ganz schwache Prozesse der Vertisolierung und Verkarstung ablaufen, bevor die endgültige Fossilierung durch Schüttung der Niederterrasse und des Hammada-Schuttes bzw. der Serir-Sedimente erfolgte.

Profil 2a

Karten: wie bei Profil 2 und 3

Länge: 12° 50′ 41″ E Breite: 22° 16′ 37″ N

Ort: Grube in kleiner Endpfanne auf Dachfläche des Plateau du Mangueni, ca. 10 km nordnordöstlich Achelouma

Höhe über NN: ca. 880 m

Hangneigung und -richtung: eben, NNE

Ausgangsmaterial: Nubischer Sandstein (Jura u. U.Kreide, N) und wahrscheinlich quartäre Bodensedimente

Serir	0— 3 cm	blaß roter (7.5YR 7/4), sehr carbonatarmer, humusfreier, mittelkiesiger, schluffiger Sand; Einzelkörner; Pflanzenreste (Gräser)
fMBv1	3—30 cm	roter (2.5YR 5/6), carbonatfreier, humusfreier, schwach kiesiger, sandiger Schluff; kohärent; porös; Wurzelröhren
fMBv2	30 cm +	roter (2.5YR 5/6), carbonatfreier, humusfreier, mittelkiesiger, sandiger Schluff; kohärent; porös; vereinzelt weiße Gips-Ausscheidungen

Dieses Profil dürfte faziell den „quartären Lockersedimenten" gleichzustellen sein, die Kallenbach (1972a) vom nördlichen Teil der Dachfläche beschrieben hat (Proben M_{1-3}). Hier wie dort steht eine exakte Datierung noch aus. Bei dem Profil 2a scheitert sie an dem Mangel von Humus und organischer Substanz. Die o.g. Pflanzenreste liegen lose im Sand und gehören zu einer jungen ephemeren Vegetation. Eine pollenanalytische Untersuchung durch Schulz (1980: 136 u. Tab. 9) erbrachte zwar die gleiche Grundzusammensetzung wie in den Sedimenten der Mittelterrasse des Stufenvorlandes, doch kann daraus nicht ein gleiches Alter abgeleitet werden. Auch die Ergebnisse der laboranalytischen Befunde (s. Abschnitt 3.1.3) sind entsprechend zu behandeln.

Interessant war jedenfalls bei der Grabung (22.3.1977) die Beobachtung, daß die Verwitterungsprodukte des Nubischen Sandsteins wesentlich intensivere Farben besitzen als die auf Carbonatgesteinen. Wie bei Profil 1 auf Madama-Sandstein dürfte auch hier wieder weitgehende Lithochromie vorliegen. Doch könnten auch bodenbildende Prozesse im Sinne einer Verbraunung und/oder Rubefizierung zum morphologischen Habitus zusätzlich beigetragen haben.

Die Durchmischung mit Feinkies und der teilweise schichtige Aufbau des ansonsten wenig strukturierten Profils berechtigt m.E. zu der Annahme, daß auch Bodensedimente aus der höher liegenden Umgebung beteiligt sind. Deshalb wird das Hauptsymbol M verwendet.

Profil 4

Karten: Carte du Sahara 1:200000, NF-32-XXIV, In Ezzane (1971); Carte Géologique du Bassin du Djado 1:500000, Feuilles Djado et Toummo (1960)
Länge: 11° 43′ 12″ E Breite: 23° 41′ 18″ N
Ort: Grube im südwestlichen Stufenvorland des Djebel Messak, 6,5 km südwestlich des Punktes 1082 m am Stufentrauf; 60 km südlich Col d'Anai
Höhe über NN: ca. 775 m
Hangneigung und -richtung: eben, SW
Ausgangsmaterial: Alluvium und blaugrauer, dolomitischer Kalk des O.Karbons (Namurien, hN)

Serir	0— 3 cm	rötlich gelber (7.5YR 6/6), mit Carbonatkörnern durchsetzter, humusfreier, mittelkiesiger Sand; Einzelkörner
1.fMBvc1	3—25 cm	gelblich roter (5YR 5/6), mit Carbonatkörnern durchsetzter, humoser, schwach kiesiger, sandig toniger Lehm; kohärent (mit „Schaumboden-Struktur"); porös; Wurzelröhren, mit sekundärem Carbonat ausgekleidet
fMBvc2	25—40 cm	gelblich roter (5YR 5/6), carbonathaltiger, humoser, schwach kiesiger, schluffiger Sand; kohärent (mit „Schaumboden-Struktur"); porös; Kalk-Konkretionen
2.fBvc	40—80 cm	stark brauner (7.5YR 5/6), carbonatreicher, humoser, schwach kiesiger, schwach toniger Lehm; kohärent; porös
R	80 cm +	plattig absondernder, fester blaugrauer, dolomitischer Kalk mit (rubefizierten) rötlich gelben (5YR 6/8) Kluftflächen

Der Bodenaufschluß ist die mittlere von insgesamt drei Profilgruben, die in einer Linie und in Abständen von 2, 4,5 und 6 km vom Stufenfuß angelegt wurden (4.4.1977). Ziel war es dabei, den Sedimentaufbau und seine Veränderungen in Abhängigkeit von seiner Entfernung vom Einzugsgebiet kennenzulernen. Dieses war vorher (3.4.1977) in einem geologischen Profil (E) am Stufenhang stratigraphisch und sedimentologisch untersucht und beprobt worden (vgl. Grunert 1983: 125—131).

An Hand von Unterschieden in der Farbe, den Sandgehalten und im Gefüge läßt sich unter dem Serir-Sediment eine Zweiteilung des Profils vornehmen: im Hangenden sind Bodensedimente schwach pedogen überprägt, während im Liegenden der Rest eines autochthonen B-Horizontes erhalten blieb.

Die Entwicklung verlief also zunächst über die Ausbildung eines Kalkstein-Verwitterungslehms unter stabilen geomorphodynamischen Verhältnissen. Danach erfolgte ein Abtrag bis in den B-Horizont und die Schüttung eines Materials, das sehr wahrscheinlich schon an seinem Entstehungsort — vermutlich Ausbisse der Tilemsin-Schichten bzw. des post-Tassilien am Stufenfuß — von einer Verwitterung und Bodenbildung betroffen war. Am Standort von Profil 4 konnten nach Ablagerung der Bodensedimente dann noch einmal bodenbildende Prozesse mit schwacher Carbonat-Auflösung und -Ausfällung sowie Gefügebildung einsetzen, bevor Kappung und erneute Sedimentation zur Fossilierung führten.

Die ^{14}C-Datierung eines Huminsäureauszuges im 1.fMBvc1-Horizont (15—20 cm) auf 5385 ± 535 Jahre BP bestätigt, daß es sich um eine jüngere Bodenbildung innerhalb der neolithischen Feuchtzeit gehandelt haben muß (s. Busche et al. 1979a: 194—195).

Profil 5

Karten: Croquis a l'échelle moyenne du 1:200000, NG-32-VI, Col d'Anai (1956); Geological Map of Libya 1:2000000 (1977)
Länge: 11° 16′ 04″ E Breite: 24° 28′ 37″ N
Ort: Grube in Serir im westlichen Vorland des Djebel Messak, ca. 10 km von Stufentrauf entfernt, etwa 4 km östlich Oued Tinis, auf halber Strecke zwischen Col de Tilemsin und Col d'Anai
Höhe über NN: ca. 670 m
Hangneigung und -richtung: eben, W
Ausgangsmaterial: wahrscheinlich „Surficial deposits" (Q) und Kalksandstein der Dembaba-Schichten (Cu)

Serir	0— 3 cm	rötlich gelber (7.5 YR 7/6), mit Carbonatkörnern durchsetzter, humusfreier, sehr schwach kiesiger Sand; Einzelkörner; porös
1.fAh	3— 7 cm	rötlich gelber (5 YR 6/6), carbonatreicher, humoser, sehr schwach kiesiger, stark sandiger Lehm; kohärent, manchmal mit Plattengefüge; porös
fMBvc1	7—25 cm	gelblich roter (5 YR 5/6), carbonathaltiger, humoser, stark lehmiger Sand; Einzelkörner bis kohärent (mit „Schaumboden-Struktur"); porös
fMBvc2	25—50 cm	rötlich gelber (5 YR 5/6), carbonatreicher, humusfreier, schwach kiesiger, stark sandiger Lehm; kohärent; porös; Wurzelgänge
2.fBvc1	50—65 cm	gelblich roter (5 YR 5/6) bis roter (2.5 YR 5/6), sehr carbonatreicher, humusfreier, sehr schwach steiniger, sandiger Lehm; kohärent; porös; Wurzelröhren mit Kalk-Konkretionen ausgekleidet
fBvc2	65—75 cm	gelblich roter (5 YR 5/6) bis roter (2.5 YR 5/6), sehr carbonatreicher, humusfreier, sehr schwach steiniger, sandig toniger Lehm; kohärent, porös; Kalk-Konkretionen
R	75 cm +	heller sandiger Kalkstein mit blaßroten (5 YR 7/4) Verwitterungsflächen

Der am 10.3.1977 untersuchte Boden entspricht in seiner Lage und seinem Aufbau ganz den Verhältnissen von Profil 4, so daß auch dieselbe Entwicklung angenommen werden kann. Jedoch ist zu beachten, daß die Carbonatgesteine der Dembaba-Schichten unterschiedliche Zusammensetzung aufweisen, was sich dann besonders im Chemismus der autochthonen B-Horizonte niederschlägt.

Im übrigen ist immer wieder eine gewisse Gesetzmäßigkeit in der Profilmorphologie zu beobachten, so auch in einer Serie von Bodeneinschlägen, die vor dem geologischen Profil B Kallenbachs (1972: 305, Abb. 2; Grunert 1983: 93—94) in verschiedenen Abständen vom Stufenhang des Djebel Settafet, im Serir-bedeckten Vorland niedergebracht wurden (11.3.1977): während die stufennahen Profile stärker gekappt sind, kann man in einem Abstand von 6—8 km noch deutlich zwei verschieden alte fossile Abschnitte wie in 4 und 5 erkennen. Erst in den Endpfannen, der Denudationsbasis der holozänen Abtragung, ist das Material dann vollständig vermischt.

Profil 6

Karten: Croquis a l'échelle moyenne du 1:200 000, NG-32-VI, Col d'Anai (1956); Geological Map of Libya 1:2 000 000 (1977)
Länge: 11° 39′ 00″ E Breite: 24° 38′ 58″ N
Ort: Dachfläche des Djebel Messak, ca. 26 km östlich des Stufentraufs, dicht westlich am Rand des Edeyen de Mourzouk, ca. 3 m oberhalb eines zum Sandsee führenden Wadi
Höhe über NN: ca. 900 m
Hangneigung und -richtung: eben
Ausgangsmaterial: wahrscheinlich „Surficial deposits" (Q) und Messak-Sandstein = Nubischer Sandstein (Ku)

Sed.	0— 1 cm	Dünensand
fBv	1—35 cm	gelblich roter (5YR 5/6) bis rötlich gelber (5YR 6/6), carbonatfreier, humusfreier, sehr schwach kiesiger, schwach toniger Sand; kohärent; porös; Quarzsplitter

Das in der Nähe eines vermutlich neolithischen Steingrabes aufgenommene Profil war über einer felsbedeckten Terrasse aufgeschlossen (3.3.1977). Nach seiner Lage ist es mit 2a vergleichbar, doch dürfte hier ein halber Meter Boden(sediment) wieder durch Abtragung entfernt worden sein, weil das erwähnte Grab auf Feinmaterial errichtet ist und seine Umgebung um ca. 50 cm überragt.

Während unseres Aufenthaltes auf der Dachfläche des Djebel Messak zwischen dem Col de Tilemsin und dem Col d'Anai (1.—5.3.1977) konnte u.a. beobachtet werden, daß ein Talzug in einer Dünengasse des westlichen Edeyen de Mourzouk begleitet wird von z.T. verfestigten fluviatilen und äolischen Sanden unterschiedlicher Färbung. Der — an präexistente Dünenhänge angelagerte — Sedimentkörper besitzt im Liegenden einzelne Kieslagen, geht dann aber über in Sande mit einer Diatomit-Bank und zwei grünen tonhaltigen Schichten (s. Schulz 1980: 131, Fig. 25 u. Foto 33). Ohne Zweifel handelt es sich um die Ablagerung in einem See. Bleichung und Rostfleckung der Sande gehen dabei auf die Prozesse der Vergleyung zurück. Nach geomorphologischen und stratigraphischen Befunden in der Umgebung erfolgte die Seeablagerung in dem von uns so genannten „Dünental" auf die Schüttung der Mittelterrasse (s. Grunert 1983: 99—103; Busche 1982: 300—330, 358—360, Abb. 115—117, Karte 3). Ganz ähnliche Bildungen aus dem Edeyen de Mourzouk hat auch schon Capot-Rey (1947: 84, Fig. 5) beschrieben.

Geologische Profile

Bei der Geländearbeit an den Schichtstufen des Djebel Messak und des Plateau du Mangueni im Frühjahr 1977 wurden im Anstehenden mehrere geologische Profile aufgenommen und beprobt. Laboranalytische Untersuchungen sollten vor allem die mineralogisch-petrographischen Voraussetzungen für die Rutschungen an den Stufenhängen näher kennzeichnen. In Fortführung der Nomenklatur Kallenbachs (1972: 305, Abb. 2) hat Grunert (1983, Übersichtskarte auf der Umschlag-Innenseite) diese Profile mit D, E, F, G, H und am Plateau du Djado mit J bezeichnet und von oben nach unten durchnumeriert, z.B. D 1 bis D 8. Da eine nochmalige Darstellung hier zu viel Raum einnehmen würde, werden die wichtigsten Analysenergebnisse in einem Sammelprofil repräsentativ vorgestellt (s. Fig. 6). Die Probe T 3 entspricht dabei einem Material, das

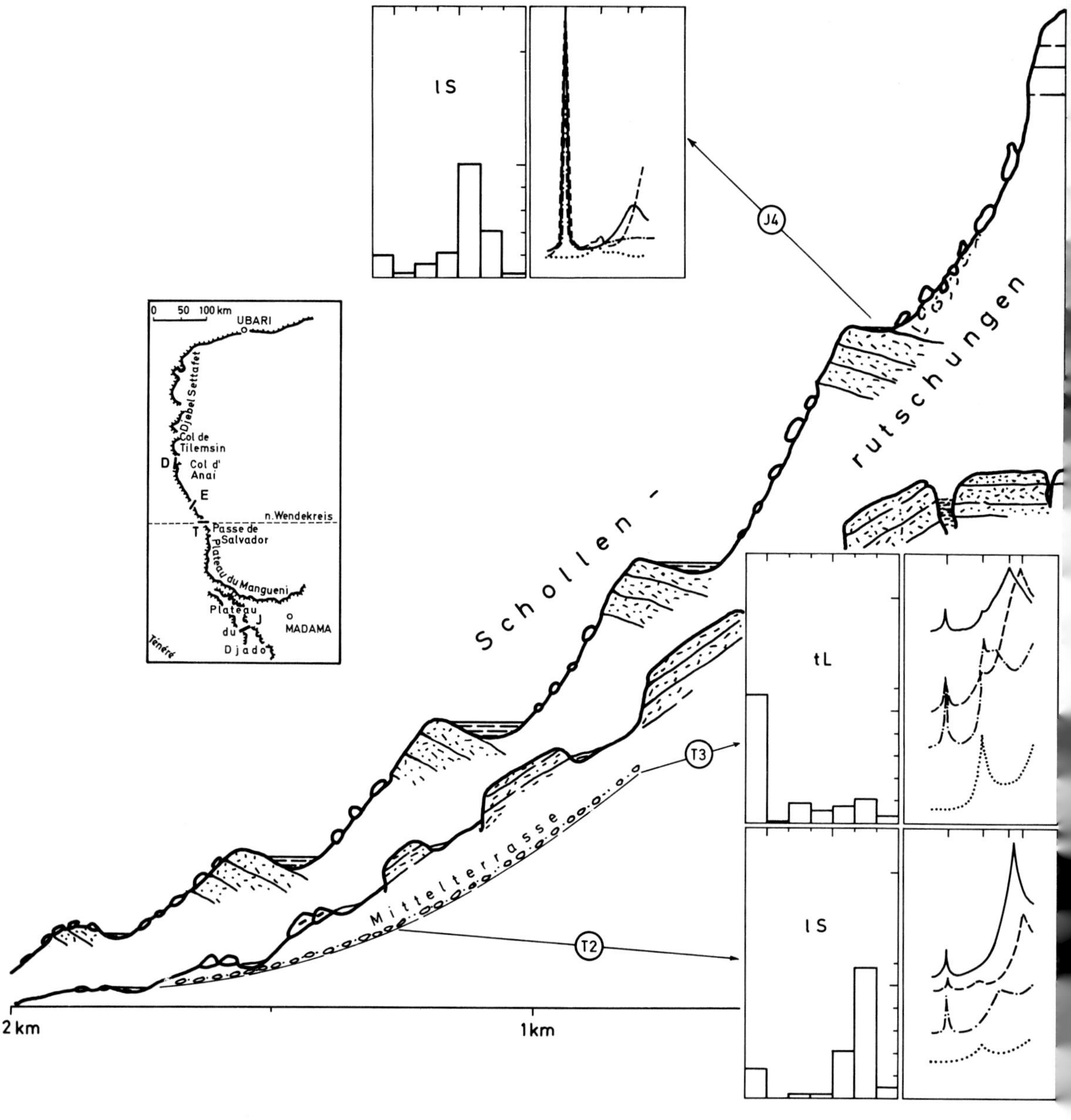

Fig. 6. Geologisch-geomorpholog. Profil vom Westrand des Mourzouk-Beckens und sedimentologische Kenndaten.

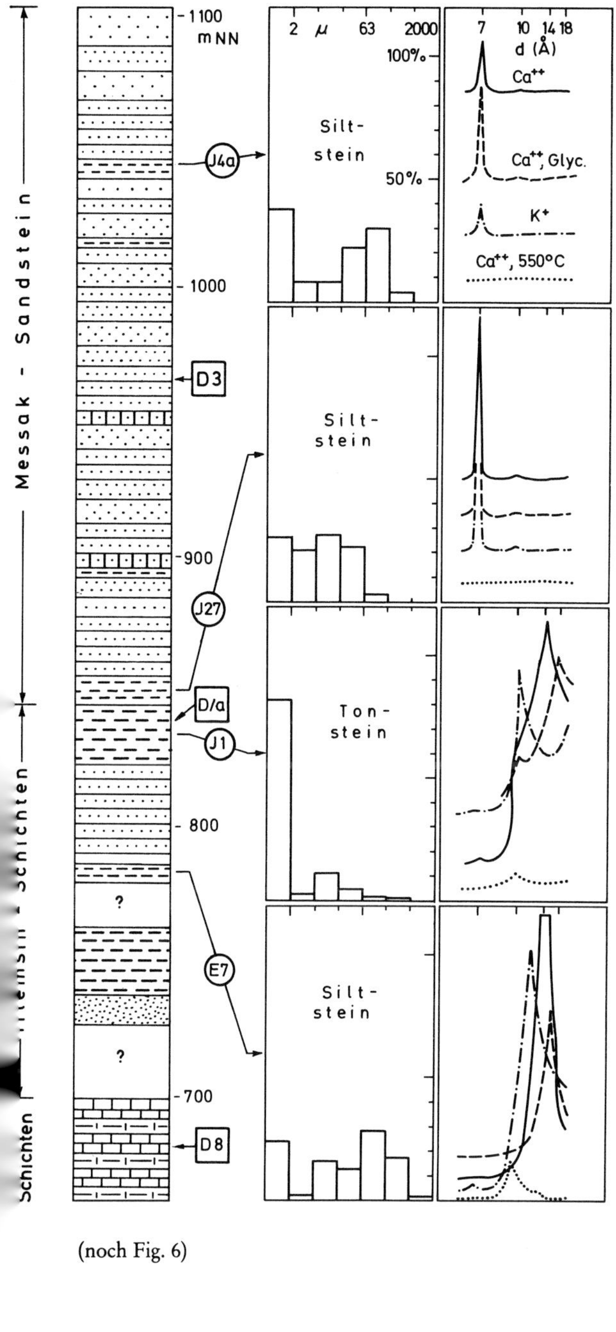

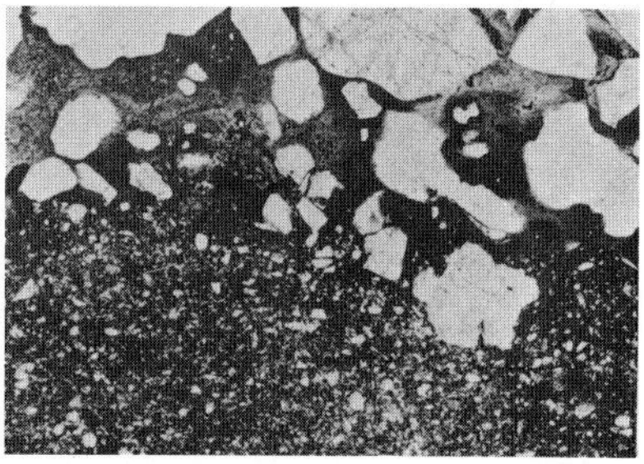

D3 Kaolinitisch - hämatitischer Sand- bzw. Siltstein (Vergr. 42 fach)

D/a Smectitischer, rutschungsempfindlicher und durchbewegter Tonstein (Vergr. 31fach)

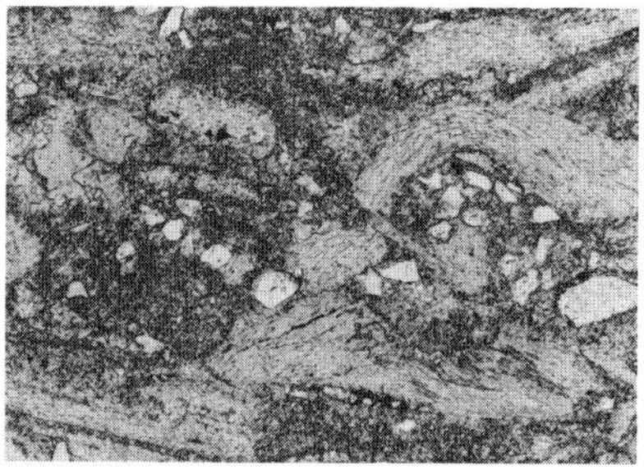

D8 Fossilhaltiger Kalkarenit des Karbon (Vergr. 42 fach)

(noch Fig. 6)

als Terrasse unmittelbar am Stufenfuß aber noch im Rutschungsbereich ansetzt. T 2 ist schon weiter vom Stufenfuß entfernt und in die Mittelterrasse eingelagert. J 4 stammt aus dem Messak-Sandstein, ist nur wenig verlagert und unterhalb der Trauf in einer Tonpfanne entnommen worden.

Profil 7

Karten: Fond topographique au 1 : 200 000, NF-33-I, Séguédine (1979); Carte Géologique du Bassin du Djado 1 : 500 000, Feuilles Djado et Toummo (1960)
Länge: 12° 57′ 13″ E Breite: 20° 10′ 39″ N
Ort: Verebnung an einem Hang, ca. 1 km südsüdwestlich des Oase Séguédine, nordwestlich der Piste Dirkou-Séguédine
Höhe über NN: ca. 440 m
Hangneigung und -richtung: mittel geneigt, NNE
Ausgangsmaterial: „Alluvions et regs" (a), wahrscheinlich aber auch Sandsteine der O. Kreide (Sénonien, Cs)

fAh (?)	0— 7 cm	blaß roter (7.5 YR 7/4), carbonatfreier, humushaltiger (?), schwach kiesiger, schwach toniger Sand; kohärent bis Einzelkorngefüge; porös; Gips-Ausscheidungen
C	7—33 cm	rötlich gelber (7.5 YR 7/6), carbonatfreier, humusfreier, mittelkiesiger, schwach toniger Sand; kohärent bis Einzelkorngefüge; porös
IICy	33—58 cm	rötlich gelber (7.5 YR 7/6), carbonatfreier, humusfreier, sehr schwach kiesiger, schwach toniger Sand; kohärent bis Einzelkorngefüge; porös; Gips-Ausscheidungen
IIICy	58—63 cm	rötlich gelber (7.5 YR 7/6), carbonatfreier, humusfreier, schwach kiesiger, schwach toniger Sand; kohärent bis Einzelkorngefüge; porös; Gips-Ausscheidungen
IVGy	63 cm +	blaß roter (7.5 YR 7/4), carbonatfreier, humusfreier, schwach kiesiger, schwach toniger Sand; Einzelkorngefüge bis kohärent; porös; Gips-Ausscheidungen

Der Standort von Profil 7 liegt nicht mehr in der Umrahmung des Mourzouk-Beckens, sondern gehört dem nördlichen Westflügel des Beckens von Bilma an. Nach Faure (1966: 208, Fig. 60 u. S. 209—308) wird der Untergrund hier von der „Formation de Séguédine" aufgebaut, welche zeitlich vom U. bis M. Senon gebildet wurde und aus Sandsteinen, kaolinitischen Tonen und hämatitischen Siltsteinen besteht. An Fossilien wurden lediglich einige dikotyledone Angiospermen gefunden. Überlagert werden diese Sedimentgesteine von der — vielleicht sogar bis ins Alttertiär reichenden — „Formation de l'Emi Bao" des O. Senon. Am gleichnamigen Plateau nordöstlich Séguédine streichen ihre, an der Basis gebleichten Ton- und Sandsteine in einer tektonischen Mulde und einer morphologischen Schichtstufe aus. Ungefähr 8 km südwestlich davon besitzt der Sedimentkomplex in dem 576 m hohen Pic Zoumri einen markanten Zeugenberg. Zwischen Zeugenberg und Schichtstufe schneidet die heutige Oberfläche die beiden Formationen mit einer sanft nach Nordosten geneigten Verebnung. An Grundwasseraustritten vor dem Stufenfuß liegt die Oase Séguédine (vgl. a. Panorama-Photo von Busche 1982, Abb. P 4).

Die hohe aktuelle Verdunstung, die nach Faure (1965: 123—124) in Bilma schätzungsweise 3000 mm/Jahr und in 50—100 cm Bodentiefe immer noch 20 mm/Jahr erreicht, führt auch in Séguédine zur Ausfällung von Salzen, die in Salinen abgebaut werden. Nach offiziellen Angaben betrug 1961 die Produktion 75 Tonnen (S. 64). Faure, der die Evaporite Nigers untersuchte, beschreibt auch die Verhältnisse für Séguédine (1965: 58—71; Planche V, Photo 19). Zahlreiche

Laboranalysen am Wasser (Proben Nr. 90—96) und an Böden bzw. Salzen (Proben Nr. 3913—3926) betreffen folgende Kennzeichen:

- Beobachtungspunkte (Annexe 2 E, S. 7)
- Chemismus der löslichen Bestandteile von Böden und Salzen (Annexe 2-O, S. 40—43)
- Wasser, lösliche und unlösliche Phase, $CaCO_3$ und $CaSO_4$ der unlöslichen Fraktion von Böden (Annexe 2-P, S. 64—65)
- Chemismus des Wassers und der Sole (Annexe 2-Q, S. 79 u. S. 83—84)
- Chemismus der Ausfällungen aus gesättigten Lösungen (Annexe 2-S, S. 118 u. S. 120—122)
- Semiquantitative, spektrographische Bestimmung der Nebenelemente von Böden und Trockenextrakten des Wassers (Annexe 2-X, S. 135 u. S. 139—140)
- Korngrößenzusammensetzung von Böden (Annexe 2-Y, S. 151—154).

Auffällig sind die hohen Gehalte an Sulfaten, Chloriden und von Kalium sowohl in der löslichen Fraktion der Böden und Salze als auch im Wasser und den Solen. SO_4^{2-} ist meist an Natrium gebunden und liegt mineralogisch als Thenardit (Na_2SO_4) vor. Gelöstes Silizium und gelöstes Aluminium erreichen mit jeweils bis über 1 % ebenfalls relativ hohe Werte. Der pH-Wert liegt generell etwas über dem Neutralpunkt.

Die hydrochemischen Bedingungen für die Bildung von Evaporiten waren aber nicht immer gegeben. Vielmehr beweisen Diatomite und lakustrine Kalke bei Bilma, daß vor 8000—10 000 Jahren BP der Grundwasserspiegel 50 m höher lag als heute, was eine entsprechende Vergrößerung des Sees zur Folge hatte. Die Umbildung zum heutigen Brackwassersee konnte aber erst dann einsetzen, als die Oberflächenverdunstung den Zufluß von Süßwasser mengenmäßig übertraf (Faure 1965, Fig. 16, n.S. 125).

Während bei Bilma zahlreiche natürliche Anschnitte in quartären Ablagerungen von der Existenz großer Süßwasserseen zeugen (s. Faure 1965, Fig. 6—11, n.S. 79), wurde bei Séguédine bisher nur ein blaugrüner Süßwasserton unterhalb 6 m Tiefe erbohrt (s. Busche 1982: 220 u. Abb. P 4). Doch gibt es ein Merkmal, an dem man über weite Strecken die reduzierende Wirkung von hochstehendem Grundwasser erkennen kann: die Bleichung der mesozoischen und paläozoischen Sedimentgesteine. Bei Séguédine ist sie gut bis ca. 450 m NN zu verfolgen, d.h. sie besitzt gegenüber der Oase (412 m NN) knapp 40 m relative Höhe. Im Kaouar und zwischen Séguédine und Djado ist dies eine ganz auffällige Erscheinung, weil durch die Grundwasserverwitterung besonders die Sandsteine derart stark aufbereitet wurden, daß nach dem Trockenfallen das Gefüge-gelockerte und gebleichte Material heute leicht vom Wind und von fluvialer Spülung vertragen werden kann. Ein farblicher Kontrast entsteht erst dort, wo terrestrische Verwitterung und Bodenbildung unter oxidativen Bedingungen auch entsprechende Farben erzeugen konnten.

Eine solche landschaftliche Situation war auch bei der Bildung von Profil 7 gegeben. Es liegt nämlich 8,35 m unterhalb eines „paléosol rouge-brun encroûté", auf dem Tillet (1983: 195—243) zahlreiche jungpaläolithische Artefakte des Atérien fand. Farbe, Verbackungsgrad und Gips-Ausscheidungen in Profil 7 deuten an, daß der Boden schon im Bereich aus dem Grundwasser aufsteigender Lösungen lag, hier also am Rande eines größeren Sees, wo auch die Paläolithiker zwischen 17 000 und 12 000 Jahren BP ihre Siedlungsplätze hatten.

Die Bestimmung von Pollen aus dem obersten Profilabschnitt des Atérien-zeitlichen „paléosol rouge-brun" durch E. Schulz (s. Tillet 1983: 31—32) ergab eine prinzipiell gleichartige Grundzusammensetzung der Vegetation, wie sie auch heute hier vorkommt (vgl. dazu Boudouresque & Schulz 1981).

Das Profil 7 wurde auf einer Forschungsreise zum Djado-Plateau bzw. Air-Gebirge am 13.3.1980 aufgenommen und beprobt. Die Untersuchung sollte das landschaftsökologische

Milieu im Jungpaläolithikum näher kennzeichnen und die Genese von Serir-Decken klären helfen (s. Schmitt 1981: 46—68, Probe 1, 6, 7).

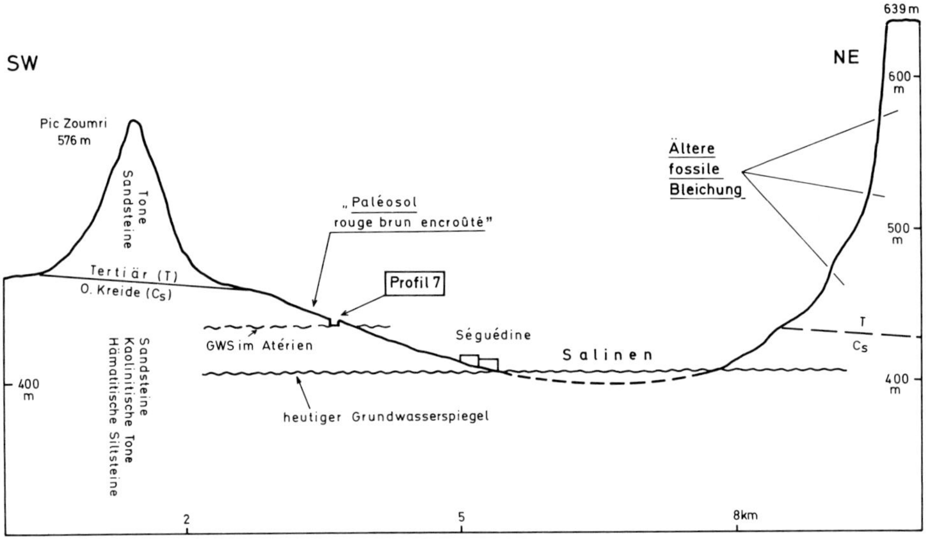

Fig. 7. Landschaftsprofil bei der Oase Séguédine mit Standort von Profil 7.

3.1.3 *Analytische Kennzeichnung*

Körnung

Die Ergebnisse der Korngrößenanalyse an Böden und Sedimenten in der Umrahmung des Mourzouk-Beckens und des nördlichen Bilma-Beckens sind tabellarisch (Tab. 3) und graphisch als Kornsummenkurven (Fig. 8) wiedergegeben.

Soweit autochthone Böden vorliegen, ist generell eine deutliche Diskrepanz zwischen fossilierender Serir-Decke und Solum zu beobachten (Profil 1 u. 4). Die hohen Sandgehalte machen sich aber auch noch in den tieferen Horizonten bemerkbar. So ist z. B. in Profil 1 der niedrigere Ton-Gehalt des fAhBv-Horizontes gegenüber fBv nicht etwa auf eine Tonverlagerung zurückzuführen (s. Mikrogefüge), sondern auf die sedimentäre Überprägung von einer neuen Oberfläche. Relativ homogene Körnungsverhältnisse besonders der Ton- und Schluff-Fraktionen treten erst im Unterboden auf.

Die Werte in Profil 4, 5 und 6 rechtfertigen — neben anderen Kennzeichen — die Annahme geogener Substratwechsel. Andererseits scheint das pedologische Korngrößenspektrum bereits im Ausgangsmaterial vorhanden zu sein, so im Madama-Sandstein (1C).

Reine Sedimente, wie das Terrassenmaterial von Profil T (1-3), werden mit zunehmender Entfernung vom Abtragungsort stark zugunsten der Sand-Fraktion sortiert. In T 1, der einige Kilometer von der Schichtstufe des Djebel Messak nördlich des Passe de Salvador entfernten Niederterrasse (NT), ist kaum noch Ton enthalten. Die unmittelbar im Rutschungsbereich ansetzende Mittelterrasse (MT-1) des gleichen Wadi führt dagegen sehr viel Feinmaterial unter 2 $\mu\varnothing$, doch erniedrigen sich diese Werte rasch mit der Entfernung vom Einzugsbereich (MT-2). Die Probe T 4 stammt aus einem Siltstein unmittelbar oberhalb der einsetzenden Mittelterrasse (MT-1). Offensichtlich bestimmt seine Körnung aber nicht allein die der Terrasse.

Die Diskordanz zwischen dem fossilen Vertisol und dem hangenden Niederterrassen-Sediment in Profil 2 ist eklatant. Bei der Körnungsanalyse ließen sich darin nur 4,8 % Ton und Schluff zusammen ermitteln. Der liegende IIC-Horizont grenzt nicht so abrupt an den fAh2, wie dessen relativ hohe Sand-Gehalte anzeigen.

Insgesamt gesehen macht die Körnung der Böden und Sedimente folgendes deutlich:

1. Pedogene Tonbildung im Sinne einer physiko- und chemoklastischen Kornverkleinerung findet oder fand in den Böden nur in sehr geringem Ausmaß statt. Homogene Korngrößenspektren scheinen vererbt.

Tabelle 3. Körnung in Gew.-% des humus- und carbonathaltigen Feinbodens (Ø < 2000 μ) von Böden und Sedimenten aus der Umrahmung des Mourzouk-Beckens.

Prof.	Hor.	Tiefe cm	Ton	fU	mU	gU	fS	mS	gS	Bodenskelett in % des Gesamtbodens
1	Serir	0-3	7.7	0.5	1.1	1.8	33.9	28.3	27.0	34.4
	fAhBv	5-10	43.4	3.9	8.5	8.9	20.3	11.4	3.3	0.6
	fBv	15-20	51.8	1.1	9.0	12.1	16.1	8.1	1.5	0.2
	C	30-35	51.8	1.9	8.8	13.5	22.3	1.2	0.2	-
2	Sed.	75-80	←	← 4.8 →		→	4.4	63.2	27.6	1.4
	fAh1	160-170	36.6	4.7	11.5	16.2	13.6	9.6	7.5	0.5
	fAh2	250-260	30.8	2.1	6.0	8.5	19.3	20.0	12.9	0.2
	IIC	275-280	13.0	6.9	3.3	3.4	15.7	28.1	29.8	10.7
3	fAhBvc	45-50	35.4	1.4	11.1	15.6	19.4	13.5	3.3	0.7
	fBvCc	70-75	30.1	1.9	14.6	17.4	20.5	12.6	2.5	0.5
4	Serir	0-3	3.7	0.0	0.4	3.0	38.3	24.9	29.3	0.2
	1.fMBvc1	15-20	26.5	1.4	11.2	9.4	26.3	18.3	6.6	12.8
	2.fBvc	60-70	26.8	1.1	22.8	23.4	11.7	9.9	4.1	6.6
5	1.fAh	3-7	20.1	1.2	11.9	14.8	44.7	6.0	0.9	0.7
	fMBvc1	15-20	16.8	2.4	8.0	14.9	33.8	18.8	3.9	-
	fMBvc2	35-40	21.4	0.3	10.0	12.9	30.7	20.3	3.9	2.9
	2.fBvc1	55-60	24.8	0.4	13.5	14.8	24.1	17.7	4.4	0.5
	fBvc2	70-75	26.4	0.9	15.4	11.7	23.4	16.9	4.9	0.7
6	fBv	10-15	10.5	0.3	1.2	2.7	31.7	51.0	2.4	0.7
	"	30-35	14.5	0.3	1.2	2.9	39.9	39.6	2.1	2.0
T	1	NT	3.7	0.0	0.4	0.4	11.6	73.5	9.0	
	2	MT-2	13.3	0.1	1.7	1.6	20.9	57.6	4.4	0.1
	3	MT-1	59.2	0.6	10.7	5.7	7.7	12.2	3.7	0.8
	4	Anst.	14.6	0.8	23.3	23.5	36.8	1.0	0.0	
7	fAh (?)	0-7	8.4	1.1	1.5	0.8	10.1	55.2	24.0	4.8
	C	17-22	6.9	1.0	1.5	2.2	12.3	58.1	18.6	23.8
	IICy	45-50	6.4	1.4	1.2	1.5	25.2	59.9	5.8	1.8
	IIICy	58-63	7.6	1.1	0.4	0.6	27.4	55.3	8.4	8.4
	IVGy	70-75	8.2	2.3	0.1	0.7	8.1	43.8	38.1	3.6

2. Geogene Prozesse der Abtragung, des Transportes und der Sedimentation überprägen weitgehend die texturellen Kennzeichen der Bodenbildung. Scharf ist die Grenze des Solums gegen die jüngste Bedeckung durch Serir- bzw. Niederterrassen-Sedimente.
3. Effekte der Sortierung ergeben sich mit zunehmender Entfernung vom fluvialen Einzugsbereich.

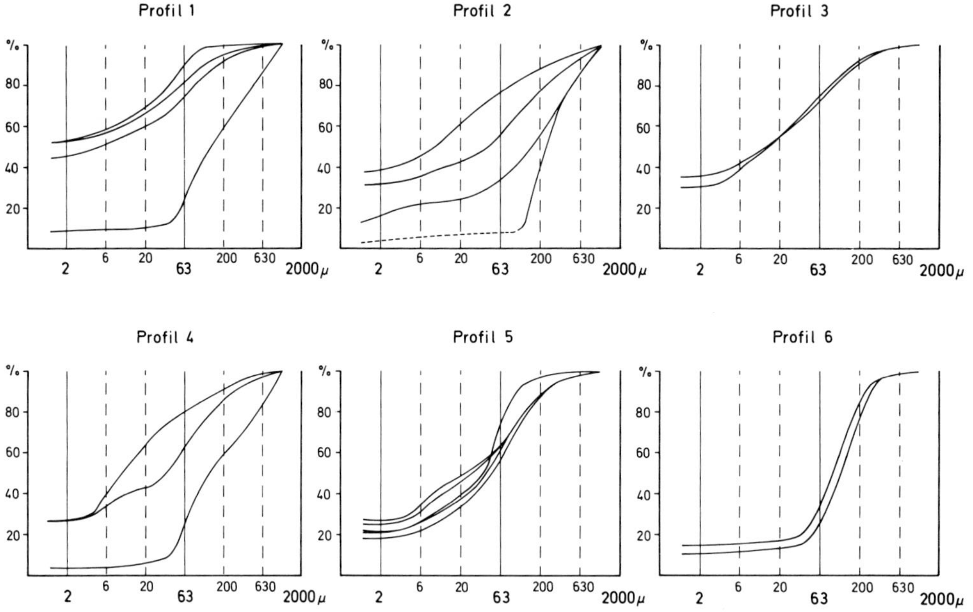

Fig. 8. Kornsummenkurven von Böden und Sedimenten aus der Umrahmung des Mourzouk-Beckens.

$CaCO_3$-Gehalt und pH-Wert des Feinbodens

Nennenswerte Mengen an Kalk sind nur dort vorhanden, wo das Ausgangsmaterial bereits $CaCO_3$ führt, oder wo Carbonatgesteine im Einzugsgebiet von Sedimenten und Bodensedimenten anstehen. In der Umrahmung des Mourzouk-Beckens kommen dafür praktisch nur die Dembaba-Schichten des O.Karbons in Frage. So findet man carbonathaltige Böden am Stufenfuß oder im Stufenvorland.

Größere $CaCO_3$-Anreicherungen werden einmal durch Gesteinsreste im Boden, vorwiegend aber durch sekundäre Umfällung während der Pedogenese hervorgerufen. Deshalb kam das Zusatzsymbol c öfters zur Anwendung (Profil 3, 4 u. 5). Entkalkte Böden auf Carbonatgestein wurden nirgends beobachtet.

Die pH-Werte der Bodenlösung liegen alle über dem Neutralpunkt. Auch Böden aus primär sauren Gesteinen wie die Profile 2a und 6 auf Messak-Sandstein sind schwach alkalisch. In der Serir-Decke von 2a ist sogar eine Erhöhung auf pH 8.3 gegenüber dem Solum zu beobachten, ebenso bei Profil 4 (pH 8.4).

Tabelle 4. pH-Wert sowie Kalkgehalt des Feinbodens (∅ < 2000 μ) und chemische Hauptelemente in pedo- und lithogenen Tonen (∅ < 2 μ) von Böden und Sedimenten aus der Umrahmung des Mourzouk-Beckens (Gew.-% TrS).

Prof.	Hor.	Tiefe cm	pH	$CaCO_3$	SiO_2	Al_2O_3	Fe_2O_3 (t-d)	MnO	TiO_2	K_2O	CaO	$\frac{SiO_2}{Al_2O_3}$ mol
1	Serir	0-3	7.8	0.4	54.7	24.2	5.68	0.035	1.46	0.86	0.33	3.83
	fAhBv	5-10	7.7	0.0	52.7	21.9	6.27	0.032	1.23	1.10	0.38	4.08
	fBv	15-20	7.6	0.3	53.5	27.1	6.38	0.032	1.11	1.08	0.34	3.35
	C	30-35	7.3	0.2	52.4	24.8	6.36	0.033	1.08	1.08	0.32	3.58
2	fAh1	160-170	7.5	4.3	55.7	22.7	5.48	0.028	1.22	1.64	0.32	4.16
	fAh2	250-260	7.6	3.9	52.7	19.2	5.78	0.036	1.22	1.82	0.37	4.65
3	fAhBvc	45-50	7.7	13.6	53.8	19.8	5.87	0.023	1.01	1.80	0.74	4.61
	fBvCc	70-75	7.8	14.3	54.0	25.1	5.94	0.027	1.00	1.72	0.34	3.65
	C	80-90	n.b.	n.b.	53.1	20.7	5.70	0.038	1.45	2.14	0.81	4.35
2a	Serir	0-3	8.3	0.1	57.4	24.7	5.00	0.020	1.13	1.72	0.17	3.94
	fMBv1	25-80	7.6	0.0	49.2	27.2	5.05	0.012	1.17	1.62	0.05	3.06
	fMBv2	55-59	7.5	0.0	49.1	29.9	4.80	0.008	1.30	1.44	0.05	2.78
4	Serir	0-3	8.4	3.9	51.5	22.0	5.32	0.045	1.15	1.98	0.39	3.97
	1.fMBvc1	15-20	7.9	2.8	51.3	24.4	5.93	0.041	1.16	2.34	0.44	3.56
	fMBvc2	25-30	7.8	5.5	51.2	23.1	5.95	0.044	1.12	1.96	n.b.	3.76
	2.fBvc	60-70	7.8	26.4	48.1	24.2	4.85	0.037	1.03	1.66	n.b.	3.37
	R	80-85	n.b.	n.b.	54.5	30.3	2.73	0.035	1.53	2.18	0.47	3.05
5	1.fAh	3-7	7.7	3.6	51.4	22.7	5.27	0.040	1.08	2.16	0.70	3.84
	fMBvc1	15-20	7.5	11.1	44.7	17.6	5.18	0.018	0.85	2.14	n.b.	4.30
	fMBvc2	35-40	8.0	16.3	34.7	14.4	3.33	0.020	0.73	1.54	n.b.	4.08
	2.fBvc1	55-60	7.8	21.2	44.6	21.2	4.48	0.020	0.78	1.92	n.b.	3.56
	fBvc2	70-75	7.7	24.8	48.1	20.1	4.80	0.025	0.80	2.08	n.b.	4.06
	R	75-80	n.b.	n.b.	55.0	16.8	3.17	n.b.	0.56	2.00	n.b.	5.55
6	fBv	10-15	7.9	0.2	51.5	25.6	3.73	0.028	1.29	1.78	0.22	3.41
	"	30-35	7.7		49.6	32.0	3.68	0.023	1.25	1.72	0.20	2.63
T	1	NT			52.1	25.2	4.83	0.029	1.12	1.95	0.26	3.50
	2	MT-2			52.3	24.9	5.82	0.040	1.13	1.94	0.23	3.56
	3	MT-1			50.2	21.0	5.33	0.035	0.66	3.02	0.26	4.05
	4	Anst.			60.9	28.4	0.65	0.005	2.18	0.52	0.20	3.63

Hauptelemente der pedo- und lithogenen Tone

Die quantitative Bestimmung von sieben Hauptelementen in der vorbehandelten Ton-Fraktion von Sedimenten, Böden und Gesteinen läßt folgende Linie erkennen (Tab. 4):

1. Gegenüber dem Ausgangsgestein ist der Chemismus der Bodentone nur geringfügig verändert (Profil 1, 3, 4 u. 5). Besonders die Gehalte von SiO_2, Al_2O_3 und Fe_2O_3 (t-d) bleiben relativ konstant. Lediglich in den Mehrschichtprofilen 4 und 5 sind größere Sprünge vorhanden, was aber zwanglos mit der Einmischung von ortsfremden Bodensedimenten erklärt werden kann.

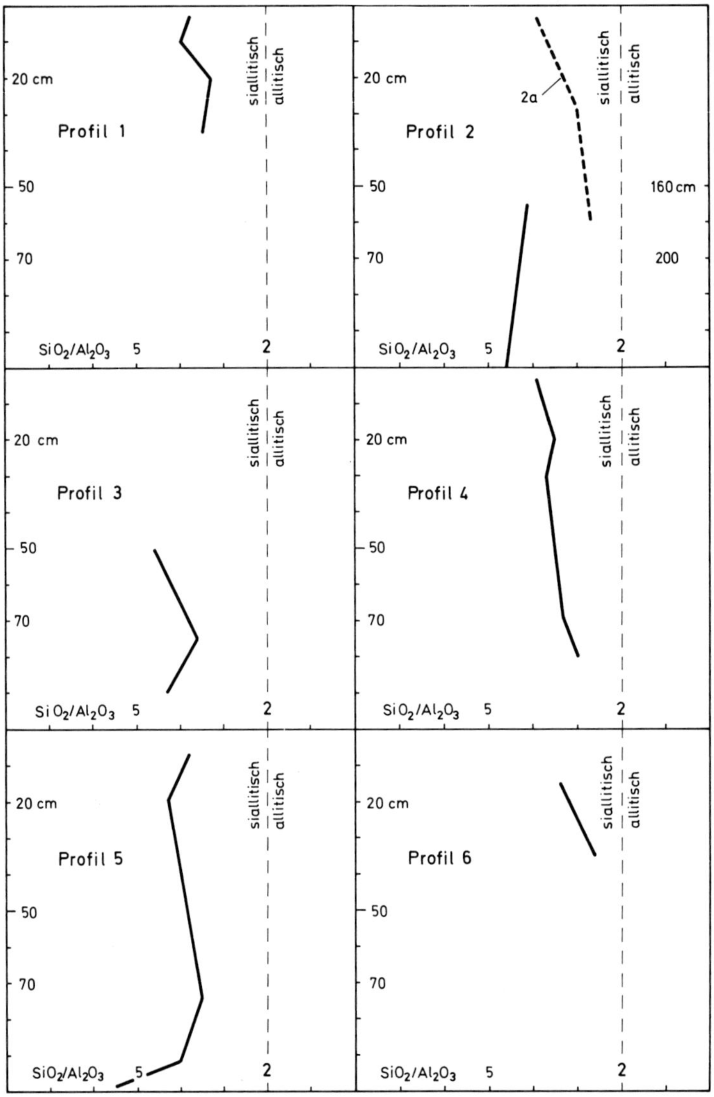

Fig. 9. SiO_2/Al_2O_3-Molverhältnis in der Tonfraktion (Ø < 2 μ) verschiedener Profiltiefen u. Verwitterungstyp in der Umrahmung des Mourzouk-Beckens.

2. Saure Substrate wie der Messak-Sandstein bewirken eine etwas stärkere Anreicherung von Aluminium und Titan (2a u. 6).
3. Die Serir-Tone heben sich bei 1 und 2a durch höhere SiO_2-Werte vom Solum ab. In T1 und T2, also Sedimenten der Niederterrasse (NT) und der Mittelterrasse (MT–2) bleiben sie fast gleich. Unter Berücksichtigung sedimentärer Einflüsse kann man also nur von graduellen Unterschieden zwischen verschieden alten Bildungen sprechen.

4. Die Absolutwerte der Hauptelemente in den litho- und pedogenen Tonen aus der Umrahmung des Mourzouk-Beckens belegen eine relativ schwache Verwitterung und Bodenbildung.

Das für weiträumige Vergleiche interessierende Molekularverhältnis von SiO_2 und Al_2O_3 macht die Gleichförmigkeit der Boden- und Sedimententwicklung noch einmal deutlich (Fig. 9). Der Verwitterungstyp ist in allen untersuchten Profilen siallitisch. Intensitätsunterschiede ergeben sich aus der Herkunft der Böden und Sedimente: basische Gesteine wie die Dembaba-Schichten mildern die Stärke der Bodenbildung (Profil 2, 3, 4 u. 5), während der saure Messak-Sandstein etwas stärker verwitterte Böden trägt (Profil 2a u. 6).

Silikatische Tonminerale

Tonmineralanalysen wurden an zwei autochthonen Böden (Profil 1 u. 3), einem Bodensediment (2), drei Sedimenten (T2, T3, J4), zwei Gesteinen des Messak-Sandsteins (J4a, J27) und zwei Gesteinen der Tilemsin-Schichten (J1, E7) durchgeführt.

Auch hier ist zu erkennen, daß Verwitterung und Bodenbildung kaum die lithogenen Tone verändert haben (Fig. 10). So wird in den autochthonen Böden des Stufenvorlandes der Mineralbestand des Ausgangsmaterials vollständig vererbt. Dominant sind Smectite (14—18 Å), die ja das O.Karbon (Profil 3, C-Horizont), den Madama-Sandstein (1C) und die Tilemsin-Schichten tonmineralogisch charakterisieren (Fig. 6, E7 u. J1). Sie bilden einerseits die petrographische Voraussetzung für die großen Schollenrutschungen an der Schichtstufe, andererseits stellen sie das Material für Quellungs- und Schrumpfungsprozesse in den Böden bereit. Auch die Kaolinite (7 Å) sind gesteinsbürtig, mengenmäßig aber völlig untergeordnet (Fig. 10). Erst in dem fossilen Vertisol von Profil 2 erhöht sich ihr Anteil etwas, was leicht zu erklären ist, da ursprünglich ein Bodensediment vorlag und darin naturgemäß auch andere Minerale, nämlich die aus dem gesamten Einzugsbereich des Wadi gefunden werden können. Interessant ist allerdings die völlige Übereinstimmung des Serir-Sediments mit dem Solum in Profil 1. Entweder stammen die Tone in 0—3 cm Tiefe nur aus einem Einzugsgebiet mit gleicher tonmineralogischer Zusammensetzung oder aus dem Boden selbst. Bei der Proben-Entnahme im Gelände ist die präparative Trennung einer so dünnen Auflage nicht immer sauber durchzuführen.

Im Sammelprofil der Schichtgesteine am Westrand des Mourzouk-Beckens wird die schon mehrmals erwähnte mineralogische Zweiteilung sichtbar. Smectite und Kaolinite erscheinen unverändert in den Abtragungssedimenten. Obwohl mit den Dembaba- und den Tilemsin-Schichten durchaus verwitterungsfähige Substrate vorhanden sind, zeigen alle bisherigen Analysenergebnisse übereinstimmend, daß chemische Verwitterung und Bodenbildung nur in geringem Ausmaß stattgefunden haben oder stattfinden.

Mikrogefüge

Die bei der Ansprache des Makrogefüges im Gelände ermittelten Formen wie Einzelkorn-, Kohärent- und Prismengefüge werden durch die Dünnschliffuntersuchungen voll bestätigt. In Tab. 5 ist für einzelne Profile und Horizonte die Benennung des Mikrogefüges nach verschiedenen Autoren vorgenommen worden.

Entscheidend für das Verhalten des Plasmas (S-matrix) ist in allen untersuchten Fällen die Durchfeuchtung und der Gehalt an Ton. Ist ausreichend Feinsubstanz vorhanden, so kommt es sehr schnell zur Ausbildung von kräftigen Hüllen und Plasmabrücken zwischen den Skelett-Körnern (plektoamiktisches Gefüge), oder sogar zu einer völligen Einkittung derselben (porphyropeptisches G.). Wo diese kolloidale Kittsubstanz fehlt, wie in den Serir-Sedimenten, den

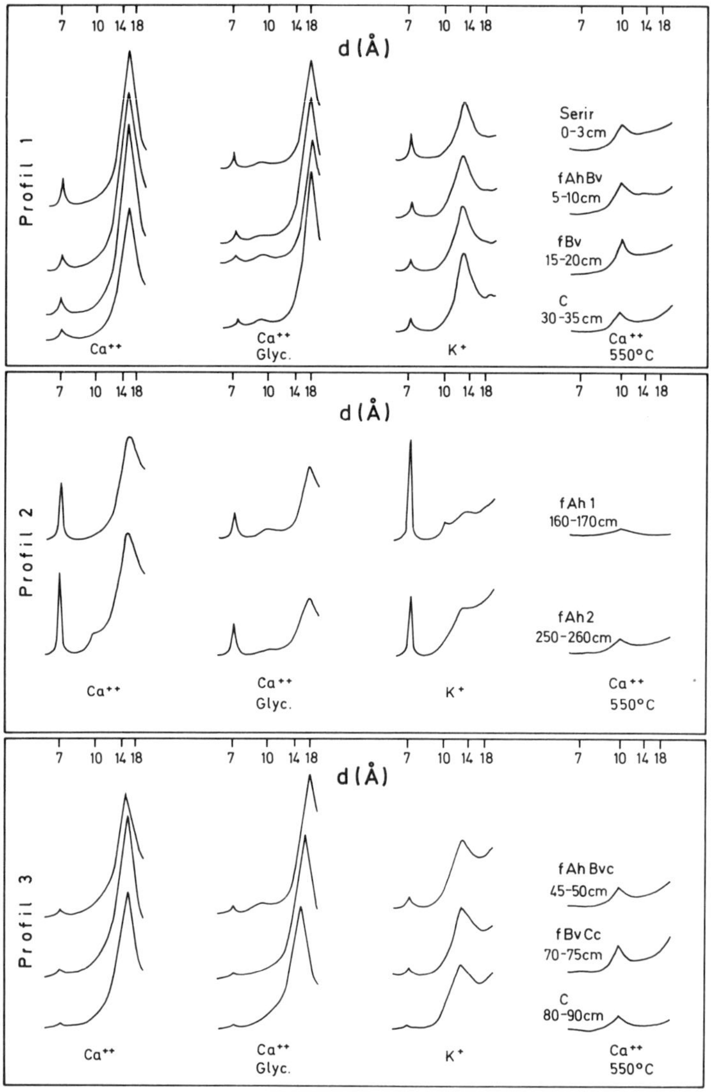

Fig. 10. Röntgen-Beugungs-Diagramme (CuKα) vorbehandelter und texturierter Tone ($\varnothing < 2\ \mu$) von Böden und Sedimenten aus der Umrahmung des Mourzouk-Beckens.

oberen Abschnitten der Mehrschichtprofile und in den Sandböden, wird die lose (agglomeratische) Packung der Mineralkörner höchstens durch Plasmabrücken etwas zusammengehalten (intertextisches G.). Höher organisierte Strukturen als die oben genannten wurden nicht beobachtet. Besonders die starke Zerfallsneigung bei der Durchtränkung mit Wasser zeigte, daß die innere Gliederung des Plasmas nicht weit fortgeschritten ist. Lediglich in dem fossilen Vertisol von Profil 2 blieben die humatumhüllten Gefügeelemente der Prismen längere Zeit stabil. Die Verkittung von Plasmateilen durch sekundäres $CaCO_3$ in Profil 3 hatte ähnliche Effekte.

Separationen des Gefügeplasmas, die man unter gekreuzten Nicols an der Regelungsdoppelbrechung erkennt, beschränken sich wegen fehlender Aggregatbildung und Tonverlagerung auf die Oberflächen des Bodenskeletts. Hier bleiben die vorher durch Quellungsdruck etwas eingeregelten Ton- und Schluffteilchen kleben (skelsepic plasmic fabric). Inselhaftes Vorkommen von Plasma-Separation war in 1fAhBv und C zu beobachten (insepic p.f.). Ansonsten ist das Mikrogefüge der kohärenten Bodenmassen durch Separationslosigkeit gekennzeichnet, die je nach der Spanne der beteiligten Korngrößen als silasepic bzw. argillasepic bezeichnet werden muß.

Eine Ausnahme macht die Probe aus der Mittelterrasse (MT–1). Hier stehen orientierte Plasmastränge der Matrix in rechtem bis spitzem Winkel aufeinander (right bis clino-masepic p.f.). Es handelt sich um die dichte Packung eines montmorillonitischen Tons, der im Verband der Tilemsin-Schichten bereits starken Drücken bei den Rutschungsprozessen ausgesetzt war und jetzt als nur wenig verfrachtetes Sediment in der Mittelterrasse lagert (vgl. a. Fig. 6, Probe E7).

Die Form und Anordnung der Hohlräume (voids) ergänzen das Bild von Böden und Sedimenten, deren Gefügeentwickung in erster Linie von dem Durchfeuchtungswechsel beeinflußt wird. Mehr oder weniger kreisrunde Hohlräume (vesicles) kommen nur in den oberflächennächsten Profilabschnitten vor und führen dort bei Vorhandensein von ausreichend Feinmaterial zu der aus vielen Trockengebieten bekannten „Schaumboden-Struktur". Es sind allseits umschlossene, lufterfüllte Hohlräume, die bei schneller Austrocknung okkludieren.

Auch die anderen Hohlraum-Strukturen: Kanäle (channels), planes und vughs lassen sich aufgrund ihrer Anordnung zwanglos den Prozessen der Quellung und Schrumpfung während der Durchfeuchtung und Austrocknung zuordnen.

Die letzte mikromorphologische Klassifikation gibt verschiedene Kombinationen von Gefügetypen, die Korngrößenvariation und die stofflichen Hauptkomponenten jeder Fraktion gleichzeitig an. Im Gegensatz zu den vorhergehenden Konzeptionen, welche vorwiegend auf der genetischen Deutung der Stabilität von Plasma und Bodenskelett beruhen (Kubiena, Brewer), kann hier auf rein morphometrischer Basis jede Art von Bodenmaterial objektiv und ohne genetische Kriterien beschrieben werden. Die aus dem Griechischen abgeleiteten Kunstwörter erlauben dabei relativ schnell einen detaillierten Einblick in das Mikrogefüge eines Bodens oder Sediments: so sind in der Umrahmung des Mourzouk-Beckens und im nördlichen Bilma-Becken die Orthotypen bzw. deren Kombinationen im wesentlichen gekennzeichnet durch den Belag von feinerer Substanz auf größeren Partikeln (chitonic) oder durch Plasmabrücken dazwischen (gefuric) und schließlich durch eine dichte Grundmasse (porphyric). Nur in 1fAhBv und 1C sind einige Intergranularräume mit Aggregat-ähnlicher Tonsubstanz erfüllt (enaulic). Bei der Körnung herrschen oft Sande und Schluffe vor (psammi, sili), welche meist aus Quarz bestehen (quartzo). Das bewegliche Plasma ist silikatischer Ton (argiopel), doch kommen auch $CaCO_3$ (calco), Sesquioxide (sesquo) und Gips (gypso) in größeren Anteilen vor.

Insgesamt gesehen machen die drei mikromorphologischen Methoden und Benennungen folgendes deutlich:

1. Plasmatische Substanz und Humus reichen in der Regel mengenmäßig nicht aus, ein stabiles Aggregatgefüge aufzubauen.
2. Vererbte und geogen eingemischte Sand-Schluff-Komponenten stehen diesem Prozeß ebenfalls entgegen.
3. Stabilisierend wirken in einigen Fällen sekundäres Carbonat und Gips.
4. Quellung und Schrumpfung sind die alleinige Ursache für eine geringfügige Plasmadifferenzierung.
5. Tondurchschlämmung ist nicht nachzuweisen.

Tabelle 5. Mikrogefüge von Böden und Sedimenten aus der Umrahmung des Mourzouk-Beckens.

Prof.	Hor.	Tiefe cm	KUBIENA 1938 Elementargefüge	BREWER 1976 plasmic fabric	BREWER 1976 voids	STOOPS/JONGERIUS 1975
1	Serir	2-3	agglomeratisch/ intertextisch	argillasepic/ skelsepic	packing/ vesicles	chito-gefuric quartzo-psammi/argiopel
	fAhBv	5-10	plektoamiktisch	silasepic/skel-insepic	planes	porphyro-chito-enaulic quartzosili/argiopel
	C	40-45	plektoamiktisch	silasepic/skel-insepic	planes	chito-porphyric quartzosili/argiopel
2	fAh1	160-170	plektoamiktisch	silasepic/skel-insepic	channels/ planes	chito-porphyric quartzosili/argiopel
	fAh2	250-260	plektoamiktisch	silasepic/ skelsepic	(channels)/ planes	chito-porphyric quart-zopsammi/argiopel
3	fAhBvc	45-50	plektoamiktisch	silasepic	packing/ (vughs)	porphyric quartzo-psammi/argiopelicalcosil
	fBvCc	70-75	plektoamiktisch	silasepic	packing/ (vughs)	porphyric quartzo-psammi/calcosil
4	fMBvc2	20-30	plektoamiktisch	silasepic/skel-insepic	packing/ planes	chito-porphyric quart-zopsammi/argiopel
5	1.fAh	3-7	plektoamiktisch	skelsepic/ar-gill-silasepic	packing/vesic-les/planes	chito-porphyric quart-zopsammi/argiopel
	fMBvc2	35-40	plektoamiktisch	silasepic/ (skelsepic)	vughs/packing planes	porphyric quartzo-psammi/argiopel
6	fBv	15-20	agglomeratisch/ intertextisch	(argillasepic)/ skelsepic	packing/ (vughs)	chito-gefuric quartzo-psammi/argiopel
T	3	MT-1	porphyropeptisch	right/clino-masepic	channels/ planes	porphyric sesquo-argiopel
7	fAh (?)	0-7	agglomeratisch/ intertextisch	skelsepic	packing	chito-gefuric quartzo-psammi/argiopel
	C	17-22	agglomeratisch/ intertextisch	skelsepic	packing	chito-gefuric quartzo-psammi/argiopel
	IICy	45-50	agglomeratisch/ intertextisch	skelsepic	packing	chito-gefuric quartzo-psammi/argiogypsopel
	IIICy	58-63	agglomeratisch/ intertextisch	skelsepic	packing	chito-gefuric quartzo-psammi/argiogypsopel
	IVGy	70-75	agglomeratisch/ intertextisch	skelsepic	packing	chito-gefuric quartzo-psammi/argiogypsopel

6. Die aktuelle Kohärenz der Bodenmassen beruht auf ihrer völligen Austrocknung.
7. Die Zerfallsneigung der Gefügeelemente gegenüber Wasser ist jedoch sehr groß.

Darüber hinaus tragen die durch Verwitterung und Bodenbildung entstandenen Lockermassen in der Umrahmung des Mourzouk-Beckens und des nördlichen Beckens von Bilma noch vielfach Kennzeichen, die schon das Ausgangsmaterial besitzt.

^{14}C-Alter

Das an Holzkohlestückchen (1fAhBv) und Humussäureauszügen ermittelte Radiocarbon-Alter ist für einzelne Profile und Horizonte jungpleistozän-holozän:

Profil	Horizont	Tiefe (cm)	^{14}C-Modellalter	Labor Hv
1	fAhBv	5— 10	10 900 ± 540	9069
2	fAh2	250—260	9 500 ± 215	9070
3	fAhBvc	45— 50	9 580 ± 180	9071
4	1.fMBvc1	15— 20	5 385 ± 535	9072

Darin ist jedoch nicht der Beginn der Bodenbildung markiert, sondern das Alter der Huminsäuren vor der Fossilierung. Pedogenetische Prozesse haben sicher schon früher eingesetzt, wie die in einen präexistenten Boden eingearbeitete Holzkohle von Profil 1 (fAhBv-Horizont) beweist.

Ein scharfer Wechsel der landschaftsökologischen Verhältnisse scheint aber erst durch die Schüttung von Serir-Sedimenten und der Niederterrasse im Jungholozän dokumentiert zu sein, während vorher, im ^{14}C-datierten Zeitraum sowohl Bodenbildung als auch fluviale Abtragung nebeneinander möglich waren.

3.1.4 *Diskussion*

Die untersuchten Böden und Sedimente aus der Umrahmung des Mourzouk-Beckens lassen sich gut in das Bild integrieren, das in Abschnitt 2.3 von subtropisch-tropischen Wüstenklimaten allgemein und von der Sahara im besonderen gezeichnet wurde. Der morphologische Aufbau und alle analytischen Untersuchungsergebnisse entsprechen Bildungsbedingungen, die gegenüber heute sicher sehr viel feuchter gewesen sind, die aber die Grenze von 200 mm Jahresniederschlag kaum überschritten haben dürften. Die Beziehungen zwischen Ausgangsgestein und Boden sind noch sehr eng, was vor allem in den chemisch-mineralogischen Analysen zum Ausdruck kommt. Eine relativ schwache Silikatverwitterung kündigt sich in der Zunahme des Aluminiums und Titans an. Tonmineralogisch sind allerdings keine Veränderungen nachzuweisen. Das Mikrogefüge zeigt eine einfache Struktur mit geringer Plasmadifferenzierung. Diese beschränkt sich auf die Einregelung von Tonen und Schluffen auf der Oberfläche von gröberen Körnern. Nur wo vom Ausgangsmaterial mehr Ton zur Verfügung gestellt wird, erfolgt eine stärkere Separation. Dabei ist der Durchfeuchtungswechsel die Hauptursache.

Die so strukturierten Lockerdecken bringen der Abtragung wenig Widerstand entgegen. Die meisten Profile sind auch mehrschichtig, wobei die Serir-Auflage profilmorphologisch besonders herausfällt. In ihr dokumentiert sich der vorläufige sedimentäre Abschluß der vorausgegangenen Bodenbildung. Die Fossilierung hat klimatische Gründe und ist das Ergebnis der flächenhaften Ausbreitung von Grobmaterial durch „schichtflutenartige" Geomorphodynamik im Jungholozän. Für eine weitere Selektion der Korngrößen und evtl. die räumliche Verteilung der Grobkomponenten ist die Windwirkung verantwortlich. Doch kommt es zeitweise zu flächenhafter Verspülung, wie die zahlreichen engständigen und kaum eingetieften Gerinne belegen. In Stufennähe sind rezent aber nur linienhafte Zerschneidung und ggf. nachfolgende äolische Einsandung zu beobachten.

Die Bodengeschichte kann man im Stufenvorland des Mourzouk-Beckens bis in das Spätglazial-Holozän zurückverfolgen. Anhand mehrerer ^{14}C-Datierungen sind zwei feuchtere Phasen um 10 000 BP und um 5500 BP erkennbar. Beide waren mit einer, wenn auch schwachen, Bodenbildung verbunden. Aus der ersten ging als korrelates Sediment die, wahrscheinlich über die gesamte zentrale Sahara korrelierbare sog. Mittelterrasse hervor, während die jüngere Niederterrasse nur wenig Feinmaterial führt. An Toposequenzen ist diese Entwicklung nachzuweisen, und zwar dort, wo noch Reste des gekappten spätglazial-holozänen Bodens vorhanden und von jüngeren Sedimenten überdeckt sind, welche ihrerseits wieder in der neolithischen (mittelholozänen) Feuchtzeit pedogen überprägt wurden. Profil 4 und 5 sind gute Beispiele dafür. Die Mehrschichtigkeit stellt sich vor allem in den Analysenwerten dar. Insgesamt hat die holozäne Abtragung zu einer flächenhaften Tieferlegung des Vorlandes im Dezimeter- bis Meterbereich geführt.

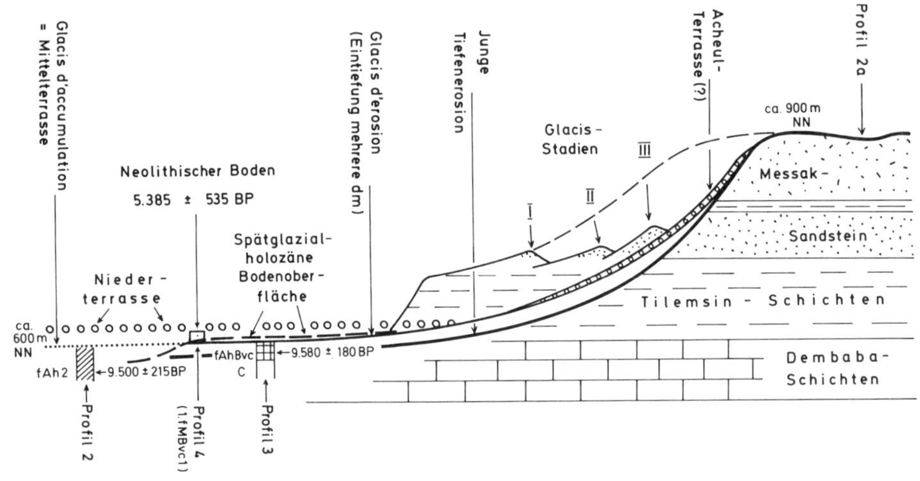

Fig. 11. Glacis-Stadien, spätglazial-holozäne und neolithische Landoberfläche vor der Messak-Schichtstufe.

Auch für das Pleistozän ist mehrfache Bodenbildung anzunehmen, wenn man davon ausgeht, daß die Abtragung zu Fußflächen und Glacis eine pedogene Gesteinsaufbereitung voraussetzt. Solche Abtragungsflächen existieren an den Schichtstufen um das Mourzouk-Becken in unterschiedlichen Höhen. An einer Stelle trägt das unterste Felsflächenniveau unter einer Schuttdecke auch einen Boden (Busche 1982, Abb. 122). Profilmorphologisch unterscheidet er sich nicht von den anderen Böden des Stufenvorlandes. Die Fußfläche besitzt nach Busche (1982: 202—210) endtertiäres Alter und ist Teil einer Rumpffläche, die sich unter tropisch-wechselfeuchten Klimabedingungen gebildet haben soll. Grunert (1983: 197, Fig. 75) rechnet im Pliozän mit einem progressiv abnehmenden Jahresniederschlag, der von ca. 1000 mm vor 10 Millionen Jahren auf ungefähr 400 mm vor 1 Million Jahre absank. Darauf erfolgte Glacis-Bildung aus einem präexistenten Rumpfstufen-Profil unter semiariden Verhältnissen, sie führte zur Ausräumung der alten Zersatzdecke und zur Versteilung des Hanges.

Trotz der Unterschiede setzen beide Auffassungen zur Flächen- und Stufengenese ein relativ hohes Niederschlagsangebot im Jungtertiär voraus. Da paläopedologische und andere Zeugen für ein humides Klima bisher nicht gefunden wurden, stellt sich die Frage, ob überhaupt während dieses Zeitraumes ein Klima existierte, das zu einer tiefreichenden und intensiven Verwitterung und Bodenbildung fähig war. Für das Tertiär insgesamt postuliert Busche (1982: 76—87) langwährende feucht-tropische Tiefenverwitterung und Flächenbildung, durch welche die geologische Ausgangsfläche des Messak-Sandsteins um mindestens 100 m „wahrscheinlich sogar mehrere hundert Meter" tiefergelegt wurde (Busche et al. 1979: 47). Wenngleich für diese

Annahme geomorphologische und paläogeographische Argumente angeführt werden können, sind aus bodenkundlich-sedimentologischer Sicht jedoch einige Bemerkungen angebracht:

1. Der maximal 300 m mächtige Messak-Sandstein besteht aus kreuz- und schräggeschichteten grauen, braunen und roten Sandsteinen unterschiedlicher Korngröße und aus roten Tonsteinen. Nach der Mineralparagenese ist er das umgelagerte Produkt einer intensiven tropischen Verwitterung (Kallenbach 1972). Er ist detritisch und zeigt kaum diagenetische Veränderungen. „Danach sind keine hohen Belastungsdrucke durch die Auflast mächtiger und inzwischen wieder abgetragener Sedimentbedeckungen oder nennenswerte Druckbeanspruchungen durch tektonische Vorgänge anzunehmen" (Zöller 1976: 144).

2. Die für das Miozän und Pliozän postulierte tropische Intensivverwitterung ist — zugegebenermaßen — in einem Material wie dem Messak-Sandstein nicht leicht nachzuweisen. Andererseits legt Kallenbach (1972a, Fig. 4a, n.S. 88) Analysenergebnisse von einer nicht-lateritischen, 4 m mächtigen Roterde auf der nördlichen Dachfläche des Messak vor (Probe M_4). Diese unterscheidet sich von den benachbarten quartären Serir-Sedimenten nur durch etwas höhere Carbonatgehalte und etwas Chlorit und sei „das Produkt einer Rubefizierung unter dem Einfluß eines wechselfeuchten Klimas" im Jungtertiär (S. 89). Der Mineralbestand der Serir-Sedimente (Probe M_{1-3}) umfaßt neugebildete Illite und Montmorillonit/Illit-Wechsellagerungsminerale (Kallenbach 1972a: 89). Analytisch haben diese Lockerdecken große Ähnlichkeit mit einem Boden auf Nubischem Sandstein im semiariden Israel, wo bei ca. 300 mm Jahresniederschlag Smectit-Neubildung aus verdunstenden Kieselsäure-Lösungen erfolgt sein soll. Bei 1000 mm dagegen hat die Tonverlagerung einen charakteristischen Textur-B-Horizont erzeugt, ohne daß dabei die Mineralkomposition des Nubischen Sandsteins geändert wurde (vgl. Singer & Amiel 1974).

Unter der Voraussetzung, daß die Böden der Messak-Dachfläche unter sich ein verschiedenes Alter besitzen und älter sind als die des Vorlandes, ergäbe sich daraus eine klimastratigraphische Abfolge vom Jungtertiär bis zur Gegenwart. Auf der Basis der vorliegenden Analysenergebnisse dürfte für die Bildung der Paläo-Roterde Kallenbachs dann ein jährliches Niederschlagsvolumen von ungefähr 500 mm zu veranschlagen sein.

3. Mangels „laterit- oder latosolartiger Bildungen im Arbeitsgebiet" zieht Busche (1982: 202) Zersatzprofile aus dem Tibesti zur Erklärung der Flächengenese in der Umrahmung des Mourzouk-Beckens heran. Aber auch „lateritische Verwitterungsdecken" unter und in den Hoggar-Basalten bilden eine Grundlage für die Auffassung, daß tropische Tiefenverwitterung noch im Jungtertiär geherrscht habe (S. 83).

Wie in Abschnitt 3.3 gezeigt wird, haben eigene Untersuchungen im Hoggar-Gebirge und die bodenstratigraphische Auswertung vorhandener Arbeiten ergeben, daß seit dem Alttertiär keine feucht-tropischen Böden mehr gebildet wurden. Die intra-basaltischen, miozänen „Sols ferrugineux tropicaux" stellen die feuchteste Variante des Mittel- und Jungtertiärs dar (Dutil 1971). Da sie kaum Merkmale einer Tonverlagerung erkennen lassen, können sie nach dem Prinzip des Aktualismus bodengeographisch dem humideren Teil der trockenen Randtropen zugeordnet werden, wo heute jährlich zwischen 500 und 1000 mm Niederschlag fallen (s. Abschnitt 2.4). Feucht-tropische Latosole und Laterite wurden im Hoggar bisher nicht nachgewiesen.

4. Danach wäre für die, mit der jungtertiären Tieferlegung der Stufenvorland-Rumpffläche verbundene Verkarstung des Messak-Sandsteins und der Tilemsin-Schichten auch kein wechselfeucht-tropisches Klima verantwortlich, wie Busche es annimmt (1982: 161—182).

Produkte des Karstes und Pseudokarstes sind aus mehreren Gebieten der Sahara bekannt (Conrad et al. 1967) und werden teilweise auf die lösungschemische Wirksamkeit flächenhaft austretender Grundwässer zurückgeführt (Knetsch 1955). Die Anlage der kesselförmigen abflußlosen Grarets Süd-Libyens hat Klitzsch (1974) mit der Verkarstung unter stehenden Gewässern

(Seen) während des Oligozäns und Miozäns erklärt. Die weitere Ausformung unterlag dem klimatisch gesteuerten Wechsel von fluvialer bzw. äolischer Abtragung und erneuter Verkarstung.

Es ist vorstellbar, daß in den Schwellenregionen des Mourzouk-Beckens die Grundwasserverwitterung eine Rolle bei der Anlage der Schichtstufen gespielt hat. Als Sammelgebiet für das entsprechende Wasseraufkommen könnte seit dem Miozän das in Hebung begriffene Tibesti-Gebirge fungiert haben (vgl. Rognon 1980: 60, Fig. 8). Im Zusammenhang mit dieser Art von Gesteinsaufbereitung sei noch einmal vermerkt, daß heute die alkalischen Grundwässer um Séguédine im Bilma-Becken u.a. sehr hohe Gehalte an gelöstem Silizium aufweisen (Faure 1965: 58—71).

5. Neben intra-sedimentären Vorkommen gibt es im Mourzouk-Becken eine auffällige Oberflächen-Silifizierung (Müller-Feuga 1954). Wegen ihrer räumlichen Bindung an weitgespannte Abtragungsflächen schreibt Busche (1983) dem Silcrete zu Recht eine besondere geomorphologische Bedeutung zu und sieht in diesen Ebenheiten einen eigenständigen Rumpfflächentyp Nordafrikas. Hinsichtlich der paläoklimatischen Interpretation: Bildung in einem feucht-tropischen Milieu des Oligozäns entsteht jedoch ein Widerspruch zu dem bodenstratigraphisch ermittelten oligozänen Vorzeitklima des Hoggar-Gebirges. Dort zeigen die roten Böden und Sedimente unter den ältesten (miozänen) Basalten eine „altération faible de type tropical sec" an (Rognon 1967: 87—102).

6. Die Bleichung des Messak-Sandsteins geht nach Busche (1982: 76—87) auf eine alttertiäre tropische Tiefenverwitterung zurück und stellt den unteren Profilabschnitt der heute abgetragenen Laterite des Eozäns dar. Dem noch ausstehenden Beweis einer pedogenen Intensivverwitterung von einer ehemaligen Landoberfläche her stünde der petrographische Befund entgegen, wonach postsedimentäre Veränderungen des ursprünglichen Mineralbestandes auszuschließen seien (Kallenbach 1972: 313—317; Zöller 1976: 146—147). Da die Proben an Steilstufen entnommen wurden, hätte eine intensive, tief in das Gestein greifende lateritische Verwitterung analytisch erkennbar sein müssen.

Geht man allerdings von einer Bleichung durch Grundwässer, also einer Vergleyung aus, so könnte die geringe bzw. fehlende chemische Überprägung und die starke Gefügelockerung gleichzeitig erklärt werden. Für manche, noch nicht oxidativ verfärbte Grundwasserhochstände ist die Bleichung sogar so etwas wie eine Wasserstandsmarke, z.B. im „Dünental" auf der Dachfläche oder um die Oase Séguédine. Es liegt auf der Hand, daß vor der Zerschneidung des Reliefs und/oder bei gehobenem Grundwasserspiegel auch die topograpisch höher anstehenden Gesteine gebleicht und zermürbt werden mußten.

Diese pedologisch-sedimentologischen Einwände gegen eine (wechsel)feucht-tropische Relief- und Bodenentwicklung während des gesamten Tertiärs machen m.E. eine kritischere Überprüfung der vorhandenen Klimazeugen nötig.

3.2 *Air-Gebirge*

3.2.1 *Literatur*

Innerhalb des kristallinen Sockels von Westafrika vermittelt das Air-Gebirge zwischen den Hebungszentren des Hoggar-Gebirges im Norden und des Jos-Plateaus im Süden (vgl. Rocci 1965: 466, Fig. 1). Horstartig hebt es sich mit ca. 85 000 km^2 aus seiner sedimentären Umhüllung heraus und erreicht eine generelle Höhe zwischen 500 und 1000 m NN, in einigen Massiven sogar 2000 m NN.

Nach Raulais (1959: 209, Fig. 1) setzt sich das Grundgebirge aus verschieden alten Magmatiten, Metamorphiten, Migmatiten und Konglomeraten zusammen. Der mineralogisch-petrographische Aufbau dieser Gesteine variiert sehr stark.

Zeitlich unterscheidet man zwischen dem U.Präkambrium (= Suggarien), dem M.Präkambrium (= Pharusien) und dem Jungpaläozoikum-Mesozoikum (s. Greigert & Pougnet 1967: 15—31). Zum Suggarien gehören die meisten metamorphen Gesteine (Gneise, Leptynite, Glimmerschiefer) und die mineralogisch sehr heterogenen „Alten Granite". Das Pharusien ist nur im östlichen Air als Molasse-Konglomerat der sog. „Série du Proché-Ténéré" vertreten. In vieler Hinsicht bedeutsam sind die „Jungen Granite", die wahrscheinlich im Jura den alten kristallinen Sockel intrudiert und durchschlagen haben. Dies geschah an mehreren Stellen in großen Ringstrukturen, welche heute die Gebirgshochplateaus einnehmen. Faziell sind diese Granitkomplexe ebenfalls stark differenziert. So findet man z.B. in dem 300 km^2 großen Massiv de Taghouaji des Süd-Air von außen nach innen folgende Gesteine: Ring-Dykes aus Aegirin-Mikrograniten, dann Aegirin-Granite, Hornblende-Porphyrgranite, Riebeckit-Granite und im Zentrum Biotit-Granite mit Mikrograniten, Granit-Greisen und Greisen. Unter den akzessorischen Mineralen ist der immer überwiegende Magnetit zu erwähnen. Abbauwürdiger Cassiterit kommt nur in den zentralen Biotit-Graniten und den vergreisten Graniten vor (Fabries & Rocci 1965).

Wieweit paläozoische Sedimente das schon im Präkambrium eingerumpfte Air-Gebirge überlagert haben, ist nicht bekannt. Nach Joulia (1959) greifen kambro-ordovizische Sandsteine mit einem Basiskonglomerat diskordant im nordwestlichen Air auf dessen „peniplanierten" Sockel über. Im paläozoischen Sedimentkomplex erkennt Joulia noch drei Diskordanzen, wovon die unter dem O.Ordoviz besonders interessant ist, weil sie bei In Azoua sichtbar ein fossiles Tälerrelief konserviert (S. 194, Fig. 2).

Außer der schon erwähnten jurassischen Intrusion der Jungen Granite erfolgte im Mesozoikum eine Verschüttung des bis dahin gebildeten Reliefs. Während das Continental Intercalaire der U.Kreide im Südost-Air nur wenig Fläche über dem Grundgebirge einnimmt, stößt es in einem SE-NW-gerichteten Graben am Ostrand weit in das Gebirge vor (Faure 1966: 109—155 u. 173—207). Auch könnte nach Faure das Cenoman-Turon-Meer einen nicht unbeträchtlichen Teil des heutigen Air-Massivs überflutet haben (S. 206). Jedenfalls zeigen viele seiner geologischen Profile, besonders des Téfidet-Grabens (S. 191, Fig. 55), daß nach der Sedimentation des Continental Intercalaire die allgemeine Landabtragung sowohl den kristallinen Sockel als auch die jüngeren Sedimente erfaßte und ein Relief mit Flächen, Schichtstufen und Tälern schuf.

Die jüngsten Gesteinskörper im Air-Gebirge verdanken ihre Existenz einem tertiären und quartären Vulkanismus. Die Trachyte und Phonolithe der älteren, sauren Eruptionsphasen erreichen im Todgha immerhin 1853 m Höhe und überlagern an einer Stelle auch die Kreide-Sandsteine im Téfidet-Graben. Im Quartär werden dagegen nur Basalte gefördert, die z.T. in Täler ausflossen und diese plombierten (Greigert & Pougnet 1967: 24). Die „Carte géologique de reconnaissance Massif de l'Air" im Maßstab 1:500000 von 1967 läßt dabei eine gewisse Anordnung der quartären Basalte um die Jungen Granite des Bagzane- und Egalah-Massivs erkennen.

Die hier nur kurz skizzierte geologisch-paläogeograpische Entwicklung des Air-Gebirges zeigt, daß über lange Zeiträume des Präkambriums, Paläozoikums, Mesozoikums und Känozoikums hinweg Abtragung und Reliefbildung möglich waren und stattfanden. Dieser Umstand erschwert die genetische Erklärung des heutigen Landschaftsbildes ganz erheblich, weil eine präexistente, jetzt vielleicht nicht mehr erkennbare Relief-Konfiguration über die Steuerung von Verwitterung und Abtragung zur Ausbildung dieser Landschaft beitragen konnte und damit in sie integriert ist. Noch schwieriger dürfte der Anteil bestimmter Klimate an der Reliefentwicklung im kristallinen Grundgebirge abzuschätzen sein. Generell wird man aber davon ausgehen können, daß nach der (teilweisen ?) Überlagerung und anschließenden Ausräumung von Kreide-Sedimenten die vorhandenen Oberflächenformen weitergebildet wurden und/oder neue Formen entstanden.

In einer ersten geomorphologischen Bearbeitung des Air geht Dresch (1959) auch davon aus, daß die Oberfläche des Gebirges eine polyzyklische „surface de dégradation" darstellt, die ständig in Weiterbildung begriffen ist (S. 8). Infolge tektonischer Deformationen kam es aber immer wieder zu einer sedimentären Fossilierung dieser „surface fondamentale de l'Air", zusammen mit deren evtl. noch vorhandenen Verwitterungsprodukten. Bei der jüngeren Reliefentwicklung spricht Dresch (1959: 10) von einer, dem Hoggar vergleichbaren, „surface infra-Continental intercalaire" mit Pediplain-Charakter, eine Abtragungsfläche, die im Laufe der Kreide überdeckt und später wieder exhumiert wurde. Die durch oberkretazische Hebungen verursachte Exhumierung führte zur Ausbildung der „surface post-Continental intercalaire", welche heute zwischen 1600 und 1800 m Höhe in den Einzelmassiven als sog. „surface culminante" zu erkennen ist. Im Zuge der weiteren post-Kreide-zeitlichen Abtragung blieben die, fast nur aus den Jungen Graniten bestehenden Einzelmassive als „reliefs residuels culminants" relativ zurück, so daß sich ein tieferes zweites Flächenniveau entlang breiter Talzüge entwickeln konnte. An der Peripherie des Air-Gebirges sind die tertiären Flächen aber kaum mehr von der „surface de dégradation fossilisée" abzutrennen. Dresch (1959: 14—16) sieht in dem Großteil der aktuellen Oberflächenformen ein Relief, das aus einem tiefgründigen Verwitterungsmantel freigelegt wurde, also ein „Krypto-Relief". Dieses habe sich in einer feuchten Periode unter einer Boden- und Vegetationsdecke in der „zone de la forêt humide" entwickeln können. An stark geneigten Hängen gewährleistete dort die sog. „lessivage oblique" eine Gesteinsverwitterung, eine Wasserbewegung und damit auch eine Migration von Kolloiden. Doch habe es auch weniger dicke Böden gegeben ebenso wie freie Felsflächen. Insgesamt kommt Dresch (1959: 19—20) zu folgender Chronologie der Reliefentwicklung im Air:

1. Einebnung durch „pédimentation", auch mit Bildung des unteren Flächenniveaus, wahrscheinlich bis zum „plioquaternaire".
2. Einschneidung der Koris, vielleicht unter trockeneren Bedingungen und bei gleichzeitiger Hebung.
3. Intensive Verwitterung der Hänge und Flächen wegen der nordwärtigen Ausdehnung der „zone tropical humide" bis zum Hoggar. Dies führte einerseits zu einer Verzögerung der Talbildung, andererseits zur ersten Anlage eines Inselberg-Reliefs auf den Flachteilen und zur Ausbildung eines komplizierten „Krypto-Reliefs" in den Becken.
4. In der folgenden, teilweise trockenen Periode des U.Paläolithikums (?) erfolgten vorwiegend Ausräumung der Verwitterungsprodukte aus der vorangegangenen Feuchtzeit und Denudation zum „Krypto-Relief" sowie Schuttbildung.
5. Sehr trockene Klimaverhältnisse des O.Paläolithikums (?) bewirkten äolische Bewegungen von Sand.
6. Eine letzte Oszillation zu einem feuchteren Milieu hin ermöglichte die Patinierung des freiliegenden Kristallin-Gesteins und die Aufschüttung der Niederterrasse.

Damit entspreche das Relief des Air in höherem Maße dem Erscheinungsbild der tropischen Zone als der Hoggar.

Anmerkungen zur Geomorphologie des Air-Gebirges von Vogt & Black (1963) betreffen die Reste älterer Sedimente auf dem Basement und die quartäre Reliefentwicklung. Wie Dresch (1959) betonen auch sie die große geomorphologische Bedeutung der Tiefenverwitterung. An einer Stelle sprechen sie sogar von „l'Air pourri", also einem völlig zersetzten Kristallin (S. 11). Hinweise auf ein mögliches Höchstalter dieser Alterite liefert ein Befund am Fuß des ca. 1700 m hohen Bilet-Massiv im zentralen Air: hier lagert über einem bereits verwitterten Porphyrgranit ein etwa 100 m mächtiges Quarz-Konglomerat, das wiederum von 400 m mächtigen Tuffen und Rhyoliten abgedeckt wird. Nach einem Vergleich mit ähnlichen Verhältnissen am Goundai-Massiv im östlichen Air kommen Vogt & Black (1963: 5) auf ein prä-kretazisches Alter des Bilet-Konglomerats, und damit auch der liegenden Verwitterungsreste. Hinsichtlich der Morphogenese im Quartär ziehen die Autoren viele Parallelen zum Hoggar-Gebirge (S. 11—28).

Im Rahmen einer Arbeit zur Flächen- und Stufenbildung in Westafrika beschreibt Rohdenburg (1969) auch den Halbwüstenbereich des Air-Plateaus (s. S. 59, Abb. 1; S. 71—73; Abb. 17—20 u. 22; S. 76—78). Danach sind die verbreiteten Pedimente im südlichen Air Reliktformen. Ihre Blockdecken sind als Rückstandsablagerungen vor der zurückweichenden Pedimentationsstufe aufzufassen. Sie entsprechen dem Stoneline-Schutt-Komplex im Regen- und Trockenwald des Südens, welcher dort allerdings noch eine hangende Hillwash-Decke besitzt. Rezente Pedimentation im Air sei nur auf kleine Bereiche entlang der Täler beschränkt. Auch werde derzeit keine stärkere Hangformung beobachtet. Aufgrund dieser und analoger Befunde in Nigeria kommt Rohdenburg (1969: 72) zu dem Schluß, „*daß es zwischen der Sahara und dem Golf von Guinea keine Zone mit starker gegenwärtiger Flächenbildung gibt*".

In einer geomorphologischen Untersuchung des Air-Gebirges greift Thorp (1969) Gedanken von Dresch (1959) und Vogt & Black (1963) auf, besonders hinsichtlich einer mesozoischen Bedeckung des Grundgebirges. Verschiedene Hebungen am Ende der Kreide, des Paläozäns und im Jungtertiär/Pleistozän sind auf geologischem und geomorphologischem Weg nachzuweisen. Bereits in der O.Kreide wurde dabei ein Gewässernetz angelegt: diskordant auf dem Kristallin und konsequent auf dem Deckgebirge. Das Relief bestehe im wesentlichen aus einer vielphasig gebildeten, kretazischen oder paläozänen Hochfläche (1400—1900 m NN) und einer post-paläozänen Air-Hauptfläche (600—1000 m NN). Letztere sei in dem jungtertiär-pleistozänen Einebnungszyklus bis 300 m tief zerschnitten worden. Zwei Glacis und zwei Terrassen sind die wichtigsten Leitformen. 22—30 cm dicke Eisenkrusten in der älteren Terrasse werden auf Grundwassereinfluß zurückgeführt. Am Beispiel des Agalak-, Orayan- und Ashkout-Massivs bei Timia beschreibt Thorp (1969: 34—38) ausführlich die geomorphologische Bedeutung der Gesteinsfazies in den Ringstrukturen der Jungen Granite. Der Vergleich mit Granit-Massiven in Nigeria führt zu dem Schluß, daß das Tertiär-Klima in der südlichen Sahara saisonal humider gewesen ist als heute und wenigstens dem der Trockensavanne entspreche. Erst die pleistozänen Landoberflächen zeigen einen Wechsel der Geomorphodynamik an.

Ebenfalls unter klimageomorphologischen Gesichtspunkten unterscheidet Gießner (1970) im Air eine „Gebirgsrumpffläche", eine „Sockelfläche", eine „Fußfläche" und eine „Korifläche". Erstere korrespondiert morphographisch mit Dreschs „surface post-Continental intercalaire" (s.o.) und sei unter verwitterungsintensiven, tropisch-humiden Klimabedingungen angelegt worden, jedoch einem älteren Bildungszeitraum zuzuordnen. Auch die tiefere Sockelfläche könnte in ihrer ersten Entwicklungsphase noch als tropische Rumpffläche existiert haben. Hinweise auf ihr relativ hohes Alter sind mesozoische Sedimentreste auf der Sockelfläche: am Tamgak-, Goundai- und Bilet-Massiv (letzteres s.o.). Der entscheidende Unterschied zu den Vorstellungen von Dresch (1959), Vogt & Black (1963) und teilweise auch zu Thorp (1969) besteht nun darin, daß der heutige Formenschatz nicht als ein exhumiertes, tropisches Altrelief, sondern als das „Ergebnis einer vielgliedrigen, chronologischen Weiter- und Umbildung im Laufe des gesamten Tertiärs und Quartärs" angesehen wird (Gießner 1970: 91). Sowohl Verwitterungserscheinungen wie Blockbildung oder Zersatzhorizonte unter quartären Hangglacis als auch Abtragungsformen wie Pedimente, die Korifläche oder auch die Tiguidit-Schichtstufe südlich des Air seien danach einem semiariden bis ariden Klima zuzuschreiben, welches hier seit dem Jungtertiär wirksam war.

Tonmineralogische Untersuchungen zu diesem Problemkreis haben Völk & Levelt (1970) durchgeführt. An drei Punkten wurden 18 Proben entnommen (S. 208, Fig. 2 u. S. 209—210).

VI: Granitgneis (19a), Zersatz (19b–d)
Kolluvium (20a–b u. 21a–b)
VII: Proben Nr. 22a–b
VIII: Sediment (23a), Zersatz (23b–d)
Kolluvium (24a–c), Proben Nr. 24d.

Die röntgenographische Analyse von 14 mit H_2O_2, HCl, Na-Pyrophosphat, Mg-Acetat und Glycerol vorbehandelten Proben erbrachten in der Fraktion < 1 µ ∅ eine mineralogische Zusammensetzung, die sich in zwei Gruppen aufgliedern läßt (Völk & Levelt 1970: 198—199, Tab. 1):

Probengruppe B mit Kaolinit-Vormacht, wobei Smectit in Spuren vorkommt oder wie Hämatit und Goethit fehlt, Anatas aber vorhanden ist. Hierzu gehört die Probe 19d.

Probengruppe D mit fehlender Vormacht von Kaolinit oder Smectit. Die Untergruppe D1 führt Goethit und/oder Hämatit (20a–b, 24a–c), die Untergruppe D2 nicht (19b–c, 21a–b, 23b–d). Unverwitterter Metamorphit mit der Probe 19a enthält Spuren von Smectit und kleine Mengen an Illit und Kaolinit.

Der hohe Kaolinit-Gehalt in 19d wird als „fossiler Rest einer alttertiären Zersatzzone" gedeutet, die heute in erosionsgeschützter Lage von der Abtragung nicht erreicht wird (Völk & Levelt 1970: 203).

Das Material von D1 deute auf ein Savannenklima mit ± 1000 mm Jahresniederschlag und 6—7 Monaten Trockenzeit hin, wie es möglicherweise im Air während des jüngeren Tertiärs oder Pluvialen des Quartärs herrschte. Die Proben von D2 könnten aus etwas feuchteren Perioden des Quartärs stammen.

Beaudet et al. (1977) fanden im Air-Gebirge neben „einer schwer erklärbaren" Eisenanreicherung auf einem jüngeren Glacis (S. 314, Photo 6) noch andere, tertiäre Verwitterungsreste:

— bei Tessenagat (Süd-Air) und 750 m Höhe 6—8 m mächtige, gelb-rote Alterite aus Amphiboliten und Biotit-Gneis
— im Kori Abantorok tief und weiß verwitterte Anorthosite
— unter Glacis-Flächen auf Granit-Gneisen einen 25 m mächtigen, an der Spitze rubefizierten Zersatz im Südost-Goundai und einen 5—6 m dicken Alterit in Nord-Bilet (S. 317, Fig. 6).

Die letztgenannten Alterite wurden dabei durch sehr alte hydrothermale Lösungen erzeugt, weil diese während oder nach der Intrusion der Rhyolite des Bilet- und Goundai-Massivs in die Frakturen und Diaklase des benachbarten Granit-Gneises eindringen konnten. Auch die Beispiele Tessenagat und Abantorok besitzen kaum paläoklimatische Aussagekraft, da ein vulkanogener Einfluß nicht ausgeschlossen werden kann (Beaudet et al. 1977: 318).

Wie stark die verschiedenen Basement-Gesteine sowohl die Verwitterung als auch die Abtragung differenzieren, beschreiben noch einmal Morel (1972), Moreau & Morel (1979) und Morel & Moreau (1979). Unterschiedlich mächtige Saprolithe wiesen dabei auf feuchtheiße Klimaperioden im Quartär hin.

Nach Morel (1981) und Morel & Schulz (1981) gibt es im Air drei Glacis und drei Terrassen, welche eine Chronologie des Quartärs ermöglichen. Das Mindestalter des obersten Niveaus kann mittels einer K/Ar-Datierung von lokal aufliegenden Basalten auf 2.65 ± 0.25 MA festgelegt werden. Unterhalb der folgenden beiden alten Glacis ist die „terrasse moyenne" entwickelt, in die noch zwei tiefere Terrassen eingeschnitten sind. Das Basiskonglomerat der Mittelterrasse ist im Kori Ekouloulef (Nordwest-Goundai) durch $CaCO_3$-haltige Hydrothermen verfestigt, die sich auf 18 500 Jahre BP datieren ließen. In den hangenden tonig-siltigen Sedimenten wurde auch noch ein „paléosol rubéfié“ beobachtet (s. Morel & Schulz 1981: 586, Fig. 2). Die Pollenanalyse an mehreren Terrassen zeigt, daß in den letzten 12 000 Jahren die Vegetation generell nur wenig dichter war als heute und vorwiegend aus *Acacia, Maerua, Salvadora, Boscia* und *Balanites* bestand. *Tamarix* ist auf Standorte beschränkt, wo Anorthosite anstehen. Die Niederschläge, die heute im südlichen Air bei El Mekí immerhin 175 mm/Jahr erreichen (Morel 1972: 219, Fig. 4), werden daher auch nur wenig höher gewesen sein.

Zu analogen Ergebnissen kommen A. Durand et al. (1983) im östlichen Air. Eine lithologische und stratigraphische Korrelationstabelle des oberen Jungquartärs (S. 55, Tab. 1) läßt erkennen, daß im Air- und Tibesti-Gebirge zwischen 6500 und 4500 Jahren BP eine stärkere Eisenverkrustung stattgefunden hat.

Am Schluß der Literaturübersicht soll noch auf die Gesamtdarstellung der Reliefentwicklung des Air-Gebirges durch Mensching (1980) eingegangen werden. Über das Konzept der „Reliefgenerationen“, also das geomorphologische Ergebnis rein klimagesteuerter, erdhistorisch fixierbarer und voneinander unterscheidbarer Abtragungs- und Aufschüttungsprozesse hinaus, schreibt Mensching die Gestaltung der Großformen einem komplexen Steuerungssystem zu, in dem der geodynamische Impuls, die geologisch-petrographische Struktur und die klimagesteuerte Morphodynamik die Hauptfaktoren sind. Die Wirksamkeit dieses Systems hänge von der zur Verfügung stehenden Zeitdauer ab, wobei das jeweils entstehende Relief selbst wieder zu einem wichtigen (mit)steuernden Faktor wird. In diesem Sinne wird die gesamte Reliefentwicklung als eine „morphogenetische Sequenz“ verstanden.

Im Air geht Mensching (1980) von einem kretazischen Paläorelief aus, das infolge des tropisch-warmen Klimas über einem chemisch verwitterten Untergrund als Rumpffläche entwickelt war, und das als Initialfläche das Ausgangsrelief für die folgende Abtragung darstellte. Die seit der O.Kreide anhaltenden Hebungen führen zur Ausräumung des Deckgebirges, Exhumierung der Sockelfläche und einer weiteren, allmählichen Erniedrigung derselben. Bereits im Alttertiär bewirken Gesteinsdifferenzierung und unterschiedliches tektonisches Verhalten eine Anpassung des Reliefs. Die Isolierung der Einzelmassive erfolgte später durch große, sehr flache Täler, die im Grundriß dem heutigen Entwässerungssystem entsprechen, streckenweise tektonischen Leitlinien und teilweise verwitterungsanfälligen Schwächelinien folgen. Pedimente um alle — aus der Sockelfläche sich herauspräparierender — Erhebungen und die Talformen der sich eintiefenden Gerinne sprechen für ein periodisch bis episodisches Abflußsystem. Graduell feuchtere Klimabedingungen ermöglichten die Ausbildung von Hangglacis. Insgesamt stand für die Entwicklung der heute im Relief unterscheidbaren Formen das mittlere und jüngere Tertiär und das Quartär als Zeitraum zur Verfügung. Nach Beurteilung der Sedimente, der alten Verwitterungsreste sowie der Erosions- und Akkumulationsformen müsse die entsprechende Geomorphodynamik einem „randtropisch-semiariden Klima“ zugeordnet werden, „wobei humidere Phasen eingeschlossen sind“ (Mensching 1980: 92).

3.2.2 *Lage und Aufbau der Profile 8—11*

Profil 8

Karten: Carte régulière au 1 : 200 000, NE-32-XV, Tímìa (1973); Carte géologique de reconnaissance Massif de l’Air 1 : 500 000 (1967)

Länge: 08° 47′ 50″ E Breite: 18° 04′ 46″ N

Ort: Wasserriß in flächig abdachendem Fuß eines bis 1600 m hohen Bergmassivs, 4 km südöstlich der Oase Tímìa; ca. 50 m über dem Tal des Kori Guijé, das hier nach seinem Durchbruch durch einen umlaufend streichenden Bergriegel eine kleine Talweitung in Richtung Tímìa erreicht
Höhe über NN: ca. 1150 m
Hangneigung und -richtung: schwach geneigt, WNW
Ausgangsmaterial: Gneis des Suggarien (1)

Schutt u. Ah (?)	0—35 cm	mäßig gerundete,patinierte Blöcke aus Granit und auch Basalt, welche stellenweise zu hellbraunem Grus und Feinboden zerfallen (= mittelsteiniger, lehmiger Sand), humos
fBtv1	35—50 cm	roter (2.5 YR 5/8), carbonatfreier, humusfreier, schwach steiniger, sandig toniger Lehm; polyedrisch; porös; Termitengänge an Wänden mit Ton verschlämmt
fBtv2	50—90 cm	roter (2.5 YR 5/8), carbonatfreier, humusfreier, schwach steiniger, toniger Lehm; polyedrisch; porös; Tierspuren wie oben
R	90 cm +	Gneis mit roten (2.5 YR 5/8) Verwitterungsrinden

Der Standort von Profil 8 liegt auf einer Fußfläche, die mit einer Stufe zur beckenartigen Talweitung des Kori Guijé südöstlich Tímìa abfällt, und die durch rückschreitende Erosion von diesem Kori aus schon stark aufgelöst wurde. Die Fußfläche nimmt an der westlichen Außenseite des jurassischen Orayan-Granitmassivs mit einem glatten, nur wenig zerschnittenen Steilhang ihren Anfang und greift dann mit geringerem Gefälle auf das präkambrische Basement (Gneise) über. Morphographisch könnte diese Oberfläche mit dem höchsten Glacis korrespondieren, das Morel & Schulz (1981: 585) aufgrund absoluter K/Ar-Datierungen zeitlich an den Übergang Jungtertiär/Altquartär stellen. Wegen der überall verbreiteten Schuttdecken ließ sich bei der Proben-Entnahme (25.3.1980) nirgends die Grenze zwischen dem Präkambrium und dem Jura genau festlegen. Jedoch zeichnen die Großformen die Gesteinsunterschiede so gut nach, daß man die Petrographie des Untergrundes schon auf geomorphologischem Weg erkennen kann. Das Profil 8 liegt nahe dieser Gesteinsgrenze und in einer Geländeposition, wie sie Thorp (1969: 35, Fig. 8) im südwestlichen Drittel seines geologischen Profils B–B′ durch den Orayan-Granitlakkolithen gezeichnet hat.

Der ortsfremde Schutt an der Oberfläche besteht aus Blöcken und Steinen, die vorwiegend von dem „Granite alcalin a grain moyen a hedenbergite-ferrohastingsite-biotite“ (63) der Orayan-Ringstruktur stammen. Der allmähliche Zerfall des Schuttes hat das Solum in seinen oberen Abschnitten texturell und mineralogisch verändert. Anzeichen eines Ah-Horizontes sind vorhanden.

Profil 9

Karten: Carte régulière au 1 : 200 000, NE-32-IX, Elméki (1973); Carte géologique de reconnaissance Massif de l'Air 1 : 500 000 (1967)
Länge: 08° 16′ 28″ E Breite: 17° 43′ 41″ N
Ort: Weganschnitt südlich Elméki, 400 m vor dem Ortsschild, rechts neben Piste von Agadez; auf flach nach Westen abdachendem Fuß einer unvermittelt bis auf 1200 m Höhe ansteigenden Berggruppe östlich Elméki
Höhe über NN: 720 m
Hangneigung und -richtung: schwach geneigt, W
Ausgangsmaterial: Amphibolit des Suggarien (4)

Schutt	0— 30 cm	Blöcke und Steine aus schlecht kantengerundetem Basalt

MAh	30— 40 cm	rötlich gelber (7.5 YR 6/6), carbonatfreier, sehr schwach humoser, schwach steiniger, sandig toniger Lehm; kohärent; porös; durchwurzelt
fBv	40— 60 cm	gelblich roter (5 YR 5/8), carbonatfreier, humusfreier, schwach steiniger, sandig toniger Lehm; polyedrisch; porös; Termitengänge an Wänden mit Ton-Humus verschlämmt
fBvC1	60— 80 cm	bräunlich gelber (10 YR 6/6) bis rötlich gelber (5 YR 6/6), carbonatfreier, humusfreier, schwach steiniger, sandig toniger Lehm; kohärent; porös
fBvC2	80—110 cm	sehr fahl brauner (10 YR 7/4) bis bräunlich gelber (10 YR 6/6), carbonatfreier, humusfreier, sehr schwach steiniger, sandig toniger Lehm; kohärent; Tierspuren mit Feinmaterial
C	110—140 cm	Gesteinszersatz mit bräunlich gelben (10 YR 6/6) Partien; Tiergänge mit Feinmaterial
R	140 cm +	unverwitterter Amphibolit

Morphographisch gehört die Bodendecke um Profil 9 zu der Air-Hauptfläche nach Thorp (1969) oder zu der Sockelfläche nach Gießner (1970). Wie auch sonst im Air-Gebirge ist diese Rumpffläche in den präkambrischen Basement-Gesteinen entwickelt, hier in dem verwitterungsanfälligen Amphibolit des Suggarien. In deutlichem petrographischen und geomorphologischen Gegensatz steht wiederum ein jurassischer Granit-Pluton, der 1,5 km östlich Elméki über 1200 m Höhe erreicht und auf Cassiterit abgebaut wird.

Der Bodenstandort war offensichtlich einmal mit quartären Olivin-Basalten abgedeckt gewesen, die dann aber durch rückschreitende Erosion eines Seitenarmes des Kori Elméki dellenartig ausgeräumt wurden, so daß die Böden heute wieder die Oberfläche bilden.

Die Abtragung der Vulkanite erfolgte nur in geringem Maße, aber flächenhaft. Dabei spielte der Prozeß der Pedimentation die entscheidende Rolle, wie Rohdenburg (1969: 76, Abb. 17) auch für die Umgebung von Elméki ausführt. Die Pedimente sind heute inaktiv, das basaltische Blockpflaster stellt die Rückstandsablagerung vor der zurückgewichenen Pedimentationsstufe dar.

Aus der Basaltüberdeckung resultiert ein Mindestalter der liegenden Bodendecke: wahrscheinlich alt- bis mittelquartär. Da jedoch an anderer Stelle des Air-Plateaus bei Elméki auch der Basalt von einer Verwitterung betroffen wurde (s. Rohdenburg 1969: 76, Abb. 18), ist eine Weiterbildung des Profils 9 nach der Ausräumung des Hangenden nicht auszuschließen (MAh). Dort, wo die Bodendecke nicht oder nur wenig durch den Basaltschutt geschützt wird, findet stellenweise linienhafte und flächenhafte Erosion statt. Hier konnten am 26.3.1980 Proben vertikal bis zum anstehenden Ausgangsmaterial entnommen werden.

Verwitterte Gesteinsoberflächen und Terrassenmaterial

Ungefähr 6 km nördlich Elméki im Bereich des Kori Tissidrag und bei ca. 700 m NN wurden am 25.3.1980 einige verwitterte Gesteinsoberflächen und eine Terrassenakkumulation näher untersucht und beprobt.

Die Gesteine des Suggarien bestehen hier aus Gneisen (Probe Gn) bzw. Glimmerschiefern (Gl), und waren an der Kante einer Erosionsterrasse etwa 4 m tief angeschnitten. Auffällig ist die sehr starke Gefügelockerung des Gneises und die fast völlige Aufweichung des Glimmerschiefers. Soweit das Anstehende in der Horizontalen aufgeschlossen war, konnte man durchgehend diese Beobachtung machen. Andererseits sind makroskopisch noch alle Minerale zu identifizieren, so beim Gneis: Kalifeldspat, Quarz, Plagioklase, Muskovit und Biotit und beim Glimmerschiefer: Muskovit, Feldspäte und evtl. Hornblende. Die rezenten Akkumulationen der Koris führen reine Sande aus diesem Material. Sehr wahrscheinlich ist diese Art der Gesteinsaufbereitung nicht nur auf die oberflächlich anstehenden Partien beschränkt, sondern geht horizontal und vertikal viel weiter in den Untergrund hinein. Nach unseren Beobachtungen im Sockelflächenbereich des Air ist auch noch weit ab der Täler das Präkambrium tief zersetzt, aber ohne chemische Intensivverwitterung. Als Ursache kommt praktisch nur eine Grundwasserverwitterung in Frage, welche heute nicht mehr bis an die Landoberfläche wirksam ist, da der Wasserspiegel generell erst in einer Tiefe unterhalb 5 m existiert. Die terrestrischen Bodenäquivalente zu dieser Grundwasserverwitterung findet man auf den höheren Teilen der Rumpffläche, so z.B. in Profil 9. Hier konnten die weiterführenden pedogenen Prozesse der Mineral- und Gefügebildung in einem gut durchlüfteten und drainierten Milieu ablaufen. Wenn die konservierende Schutt- und Basaltdecke fehlte und die heutige fluviale Abtragung intensiver wäre, könnte die Air-Sockelfläche über eine linienhafte Erosion und eine flächenhafte Pedimentation als ganzes tiefergelegt werden, zumindest um den Betrag wie das präkambrische Basement tiefenzersetzt ist.

Die Terrasse des Kori Tissidrag war durch eine 3 m tiefe Grube aufgeschlossen, die früher zur Gewinnung von Cassiterit-Wolframit-Seifen angelegt worden war. Sie beginnt mit einer Schuttlage, besteht dann aber aus braunem (10 YR 6/6 bis 7.5 YR 5/8), schluffig-sandigem Feinsediment und führt im Hangenden wieder etwas gröberes Material. Der Sedimentkörper ist carbonathaltig. Mit diesem Habitus entspricht die Akkumulation sehr wahrscheinlich der „terrasse moyenne“ bzw. T 3-Terrasse, die zeitlich zwischen ca. 20 000 und 6500 BP geschüttet wurde, und die im Air-Gebirge mehrfach untersucht ist (vgl. Morel 1981, Morel & Schulz 1981, A. Durand et al. 1983). Es folgten Zerschneidung und Überlagerung durch kleine Dünen.

An der Profilwand und in den Proben MT-1 (60—65 cm), MT-2 (95—100 cm) und MT-3 (140—145 cm) war im wesentlichen das Material zu erkennen, das schon von den verwitterten Gesteinsoberflächen aus der Nachbarschaft bekannt ist. Doch sind auch granitische Komponenten enthalten, was nicht verwundert, wenn man bedenkt, daß die Tiefenlinien im Oberlauf bis in die jurassischen, erzführenden Granit-Massive von Guissat und Elméki reichen. Insgesamt deutet das Terrassenmaterial auf sehr milde Verwitterungsbedingungen im Einzugsgebiet hin.

Profil 10

Karten: wie bei Profil 9
Länge: 08° 31′ 28″ E Breite: 17° 07′ 10″ N
Ort: Grubenaufschluß 1 km südlich Felsspitze des Magangari, rechts neben kurvenreicher, zum Massif de Taghouaji stark ansteigender Piste von Agadez zur Oase Taghouaji
Höhe über NN: 630 m
Hangneigung und -richtung: mäßig geneigt, S
Ausgangsmaterial: Syenit (des Jura)

Schutt	0—20 cm	Blöcke und Steine mit hellroter (2.5 YR 6/6) Verwitterungsrinde, dazwischen hellroter (2.5 YR 6/6), carbonatfreier, humushaltiger, mittelsteiniger, sandiger Lehm; Einzelkorngefüge bis kohärent; porös
fBtv1	20—50 cm	roter (2.5 YR 5/8), carbonatfreier, humusfreier, schwach steiniger, lehmiger Ton; polyedrisch; porös; Termitengänge mit Ton verschlämmt
fBtv2	50—70 cm	roter (2.5 YR 5/8), carbonatfreier, humusfreier, schwach steiniger, lehmiger Ton; kohärent bis polyedrisch; Termitengänge mit Ton verschlämmt
C1	70—80 cm	roter (2.5 YR 5/8), carbonatfreier, humusfreier, sandig toniger Lehm in hellem Gesteinszersatz; Termitenspuren
C2	80—95 cm	roter (2.5 YR 5/8), carbonatfreier, humusfreier, sandiger Lehm in Gesteinszersatz
R	95 cm +	unverwitterter Syenit

Profil 11

Karten und Koordinaten: wie bei Profil 10
Ort: Weganschnitt etwa 7 m unterhalb Profil 10
Höhe über NN: 623 m
Hangneigung und -richtung: stark geneigt, S
Ausgangsmaterial: Syenit (des Jura)

rBv	0—50 cm	gelblich roter (5 YR 5/6), carbonatfreier, humusfreier, schwach steiniger, sandig schluffiger Lehm; kohärent bis polyedrisch; porös; Termitengänge mit Ton verschlämmt
C	50—85 cm	fahlgelber (5 Y 7/3), carbonatfreier, humusfreier, schwach steiniger, schwach lehmiger Sand in Gesteinszersatz
R	85 cm	unverwitterter Syenit

Beide Profile sind Reste einer Bodendecke, die in erosionsgeschützten Positionen am Süd-

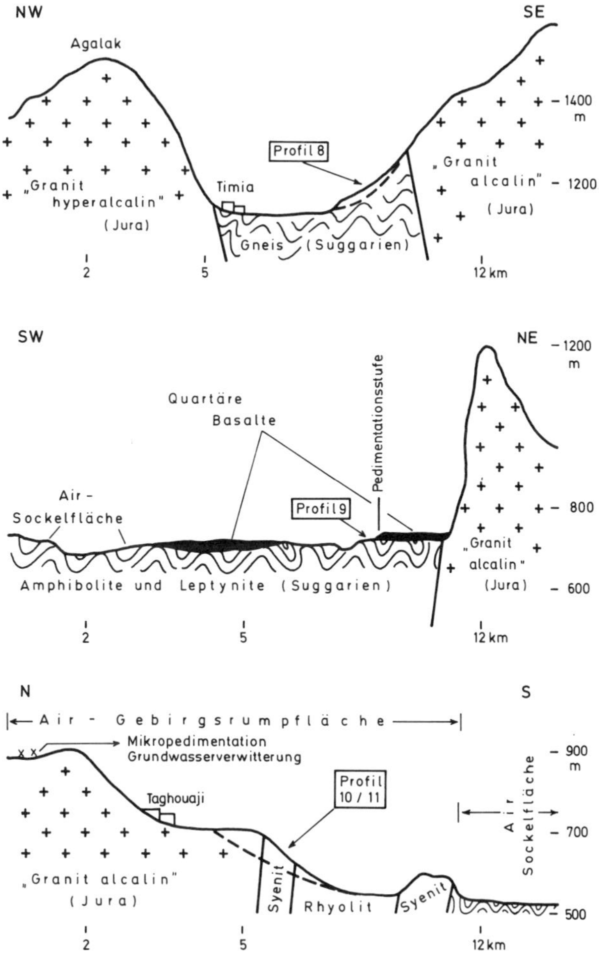

Fig. 12. Lage der untersuchten Profile 8 bis 11 im Air-Gebirge.

abfall des Taghouaji-Massivs erhalten sind. Der Steilabfall wird von einer, dem jurassischen Taghouaji-Granit vorgelagerten Syenit-Ringstruktur gebildet, in deren Zentrum Rhyolite anstehen. Von den — morphologisch höheren — Syeniten leiten glatte Steilhänge mit anschließenden Hangglacis zu den — morphologisch tieferen — Rhyoliten über. Am oberen Teil eines solchen Hangglacis liegen die Standorte von Profil 10 und 11. Infolge des neuen Pistenausbaues war es möglich, die Bodenprofile wieder bis zum Muttergestein aufzunehmen und zu beproben (31.3.1980).

Der Steilabfall zum eigentlichen Taghouaji-Massiv wird vom Kori Tazamak und einem Seitenarm östlich der Piste Agadez-Taghouaji in Kerbtälern überwunden. In gleicher Weise erfolgt die exorheische Entwässerung des Massivs noch an mehreren Stellen.

Das Untersuchungsgebiet gehört zur Air-Gebirgsrumpffläche, die Gießner (1970, Karte 4, S. 86—87 u. S. 89—90) hier petrographisch und morphologisch unterteilt in eine höhere Rumpffläche mit Steilabfall (900—1000 m) auf Biotit- und Amphibolit-Graniten und eine tiefere mit Steilabfall (700—800 m) auf Rhyoliten. In die letztgenannte ist die oben skizzierte Reliefkonfiguration eingelassen.

Fossile Grundwasserverwitterung und rezente Pedimentation

Auf einer Geländebegehung (31.3.1980) im zentralen Teil des Taghouaji-Massivs nördlich des gleichnamigen Ortes wurden einige Beobachtungen gesammelt, die im Zusammenhang mit der klimagenetisch-geomorphologischen Landschaftsentwicklung des Air-Gebirges stehen und deshalb mitgeteilt werden sollen.

Die Landoberfläche erreicht Höhen bis über 900 m NN und entspricht der Air-Gebirgsrumpffläche, die die Jungen Granite des Massivs zu einem fast kreisrunden Hochplateau völlig eingeebnet hat (s. Gießner 1970: 89). Verwitterungs- und Bodenreste auf dieser Fläche wurden von uns nördlich Taghouaji nicht gefunden, sollen aber hier und auf den anderen Massiven vorkommen (Gießner 1970: 89 nach Rocci 1960). In den mehrere Dekameter tief eingesenkten Talungen und Depressionen war jedoch stellenweise Bleichung der Granite und tiefe Gesteinsverwitterung zu beobachten. Diese erreicht 2 km nordwestlich des Brunnens (Aguelmam) von Taghouaji mindestens 2 m Mächtigkeit. Der Biotit-Granit war zu einer hellgraubraunen Masse aufgeweicht und völlig zermürbt. Nur die Kalifeldspäte waren darin unversehrt erhalten. Ohne Zweifel handelt es sich hier wieder um eine Grundwasserverwitterung. Sie ist aber nicht überall rezent, denn der die heutige Oberfläche bildende Gr-Horizont wird rückschreitend abgetragen. Es entstehen kleine Stufen von 50—100 cm Höhe und Schrägflächen in dem Verwitterungsprodukt. Gröbere und feste Komponenten, wie z.B. aufliegender Schutt, bleiben vor der Stufe liegen. Man kann diesen Prozeß der flächenhaften Ausräumung sicher als Mikropedimentation ansprechen.

Es ist vorstellbar, daß auf diese Weise die breiten Talungen und Depressionen allmählich tiefergelegt werden und dadurch ihrerseits die Hangabtragung aktivieren. Die Zeiten mit höherem Grundwasserspiegel müssen dabei nicht unbedingt einem prinzipiell anderen Klima zugeschrieben werden, wenn man bedenkt, daß auch heute freie Grundwasseraustritte vorkommen, und in den Brunnen der Spiegel nur wenige Meter unter der Oberfläche gefunden wird.

Ebenso scheint eine grundwasserferne terrestrische Verwitterung im Taghouaji nicht ganz zu fehlen. Selbst an steilen Hängen war immer wieder frischer Granitgrus, aber auch toniges Feinmaterial zu finden, das sich in den Gesteinsvertiefungen ansammelte.

3.2.3 *Analytische Kennzeichnung*

Körnung

Alle vier Bodenprofile sind autochthon. Doch nur die tieferen Unterbodenhorizonte besitzen eine vergleichbare Korngrößenzusammensetzung, weil auch im Air-Gebirge die geogenen Prozesse der Abtragung, des Transports und der Auschüttung die präexistenten Böden bis in die B-Horizonte beeinflußt und gestört haben. Allein der Skelettanteil von über 35 % des Gesamtbodens (Profil 10) bestätigt den Geländebefund einer starken Oberflächenverlagerung. Sie betrifft vor allem die Änderung des Verhältnisses von Sand zu Ton (Tab. 6).

Deutlich ist eine pedogene Tonbildung zu erkennen, die ihr Maximum in einer mittleren Tiefe von etwa 50 cm erreicht, also in den Bv-Horizonten. Offensichtlich entsteht aus den Sandfraktionen der Kristallin-Gesteine direkt Ton, denn die Menge der Schluff-Körner bleibt in der vertikalen Profilentwicklung relativ stabil. Gute Beispiele dafür sind die Profile 9, 10 und 11. Kontinuierlich nimmt vor allem der Mittelsand (200—630 μ) nach oben hin ab.

Modifiziert wird dieses Bild durch eine vertikale Tonzunahme in den Profilen 8, 9 und 10. Dies hat zwei Ursachen. Einmal hat die Schuttverlagerung an der Bodenoberfläche stellenweise auch tiefere Bereiche des B-Horizontes erfaßt. Ebenso dürften Bodensedimente gleicher pedogener Provenienz kolluvial eingemischt sein. Darauf wurde schon bei der Profilbeschreibung hingewiesen. Andererseits ist es natürlich möglich, daß eine Anreicherung durch Lessivierung vorliegt. Wenngleich im Gelände der Nachweis oft schwer zu führen war, weil bioturbate Durchmischungen der Termiten die Kennzeichen der Tondurchschlämmung verwischten, so konnte doch mikromorphologisch die Wirkung dieser Prozesse erkannt werden. Die Felddiagnose wird weiterhin dadurch erschwert, daß nur noch Bodenreste vorhanden sind und der Al-Verarmungshorizont fehlt. Aufrund der bodentypologischen Entwicklung (Rot- und Braunlehm) kann aber Tonverlagerung erwartet werden.

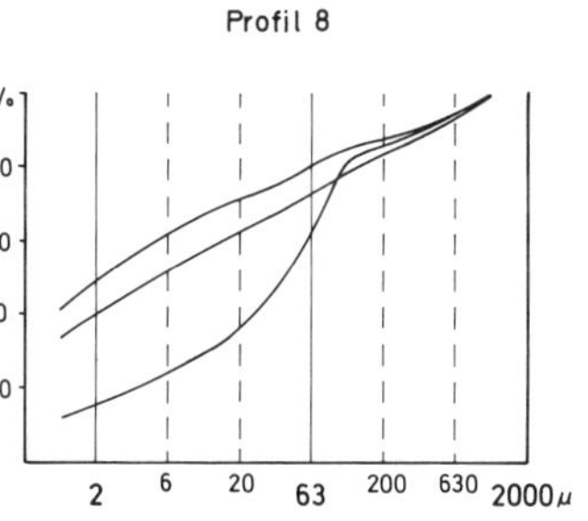

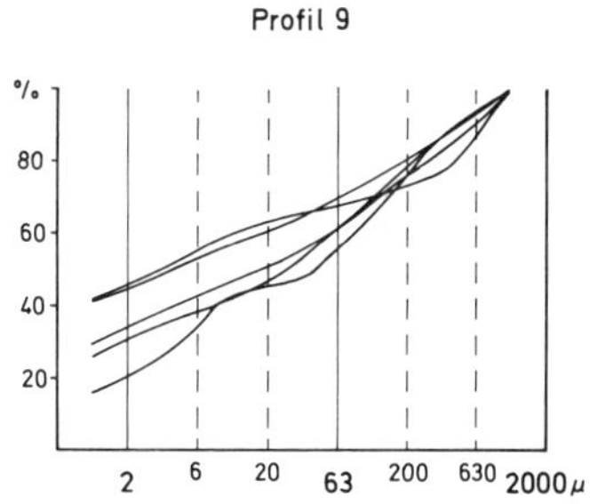

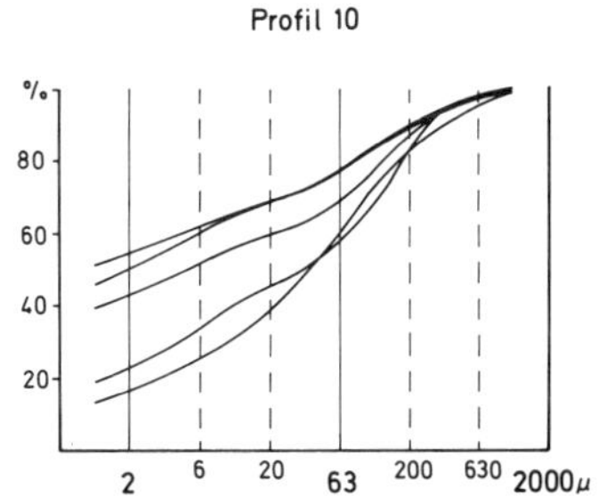

Fig. 13. Kornsummenkurven von Böden aus dem Air-Gebirge.

Das von van Wambeke (1959) an tropischen Böden erprobte und den Entwicklungszustand kennzeichnende Verhältnis von Schluff (∅ 2—20 μ = fU + mU) zu Ton ist in den Air-Böden z. T. noch sehr hoch, wenn tropische Latosole aus Granodiorit ein Schluff-Ton-Verhältnis (x 100) von weniger als 15 besitzen. Erstens sind im Air die lithogenen Minerale noch nicht zu der pedogen möglichen Tonmenge verwittert, und zweitens hat die Oberflächenverlagerung verwitterbare Minerale bereitgestellt, die unter den gegenwärtigen Bedingungen offenbar nicht so schnell chemoklastisch zerkleinert werden können wie in den fossilen Unterböden. In den Mineralbildungs-B-Horizonten scheint dagegen die Tonbildungsrate im Gleichgewicht mit den damaligen pedogenetischen Faktoren gestanden zu haben. Allerdings ist bei dieser Bewertung zu berücksichtigen, daß die Paläosole evtl. stärker gekappt sind, und daß dann die Gesamtentwicklung nur schwer rekonstruiert werden kann.

Insgesamt zeichnet die Korngrößenanalyse jedoch das Bild einer relativ homogenen und in sich vergleichbaren Pedogenese im Air-Gebirge (Fig. 13).

Tabelle 6. Körnung in Gew.-% des humus- und carbonathaltigen Feinbodens (∅ < 2000 μ) von Böden aus dem Air-Gebirge.

Prof.	Hor.	Tiefe cm	Ton	fU	mU	gU	fS	mS	gS	Bodenskelett in % des Gesamtbodens	$\frac{fU + mU}{Ton}$ x 100
8	Ah (?)	30-33	11.9	7.3	9.3	18.0	34.6	8.9	9.6	20.3	139.4
	fBtv1	35-40	32.7	12.4	12.8	8.4	11.9	8.6	12.9	3.5	77.0
	fBtv2	50-55	41.2	12.8	12.4	7.0	10.2	5.6	9.7	4.1	63.5
9	MAh	30-40	26.0	8.3	6.8	12.2	16.7	12.4	17.2	12.4	58.0
	fBv	50-55	40.9	8.8	10.2	5.4	5.2	6.0	26.1	13.5	46.4
	fBvC1	65-70	40.8	8.2	8.0	7.1	11.2	12.6	11.9	5.4	39.7
	fBvC2	90-100	29.8	8.5	8.8	8.1	13.5	18.6	10.9	0.9	58.0
	C	120-125	14.8	10.2	17.5	4.6	17.1	23.7	11.7	0.6	187.1
10	Schutt	0-20	13.5	7.8	9.4	18.7	24.0	17.0	9.1	35.3	127.4
	fBtv1	30-35	50.8	7.3	7.8	5.9	11.2	10.3	6.3	4.0	29.7
	fBtv2	60-65	45.8	9.0	10.0	7.2	12.1	10.7	4.9	2.7	41.4
	C1	70-75	38.3	7.8	10.0	6.2	14.8	17.0	7.0	-	46.4
	C2	90-95	18.4	9.0	12.7	8.6	19.6	27.1	6.3	0.8	117.9
11	rBv	30-35	24.8	18.8	13.7	7.8	13.5	8.1	11.6	5.8	131.0
	C	70-75	6.7	5.1	9.1	9.0	27.3	23.8	18.2	6.1	211.9

$CaCO_3$-Gehalt und pH-Wert des Feinbodens

Der Kalkgehalt der untersuchten Horizonte ist praktisch gleich Null, da die gemessenen Werte so niedrig sind, daß sie bereits innerhalb der Fehlergrenzen liegen und nicht berücksichtigt werden müssen. Auch sind die Ausgangsgesteine meistens carbonatfrei, doch kommen als Ca^{2+}-Lieferanten die Kalk-Alkali-Gesteine bzw. die Hornblenden und Pyroxene in Frage. In geeignetem CO_3^{2-}-gepuffertem Milieu wäre dann die Möglichkeit zur $CaCO_3$-Neubildung gegeben. Dies ist wahrscheinlich während der Schüttung der Mittelterrasse geschehen (20 000—6500 BP). Die sicher älteren Paläosole der Hangglacis und der Sockelfläche sind jedenfalls carbonatfrei.

Der pH-Wert sinkt in drei Profilen stellenweise unter den Neutralpunkt. Der niedrigste Wert ist 5.4 (8fBtv2). Hierfür dürfte die primäre Basenarmut des Muttergesteins (Gneis) und die damit verbundene geringe Kationenaustauschkapazität (KAK) des Bodens verantwortlich sein. Generell zeigt die neutrale Reaktion der Bodenlösung aber relativ milde Verwitterungsbedingungen an.

Hauptelemente der pedogenen Tone und der Gesteine

Die Homogenität der rein pedogenen Profilabschnitte wird auch deutlich in dem Hauptchemismus der Tonfraktion (∅ < 2 μ). Unterschiede ergeben sich eigentlich nur aus der Zusammensetzung der jeweiligen Ausgangsgesteine (Tab. 7).

Auffällig ist beim SiO_2 eine Stabilisierung um 45 %, was nur in Profil 11 wesentlich übertroffen wird. Aus noch zu klärenden Gründen handelt es sich hier um eine schwächere Verwitterung und Bodenbildung, die sich auch in den niedrigeren Werten für Al_2O_3 ausdrückt. Ebenso ist die CaO-Zunahme in 11C gegenüber 11R nicht mit der generellen Tendenz einer pedogenen Verarmung zu vereinbaren.

Wo Gesteinskomponenten aus der Schuttauflage mitanalysiert wurden, machen sich Unterschiede zum Ausgangsmaterial bemerkbar, so zwischen dem jurassischen Granit und dem präkambrischen Gneis (Profil 8) oder zwischen dem quartären Basalt und dem präkambrischen Amphibolit (Profil 9). Der Einfluß des verwitternden Schuttes auf die Zusammensetzung der Tonfraktion in den obersten Profilabschnitten führt generell zu etwas erhöhten Kieselsäure-, aber zu niedrigeren Aluminiumwerten als in den B-Horizonten.

Tabelle 7. pH-Wert sowie Kalkgehalt des Feinbodens (∅ < 2000 μ) und chemische Hauptelemente in pedogenen Tonen (∅ < 2 μ) und in Gesteinen des Air-Gebirges (Gew.-% TrS).

Prof.	Hor.	Tiefe cm	pH	$CaCO_3$	SiO_2	Al_2O_3	Fe_2O_3 (t)	MnO	TiO_2	K_2O	CaO	SiO_2/Al_2O_3 mol
8	Schutt	20-30	n.b.	n.b.	80.7	10.4	2.15	0.020	0.02	2.36	1.65	13.11
	Ah (?)	30-33	7.5	0.0	46.6	29.3	9.90	0.088	1.08	1.54	0.25	2.69
	fBtv1	35-40	6.7	0.0	44.2	35.5	9.85	0.044	0.96	1.08	0.15	2.11
	fBtv2	50-55	5.4	0.0	43.5	34.1	10.35	0.048	1.12	1.16	0.15	2.16
	" u.C	55-60	n.b.	n.b.	41.7	35.2	11.40	0.076	1.02	1.40	0.10	2.00
	R	90-95	n.b.	n.b.	77.9	12.8	1.05	0.004	0.06	5.24	0.95	10.32
9	Schutt	0-30	n.b.	n.b.	47.9	15.0	12.35	0.176	2.88	1.76	9.45	5.40
	MAh	30-40	6.8	0.0	47.0	28.9	11.05	0.088	1.58	1.46	0.17	2.75
	fBv	50-55	7.1	0.0	46.2	32.0	9.60	0.036	1.44	1.12	0.15	2.45
	fBvC1	65-70	6.6	0.0	46.3	30.6	9.40	0.056	1.48	1.48	0.17	2.56
	fBvC2	90-100	7.2	0.0	48.0	30.0	9.30	0.068	1.40	1.48	0.20	2.71
	C	120-125	7.1	0.1	49.3	29.7	8.90	0.076	1.42	1.60	0.23	2.81
	R	140-145	n.b.	n.b.	57.9	11.1	7.55	0.152	0.65	2.26	8.65	8.81
10	Schutt	0-20	7.5	0.2	51.7	27.8	8.95	0.084	1.01	2.04	0.20	3.15
	fBtv1	30-35	7.6	0.3	44.8	32.9	10.20	0.064	0.86	1.58	0.15	2.30
	fBtv2	60-65	7.4	0.0	44.9	33.2	10.05	0.072	0.84	1.54	0.15	2.29
	C1	70-75	7.3	0.0	45.7	33.8	9.40	0.076	0.72	1.58	0.10	2.29
	C2	90-95	7.5	0.2	44.0	31.3	9.10	0.064	0.76	1.92	0.10	2.38
	R	95-100	n.b.	n.b.	68.6	16.9	7.25	0.076	0.77	3.04	0.15	6.89
11	rBv	30-35	6.7	0.0	49.0	27.9	11.40	0.152	0.76	1.50	0.39	2.98
	C	70-75	6.6	0.0	49.2	23.8	9.05	0.120	1.50	2.18	2.43	3.50
	R	85-90	n.b.	n.b.	75.6	13.9	0.90	0.002	0.08	8.50	0.33	9.19

Relativ hoch sind die Eisengehalte, die hier aus silikatisch gebundenem und pedogenem Fe bestehen. Vor allem der Sprung vom Muttergestein in Profil 8 (Gneis) und in Profil 11 (Syenit) zu den unmittelbar daraus entwickelten Tonen fällt ins Auge. Vermutlich sind die lithogenen Glimmer als Fe-Lieferanten anzusehen, während in 9 und 10 das Eisen vorwiegend aus den Hornblenden kommt. Damit ist in den gut drainierten und durchlüfteten B-Horizonten nach der verwitterungschemischen Freisetzung des Fe eine rasche Verbraunung bzw. Rubefizierung möglich. Auch die Zunahme von Titan erreicht beachtliche Relativwerte.

Die Farbunterschiede zwischen den Profilen 8 bzw. 10 (mehr rot) und 9 bzw. 11 (mehr braun) beruhen auf einer graduell abgestuften chemischen Verwitterung, die sehr wahrscheinlich eine Funktion des Bodenalters ist.

Das entsprechend den Ausgangsgesteinen in unterschiedlichen Mengen vorhandene Kalium wird während der Bodenbildung nicht völlig abgebaut, vielmehr pendelt es auf Werte zwischen 1 und 1,5 % ein, so daß noch illitische Tonminerale zu erwarten sind.

Die Richtung der chemischen Silikatverwitterung läßt sich wieder gut durch das SiO_2/Al_2O_3-Molekularverhältnis ausdrücken. In den Paläoböden war die Verwitterung und Bodenbildung gleichmäßig stark, Unterschiede können auf das jeweilige Ausgangsmaterial zurückgeführt werden, möglicherweise auch auf eine geringere Entwicklungsdauer (Profil 9 u. 11). Der chemische Umsatz an der heutigen Bodenoberfläche zwischen den verwitternden Blöcken und Steinen ist geringer als in den Paläosolen. Die generell hohen SiO_2-Gehalte kennzeichnen aber beide Verwitterungsarten als siallitisch (Fig. 14).

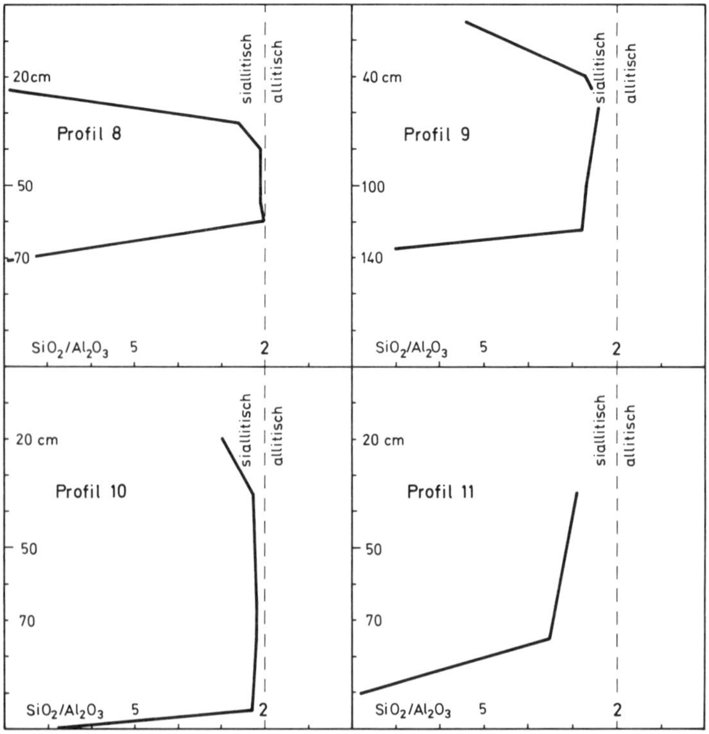

Fig. 14. SiO_2/Al_2O_3-Molverhältnis in pedogenen Tonen ($\varnothing < 2\ \mu$) bzw. in Gesteinen aus verschiedenen Profiltiefen u. Verwitterungstyp im Aïr-Gebirge.

Silikatische Tonminerale

Qualitativ setzen sich die neugebildeten Tonminerale aus Smectit, Illit und Kaolinit zusammen. In der Röntgen-Beugungs-Analyse an zwei autochthonen Böden (Fig. 15) werden geringe Unterschiede zwischen den beiden Profilen 9 und 11 erkennbar, aber auch innerhalb eines jeden Solums.

Während im tieferen B- und C-Horizont von 9 mehr Smectit als Kaolinit vorhanden ist, ändert sich das Verhältnis im fBv- und MAh-Horizont etwas zugunsten des Kaolinits. Smectit, Illit und Kaolinit erscheinen sofort gut kristallisiert in den neugebildeten Ton-Silikaten, wie die Probe in 120—125 cm Tiefe, also noch im verwitterten Amphibolit zeigt. Dadurch wird der Geländebefund und die Korngrößenanalyse bestätigt, daß aus lithogenen Mineralen der Sandfraktion direkt Ton entstanden ist.

In Profil 11 sind fast die gleichen Verhältnisse zu beobachten, doch fällt auch auf, daß der Smectit stärker vertreten ist, vor allem sehr im C-Horizont (70—75 cm) dominiert.

Bemerkenswert ist das gleichzeitige Vorkommen von Kaolinit und Smectit in allen Horizonten beider Profile.

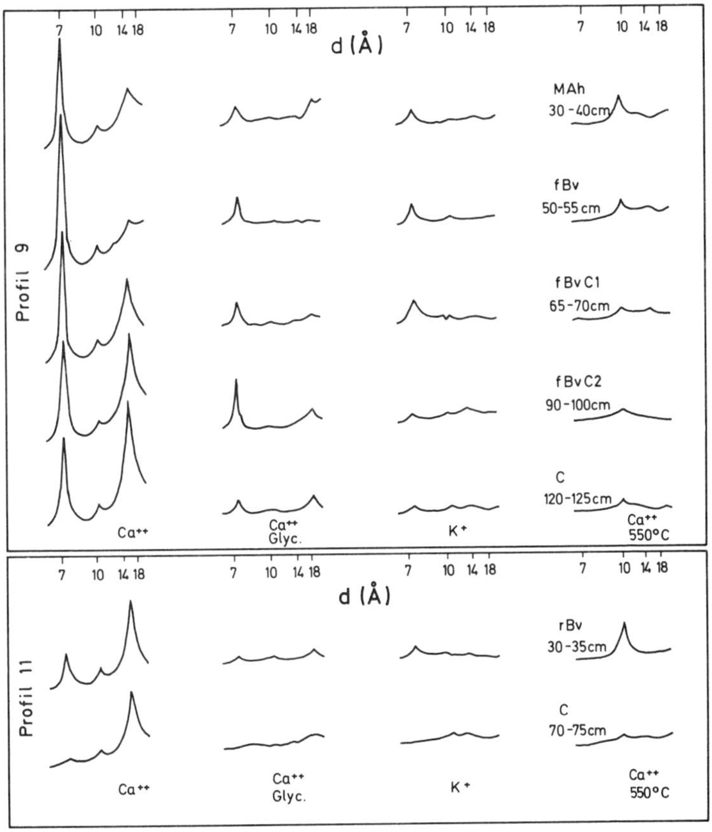

Fig. 15. Röntgen-Beugungs-Diagramme (CuKα) vorbehandelter u. texturierter Boden-Tone (∅ < 2 μ), von autochthonen Verwitterungs-Profilen auf Kristallin-Gesteinen des Air-Gebirges.

Mikrogefüge

Trotz relativ starker siallitischer Verwitterung und Kaolinit-Neubildung sind noch verwitterbare Silikate (Hornblenden, Feldspäte, Glimmer) in den B-Horizonten der Rot- und Braunlehme erkennbar. Sie nehmen nach dem Saprolith-C-Horizont und nach der geogen veränderten Oberfläche hin mengenmäßig zu. In B wurden vor allem die Mittelsand-Fraktionen direkt in Ton umgesetzt, welcher auch rubefiziert ist.

Die Rötung läßt in der Tiefe nach. Stärker gefärbte Stellen sind identisch mit einer Regelungsdoppelbrechung der Tone, die in Hohlräumen verlagert wurden (vosepic plasmic fabric). Die meist kreisrunden Wandauskleidungen deuten an, daß wahrscheinlich Bioturbation durch Termiten die entscheidende Rolle dabei spielt. Spuren dieser Tätigkeit waren schon makroskopisch zu beobachten.

Toninfiltration hat aber auch ohne zoogene Beteiligung stattgefunden. In die Risse und Frakturen ansonsten unverwitterter Quarze von Profil 8 (35—40 u. 50—55 cm) ist Ton in Form echter Kutanen eingewandert, so daß ein Bt-Horizont vorliegt. Der Befund korreliert gut mit der Körnungsanalyse, die in den tieferen, autochthonen Profilabschnitten eine Tonzunahme verzeichnet. Eventuell sind auch die höheren Eisengehalte dadurch erklärbar. Nicht an der Textur abzulesen ist die Lessivierung in Profil 10, doch zeigt die mikromorphologische Untersuchung, daß in Tiefen von 30—35 und 60—65 cm Toneinschlämmung erfolgte. Es sind die unteren Teile eines stark erodierten Bt-Horizontes. Zusätzlich sind Mn-/Fe-Oxide diffusiv angereichert und erzeugen das Bild einer beginnenden „Lateritisierung".

Die Beobachtungen an Profil 8 und 10 sind insofern von Bedeutung, als diese Böden auf älteren Hangglacis liegen als Profil 9, das als Braun(rot)lehm einen alt- bis mittelpleistozänen Hang einnimmt, und das kaum Merkmale einer pedogenen Tonanreicherung aufweist. Ebenso ist der Braunlehm von Profil 11 auf einem jüngeren, neu exponierten Teil eines Hangglacis entstanden.

Neben Tonsilikaten und Oxiden ist an pedogenen Neubildungen noch Gips nachweisbar. Er kommt in einer durchschnittlichen Tiefe von 40—70 cm einiger Böden und der untersuchten Mittelterrasse vor, ist mengenmäßig aber völlig untergeordnet. Er ist sicher als Zeichen einer beginnenden Bodenaridität zu deuten, die nach den Prozessen der Humifizierung, Verbraunung bzw. Rubefizierung und der Lessivierung die Fossilisation der Böden bewirkt. Klimatisch in gleicher Weise interpretieren lassen sich die Fremdkomponenten auf und in den B-Horizonten, Material, das noch chemisch verwitterte, aber nicht mehr die Intensitäten des vorher gebildeten Bodens erreichte. Gemeinsam mit den neutralen pH-Werten und den Montmorilloniten (Profil 11) kündigt sich eine Änderung des Bildungsmilieus an. Die Böden sind polygenetisch.

Nach dem Gefügebild gehören die untersuchten Air-Böden zu den Braun- und Rotlehmen im Sinne von Kubiena. Je nach Ausgangsgestein: Granit/Gneis oder Amphibolit entstand eine tonärmere oder tonreichere Matrix. Das Gefügeplasma ist zwar hochbeweglich, erreicht aber nur in den Rotlehmen (Profil 8 u. 10) eine stärkere Separation, vorwiegend in den Tonanlagerungs-Kutanen. Diese können mit der Tonverschlämmung durch Termiten verwechselt werden, welche der abwärts gerichteten Lessivierung entgegenwirken, wenn sie Ton an die Bodenoberfläche transportieren. Mikromorphologisch ist eine Unterscheidung sehr oft möglich.

Hinsichtlich der Verwitterungsintensität differieren Braun- und Rotlehme geringfügig, für letztere ist die Tonverlagerung dagegen kennzeichnend.

Tabelle 8. Mikrogefüge von Böden aus dem Air-Gebirge.

Prof.	Hor.	Tiefe cm	KUBIENA 1938 Elementargefüge	BREWER 1976 plasmic fabric	voids	STOOPS/JONGERIUS 1975
8	fBtv1	35-40	plektoamiktisch/ porphyropeptisch	vosepic/skelsepic	vughs/chan- nels/planes	chito-porphyric psammi/sesquoargiopel
	fBtv2	50-55	porphyropeptisch	silasepic/vosepic/ skelinsepic	vughs/planes	chito-porphyric psammi/sesquoargiopel
9	MAh	30-40	agglomeratisch	silasepic	planes/vughs/ vesicles (?)	porphy-chitonic psammisil
	fBv	50-55	(plektoamiktisch)/ porphyropeptisch	vosepic/skelin- sepic/mosepic	vughs/planes	chito-porphyric psammi/sesquoargiopel
	fBvC1	65-70	plektoamiktisch	skelsepic/sil- asepic	vughs/planes	porphy-chitonic psammi/argiopel
	fBvC2	90-100				monic lithopsamm
	C	120-125				monic lithopsamm
	MT-1	60-65	agglomeratisch	(sil)asepic/ skelsepic	vughs	monic lithopsammisil
	MT-2	95-100	"	"	"	"
	MT-3	140-145	"	"	"	"
10	fBtv1	30-35	(plektoamiktisch)/ porphyropeptisch	vosepic/skelin- sepic/mosepic	vughs/planes	chito-porphyric psammi/sesquoargiopel
	fBtv2	60-65	(plektoamiktisch)/ porphyropeptisch	vosepic/skelin- spic/mosepic	vughs/planes/ channels	chito-porphyric psammi/sesquoargiopel
	C1	70-75				monic lithopsamm
	C2	90-95				monic lithopsamm
11	rBv	30-35	(plektoamiktisch)	vo-skelsepic/ silasepic	vughs/planes/ (channels)	chito-porphyric psammisil
	C	70-75				monic lithopsamm

3.2.4 *Diskussion*

Da im Air außer den stichpunktartigen Einzeluntersuchungen von Völk & Levelt (1970) keine Profilanalysen an Böden vorliegen, müssen die Profile 8 bis 12 die Grundlage der Diskussion bilden.

Die analytischen Befunde weisen die Böden als stärker verwitterte Bildungen aus, die z.T. Kennzeichen der Lessivierung tragen. Wichtig erscheint auch die Unterscheidung in Braun- und Rotlehme, denn die Böden besitzen verschiedenes Alter. Legt man die chemisch-mineralogischen Analysenwerte zugrunde, so gelangen die roten Paläosole (Profil 8 u. 10) an eine Grenze, die den siallitischen vom allitischen Verwitterungstyp trennt. Eine paläoklimatische Interpretation nach dem Prinzip des Aktualismus verweist diese Böden geographisch in den Übergangsbereich von den trockenen Randtropen zu den wechselfeuchten Tropen (s. Abschnitt 2.4, 2.5 u. Tab. 2). Dort kommen heute Böden mit (fer)siallitischen Merkmalen vor, die nach der französischen Nomenklatur als „Sols ferrugineux tropicaux“ bezeichnet werden. Sie können lessiviert und nicht lessiviert sein.

Nach ihrer Lage im Relief gehören die Paläoböden zu einer Form, die durch Hangabtragung und Pedimentation zustande kam. Es sind (Hang)Glacis, die mit Profil 8, 10 und 11 in die Inselberg-besetzte Air-Gebirgsrumpffläche und mit Profil 9 in die Air-Sockelfläche eingeschnitten sind. Die Braunlehme liegen an einem Dellenhang innerhalb eines Glacis (Profil 9) bzw. an einem neu exponierten Teil eines Hangglacis (Profil 11). Am Standort von 9 ist sogar eine Pedimentationsstufe in der hangenden Basaltdecke entwickelt. Schreibt man die Abtragung der genannten Formen einem Klima zu, das trockener war als das der Bodenbildung, dann lassen sich auch die allochthonen Teile der Bodenprofile deuten: nach Erosion bis tief in die B-Horizonte oder Saprolithe erfolgte Aufschüttung von Feinmaterial, das wiederum durch Hangschutt abgedeckt wird. Beide Lagen sind profilmorphologisch und analytisch nachweisbar. Sie können nur entstanden sein, wenn die Bodenbildung abgelöst wurde von einer Geomorphodynamik, die infolge Vegetationsöffnung Material am Hang verlagerte. Ohne anthropogene Eingriffe ist dies in der Regel mit einem Klimawechsel verbunden.

Pedimente und Glacis werden in der Literatur neben den Rumpfflächen als die wichtigsten Abtragungsformen des Air-Gebirges genannt. Sie sind in das obere und untere Flächenniveau eingetieft und tragen die beschriebenen Böden. Diese Ausgangsflächen bzw. Reste davon sind weitgehend frei von Verwitterungsprodukten und besitzen wahrscheinlich oberkretazisch-eozänes Alter. Fossile Alterite am Bilet-Massiv deuten jedoch auf eine ältere, präkretazische Bildung (Vogt & Black 1963).

In den Profilen 8 bis 11 ist damit die jüngere Relief- und Bodenentwicklung dokumentiert. Sie reicht vermutlich bis in das Jungtertiär und ist gut vereinbar mit den Auffassungen zur plio-pleistozänen Abtragung. Nicht in Einklang stehen die pedologischen Befunde mit der Meinung Dreschs (1959), wonach im Pleistozän noch einmal eine intensive tropisch-feuchte Verwitterung und Bodenbildung die Hänge und Flächen erfaßt und ein kryptogenes Inselberg-Relief geschaffen haben soll. Abgesehen davon, daß Dresch den paläoklimatischen Beweis für die Existenz eines tropischen Regenwaldklimas im Pleistozän schuldig bleibt, müßte ein derart intensives Verwitterungsklima noch in entsprechenden Böden überliefert sein. Die Inselberge der unteren Einebnungsfläche können ja auch viel älter sein, und lessivierte Rotlehme müssen nicht unbedingt gleich mit Böden des immerfeuchten Regenwaldes gleichgesetzt werden. Bocquier (1973) konnte an einer Toposequenz eines Granit-Inselberges im Tchad zeigen, daß unter einem „climat tropical sec à saisons contrastées“ mit 850 mm Jahresniederschlag und vier humiden Monaten ein roter „Sol ferrugineux tropical peu lessivé“ am Inselbergfuß entstehen kann (s. Abschnitt 2.4).

Verglichen mit dem Mourzouk-Becken, dem Hoggar-Gebirge und dem Plateau du Tademait sind die untersuchten Air-Böden zwar die am stärksten verwitterten, sie stehen aber noch weit hinter denen der feuchten Tropen zurück (s. Abschnitt 2.5, 2.6 und Tab. 2). Auch die Saprolith-C-Horizonte, aus denen die pedogenen Mineralbildungs-B-Horizonte hervorgingen, besitzen kaum Merkmale einer feuchttropischen Vorverwitterung. Theoretisch kann der Saprolith natürlich der Rest einer älteren Tiefenverwitterung sein und mit dem Boden darüber genetisch nichts zu tun haben, doch dürfte das Pleistozän zeitlich nicht ausreichen, um Dekameter hohe Inselberge kryptogen zu bilden.

Für das mittlere und ältere Tertiär fehlen pedologische Zeugen. Geht man davon aus, daß eine Pediplain durch den Wechsel von Bodenbildung und Pedimentation entsteht, dann ist auch für diesen Zeitraum mit trockeneren Perioden zu rechnen.

Unter klimagenetisch-geomorphologischen Gesichtspunkten wäre die paläoklimatische Interpretation der fossilen Alterite am Fuß des Bilet-Massivs interessant. Wenn diese Verwitterung mit der „surface post-Continental intercalaire“ Dreschs oder der „Hochfläche“ Thorps korrespondiert oder auch etwas älter ist („Gebirgsrumpffläche“ Gießners), dann ließen sich hier die klimatischen Verhältnisse vor der Einrumpfung zu den o.g. Flächen rekonstruieren und mit den Bedingungen der jüngeren (tertiären) Pediplanation vergleichen. Vielleicht wird dadurch auch eine Fernkorrelierung mit den Rumpfflächen des Hoggar möglich. Außerdem bietet die topographische Beziehung der Bilet-Alterite zu der post-paläozänen Hauptfläche Thorps bzw. der Air-Sockelfläche Gießners einen Anhalt für die Abtragsleistung des Känozoikums. Wenngleich der überwiegende Teil der ca. 300 m Höhendifferenz auch tektonisch bedingt ist, so dürften doch 50—100 m auf die Wirkung der tertiären Abtragung zurückzuführen sein.

Fraglich bleibt allerdings, ob man bestimmte „Niveaus" im Air-Gebirge eindeutig klimageomorphologischen „Epochen" zuordnen kann, denn die höheren Flächen blieben seit ihrer Bildung ja von der weiteren Abtragung nicht verschont, wie die Auflösung aller genannten Rumpfflächen durch Täler, Hangglacis und Depressionen beweist. Auch die schon vor der Kreide-Sedimentation über den präkambrischen Untergrund erhabenen „Jüngeren Granite" (Thorp 1969: 34, Fig. 7) blieben nur wegen ihrer petrographischen Widerständigkeit während der post-kretazischen Abtragung relativ zurück und bilden heute das höchste Niveau. Morphographisch existieren jetzt zwei Flächen, morphogenetisch kann es nur eine sein. Deshalb betont Gießner (1970: 91) zu Recht, daß für die zeitliche Einordnung dieser beiden vorherrschenden Altflächen-Niveaus geologisch-stratigraphische Befunde „nur, wenn überhaupt, Gültigkeit für die Anlage der Flächen, nicht aber das Alter des Formenschatzes" hätten. Andererseits ist eine klimagenetische Geomorphologie nur unter dem historischen Aspekt der Klimaentwicklung zu betreiben. Diese kann aber nur, wenn überhaupt, über die Geologie und Stratigraphie von Klimazeugen rekonstruiert werden. Für das Air bedeutet dies, daß alle fossilen Verwitterungsbildungen, also die unter den paläo-, meso- und känozoischen Bedeckungen und die an der Oberfläche vorhandenen, aufgenommen, miteinander verglichen und einem bestimmten (Paläo)Relief zugeordnet werden müßten. Eine entsprechende Untersuchung sollte dabei auch endogen-hydrothermale Produkte miteinbeziehen.

3.3 *Hoggar-Gebirge*

3.3.1 *Literatur*

Im Hoggar tritt das präkambrische Grundgebirge mit ca. 400 000 km^2 zutage. Durch Nord-Süd-verlaufende Lineamente getrennt, liegen verschieden alte Sockelgesteine nebeneinander. Die älteren gehören wieder zum Suggarien, die jüngeren zum Pharusien. Einen scharfen Gegensatz dazu bildet u.a. das zentrale Vulkangebäude des Atakor, das erst im Zuge stärkerer Hebungen des Tertiärs und Quartärs entstand (vgl. Black & Girod 1970). Ebenso deutlich heben sich in der Peripherie die paläozoischen Sedimentgesteine vom Basement ab, weil sie hier in markanten Schichtstufen, den sog. Tassili ausstreichen.

Die zahlreichen geologischen Karten und Profile von Lelubre (1952a u. b) zeigen, daß der Untergrund des Hoggar-Gebirges eine sehr komplizierte Geschichte hinter sich hat und bereits während des Präkambriums bis in seinen kristallinen Rumpf abgetragen wurde. Eine Belebung erfährt das Flächenrelief durch granitische Intrusiva, die sowohl im Suggarien als auch im Pharusien verschiedentlich Platz nahmen (Lelubre 1952a, Fig. 22, v.S. 65 u. Fig. 44, n.S. 120), und die meistens hinter der allgemeinen Landabtragung relativ zurückblieben. Sie bilden heute die auffälligen Inselberge und Inselgebirge, welche mit steilen Flanken gegen das weichere Gestein unter der sie umgebenden Fläche abgesetzt sind. Stellenweise muß schon vor der Schüttung der kambro-ordovizischen „grès inférieurs" ein solches Inselberg-Relief bestanden haben, so z.B. im Adrar Adafar des nordwestlichen Hoggar (z.B. Follot 1952: 20, Fig. 7 od. Beuf et al. 1968: 45, Fig. 5). Die dom- und zuckerhutförmigen Inselberge der sog. „Taourirts" besitzen eine besondere Struktur sowie eine variierende mineralogische Zusammensetzung. Sie sind jünger und im oberen Präkambrium syn- oder postorogenetisch intrudiert. Wie stark sich die Materialeigen-

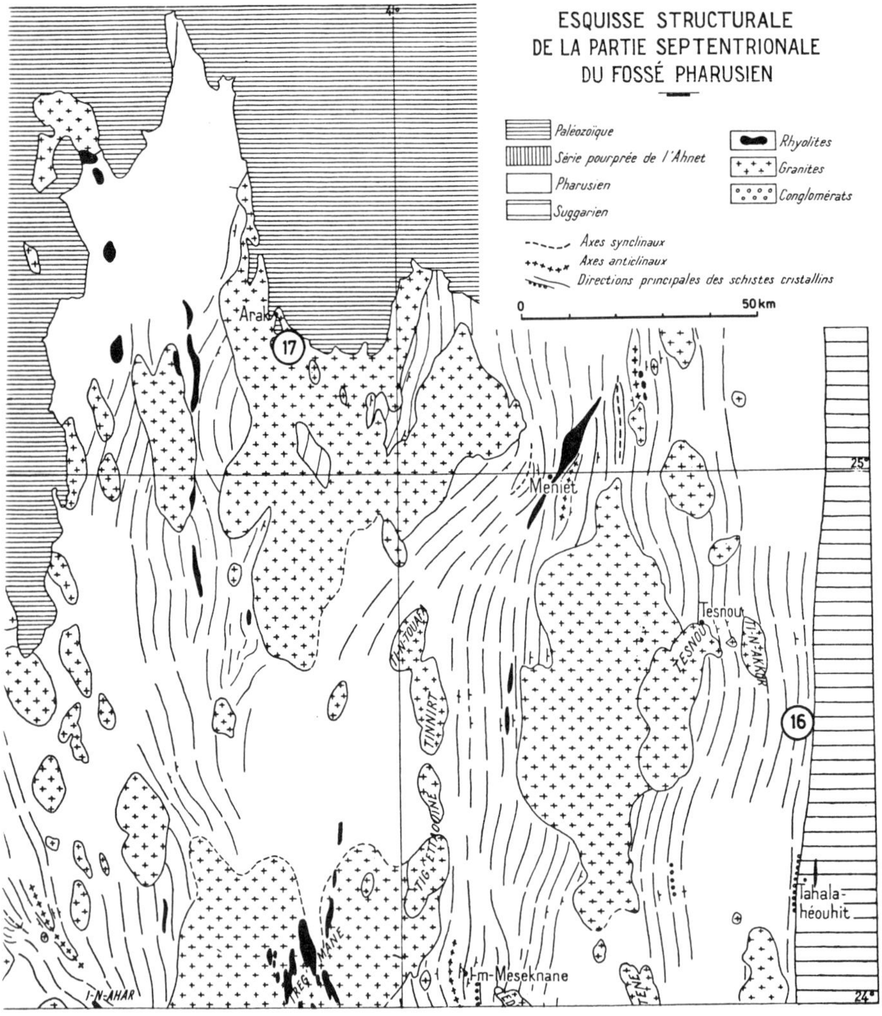

Fig. 16. Geologie des nördlichen Hoggar-Gebirges (aus Lelubre 1952) und Lage der untersuchten Profile 16 u. 17.

schaften auch geomorphologisch bemerkbar machen, zeigt der Kontakt eines grobkörnigen mit einem feinkörnigen Granit im Massiv des J-n-Tounine 15 km östlich Tamanrasset (s. Boissonnas 1973: 462—502 u. Planche 21). Der bekannteste Taourirt dürfte jedoch der Granitkomplex bei der Oase Tesnou sein, der mit 1731 m Höhe die in kristallinen Schiefern und älteren Graniten angelegte Rumpffläche um 850 m überragt.

Wie aus mehreren geomorphologischen Arbeiten hervorgeht, verursachen das Alter, die Zusammensetzung und die Struktur des präkambrischen Gesteinsuntergrundes eine differentielle Verwitterung und Abtragung und spielen damit eine z.T. übergeordnete Rolle in der Reliefgestaltung (z.B. Perret 1935, 1952, 1953; Lelubre 1952, 1955; Birot et al. 1955).

Hinweise auf die klimatischen Bedingungen der Verwitterung und Abtragung zur präkambrischen Rumpffläche finden sich dort, wo diese unter die paläozoische Bedeckung abtaucht, und wo infolge der Hoggar-Aufwölbung heute tiefe Täler und Schluchten das Deck- und Grundgebirge aufschließen. So beschreibt Barbier (1967) am Aufstieg zu den berühmten Felsmalereien von Tamrit im Tassili N'Ajjer nördlich Djanet eine „altération antétassilienne des granites". Diese greift an Diaklasen unregelmäßig und teilweise über 100 m tief in das Gestein und bewirkt damit eine horizontale Differenzierung in zersetzten und frischen Granit (S. 20, Fig. 3). Letzterer erscheint nach Ausräumung des Verwitterungsmantels dann als Vollform in den „pains de sucre", welche das Gebiet um Djanet kennzeichnen (S. 18, Fig. 2). Die kaolinitische Tiefenverwitterung benötigte nach Barbier (1967: 17) mehrere Zehner von Jahrmillionen oder noch mehr und erfolgte unter tropischen Klimaten vor oder am Beginn des Paläozoikums. Erst im Zuge der tertiären Heraushebung des Hoggar-Massivs konnte nach Abräumung des Deckgebirges auch der alte Zersatz unter wesentlich trockeneren Klimaverhältnissen flächenhaft entfernt werden. Diese Art von Inselberg-Entstehung sei auch in anderen Teilen des ehemaligen Gondwana-Kontinents zu beobachten, so im Sudan, in Madagaskar und Brasilien.

Die korrelaten Sedimente der präkambrischen Verwitterung und Abtragung enthalten in Nord-Algerien Feldspäte, Glimmer, Chlorit, Illit und Kaolinit. Bohrungen bei Hassi El Gassi und Hassi Messaoud, welche die erdölführenden kaolinitischen Sandsteine des Kambriums betrafen, erreichten in 3000 bis 3600 m Tiefe die ältesten Sedimente auf einer „large surface de piedmont" (Kulbicki & Millot 1960: 151). Die Autoren führen die originäre Mineralparagenese auf ein „intermediäres" Klima mit relativ schwacher hydrolytischer und partieller Verwitterung zurück. Eine Silifizierung und weiterführende Kaolinisierung sei fast gleichzeitig durch hochstehendes Grundwasser erfolgt.

Auch in den inneren Tassili des Mouydir und Ahnet findet man analoge Sand-Sedimente mit Kalifeldspat, Biotit und Quarz, die auf ein präexistentes „paléorelief appalachien" geschüttet wurden (Gariel et al. 1968: 12—13). Ähnliche Sedimente konnten sich in größeren Flexuren am Südrand des Hoggar ablagern (vgl. Lessard 1962).

Nach vergleichenden Untersuchungen an den prä-paläozoischen Einebnungsflächen Afrikas und Südamerikas sowie an den Sandsteinen des Kambriums bis Devons kommt Bigarella (1972) zu der Auffassung, daß die Rumpffläche auf dem präkambrischen Basement eine sehr flache Pediplain darstellt, welche sich unter semiariden Bedingungen gebildet hat. Erst Hebungen im O. Ordoviz führten zu einer Zerschneidung der saharischen Plattform. Die entstandenen Paläo-Täler wurden anschließend in einer kaltzeitlichen Periode mit glazialen und periglazialen Sedimenten verfüllt.

Spuren dieser großen Inlandvereisung sind überall in der Umrahmung des Hoggar-Massivs zu finden (z. B. Beuf et al. 1966; Rognon et al. 1968; Rapp 1975). Nach der flächenhaften Abdeckung des Hangenden bilden heute oberordovizisch-untersilurische Sedimentgesteine der sog. „Unité IV" weithin, über mehrere hundert Kilometer, die Landoberfläche. Diese ist durch glaziale Striemung, herauspräparierte Drumlins und Moränen gekennzeichnet. Nordöstlich Arak ist auf einer Strukturfläche sogar ein Pingo von 350 m Durchmesser und 15 m Höhe erhalten (Rognon et al. 1968: 67—68 u. Fig. 15 u. Pl. VIII, B.). Im Djado-Becken östlich Chirfa erhebt sich eine Stauchmoräne mehrere Meter über die dortige Einebnungsfläche (Beuf et al. 1966: 370, Fig. 5). Schließlich greift in den südlichen Tassili du Tafassasset des Ost-Hoggar eine glazialerodierte Fläche vom Ordoviz auf eine prä-ordovizische Landoberfläche im verwitterten Granit über (Rapp 1975: 143).

Berücksichtigt man die paläogeographische Entwicklung des Hoggar-Gebirges während des Paläozoikums (Freulon 1964, Beuf et al. 1971) und auch danach (Perret 1938, Furon 1954, Conrad 1969), so wird deutlich, daß die Einebnungsflächen im präkambrischen Basement unter sehr verschiedenen exogenen Bedingungen entstanden und sich weiterentwickelten: subaerische Verwitterung und Abtragung, submarine und subglaziale Erosion wechseln mit zeitweiliger Fossilierung durch jüngere Sedimente über einen Zeitraum von mindestens 500 Jahrmillionen miteinander ab. In der Morphologie dieser komplex zusammengesetzten Flächen kumuliert sich also die Wirkung sehr unterschiedlicher (Paläo)Klimate, welche heute nicht mehr im Detail zu rekonstruieren sind. Meckelein (1980) spricht deshalb zu Recht von einer polygenetischen Flächenbildung, bei der alte Formen immer wieder vererbt werden.

Unter klimageomorphologischen Gesichtspunkten gliedert Büdel (1952, 1955, 1963, 1977) das Hoggar-Gebirge in „Sandschwemmebenen" mit aufgesetzten steilflankigen Inselbergen bzw. Inselgebirgen, eine mehrgliedrige Rumpftreppe und Täler mit einer Aufschüttungsterrasse und parabelförmig-konkaven Hängen. Die Abstufung der Rumpfflächen zwischen 1500 m und ca. 2400 m Höhe über NN ist dabei keine Rumpftreppe im genetischen Sinn, sondern durch tektonische Zerbrechung und Verstellung einer ehemaligen Altfläche zustande gekommen (1955: 102). Diese Fläche trägt nach Büdel (1963: 170) eine über 20 m mächtige Verwitterungsdecke, welche nur noch unter den ältesten Vulkaniten des Atakor „auf einer Fläche von mindestens 200 km^2" erhalten ist. Zwei Proben von der NW-Seite des Kloukel und 2 km südöstlich des Akar-Akar erbrachten in der Analyse vorwiegend Kaolinminerale. Daher, und auf andere bodenkundliche Untersuchungen gestützt (Kubiena 1955), sieht Büdel (1955: 104—105) in den „leuchtend weißen", „bläulich weißen" und stellenweise „leuchtend roten" Verwitterungsbildungen des Hoggar das pedologische Äquivalent zu den Savannenböden der wechselfeuchten Tropen des Sudans, auf denen bei mindestens fünfmonatiger Regenzeit flächenhafte Abtragung stattfinde. Ein solches Savannenklima habe im Bereich des Hoggar-Massivs während des Tertiärs geherrscht und analoge Böden und Oberflächenformen geschaffen. Klimaschwankungen nach der feuchteren wie nach der trockeneren Seite hin können dabei durchaus stattgefunden haben, „das aus Form und Boden erschlossene Feuchtsavannenklima muß nur im späteren Abschnitt dieses Zeitraums eben vorherrschend gewesen sein". Später setzt Büdel (1977: 178) die Böden der Altfläche typologisch mit Latosolen gleich und bezieht auch einen hochillitischen (70 %) „Reliktrotlehm" beim Hadriane-Plateau in die Genese dieser Fläche mit ein (S. 164, Fig. 54; S. 168—169, Photo 46; S. 170 u. S. 173, Fig. 55). Die das gesamte Hoggar-Gebirge überziehende Altfläche stellt nach Büdel (1955: 104) die Ausgangsform des heutigen Reliefs dar, in die sich noch im Pliozän unter einem ariden Klima tiefe Täler einschnitten. Diese „ältere Wüsten-Talbildung" (Büdel 1963: 165, Abb. 1) erfaßte besonders auch die bis dahin geförderten Vulkanite im Hebungszentrum des Atakor. In einer mittel- bis jungpleistozänen Feuchtzeit konnten die Hänge im Basalt zu Braunlehmen verwittern. Mit konkavem Profil greifen diese „Parabelhänge" — jetzt ihrer Bodendecke weitgehend beraubt — auf die sog. „Mergelsandterrasse" über. Letztere wurde in einer „jüngeren Wüsten-Talbildung" zerschnitten und taucht an ihrem distalen Ende unter die „Sandschwemmebene", wo heute durch Flächenspülung die alte Rumpffläche „traditional weitergebildet" wird. Die neolithische Feuchtzeit blieb morphologisch weitgehend unwirksam. Auf der Basis dieser klimagenetisch-geomorphologischen Deutung der Oberflächenformen des Hoggar-Gebirges spricht Büdel (1977: 176—180) daher auch von „Reliefgenerationen".

Dem gegenüber vertritt Mensching (1970) den Gedanken der „morphodynamischen Entwicklungsfolge". Danach habe sich die „Sockelfläche" des Hoggar über einen sehr langen Zeitraum ständig weiterbilden können. Kreide-Sedimente auf einem präexistenten Altrelief beweisen die weit zurückreichende Anlage der Fläche (Mensching 1970: 113, Karte 7; vgl. a. Conrad 1969: 243, Fig. 160). Ihre heutige Morphographie entspreche einer Rumpffläche, die sich aus einer Vielzahl von Pedimenten zusammensetze. Solange keine tiefe Zertalung erfolgt, würde durch Klimaschwankungen auch „kein prinzipiell andersartiges Inselbergrelief" entstehen. Mensching betont mehrfach den tektonischen Werdegang und die Petrographie des Untergrundes, welche entscheidende Impulse für eine differenzierte Abtragung und Anpassung der Formen geben. Angesichts der langen geologischen Entwicklungszeit habe der fluviale Abtragungsmechanismus unter einem semihumid-semiariden, tropischen Klima letztlich den gleichen morphologischen Effekt wie unter einem humid-tropischen. Da die humideren Abschnitte seit dem Alttertiär nur graduell wirksamer gewesen waren, sei „das semiarid- bis arid-morphodynamische Wirkungsgefüge in der zentralen Sahara nicht prinzipiell verändert" worden (Mensching 1970: 143).

Klimaoszillationen scheinen sich in einem zweiphasigen Aufbau von Verwitterungsdecken widerzuspiegeln. So beschreibt schon Lapparent (1937: 198) eine „décomposition argileuse de couleur générale gris verdatre" auf Gneis, welche nur unter einer humuserzeugenden Vegetationsbedeckung entstehen konnte. Rubefizierung sei erst unter ariden Bedingungen eingetreten und zeitlich mit der Bildung von montmorillonitischen Sedimenten des Miozäns in Nord-Algerien und Marokko zu korrelieren. Die Gneis-Böden seien von den kaolinitischen sog. „tins blancs" zu unterscheiden, die als „produits pneumatolitiques" auf die ersten vulkanischen Eruptionen im Hoggar zurückgeführt werden können.

Dewolf et al. (1972: 205) halten die roten, erodierten Verwitterungsprodukte auf den Hängen und Glacis des kristallinen Grundgebirges für Böden, die „ne dépasse le stade de sol fersiallitique peu evolué".

Verschiedenartige Böden aus dem Hoggar-Massiv sind schon lange bekannt (vgl. z. B. Bourcart 1928), und auch hydrothermale Bildungen werden diskutiert: „il existe une zone kaolinisée au contact du socle granitique et du basalte, d' où l' on peut conclure à l' existence d' une circulation d' eau souterraine" (Perret & Lombard 1932: 392).

Im Vulkangebäude des Atakor besteht nun tatsächlich die Möglichkeit, eine gewisse Abfolge von verschiedenen Verwitterungsintensitäten zeitlich zu fixieren, weil die Förderung der Vulkanite immer wieder von Ruhepausen mit Bodenbildung unterbrochen war. Für die Saharaforschung ist das Zentralmassiv des Hoggar-Gebirges deshalb so etwas wie eine paläoklimatologische Eichstation geworden, an der die pedogenetische Wirksamkeit der jungtertiären und quartären Klimate abgelesen wird. Wegen seiner hohen Bedeutung für einige, oben vorgestellte klimagenetisch-geomorphologische Fragestellungen, und wegen des weitgehenden Mangels an aussagekräftigen Klimazeugen in diesem Raum, kommt es darauf an, möglichst genaue Vorstellungen von den bodenbildenden Prozessen und den sie steuernden Faktoren zu gewinnen.

Bordet (1952) unterscheidet einen basischen von einem sauren Vulkanismus. An Hängen ist zu beobachten, daß die alten Basalte stark verwittert sind. Ebenso sind zwischengelagerte Brekzien und Tuffe hellgelb und weiß verändert, bevor sie in rote Farben übergehen. Im Oued Ilamane, 1 km nordöstlich des Berggipfels fand Bordet (1952: 28—29) eine rote Lage von 1 m Mächtigkeit, die er als fossilen Laterit deutet. Die chemische Zusammensetzung ist:

	SiO_2	Al_2O_3	Fe_2O_3	TiO_2	CaO	H_2O	Verlust
%	36.1	30.0	19.4	4.0	0.1	4.0	10.4

Auch der kristalline Sockel sei hier tief verwittert und lateritisiert. Leider könnten diese Produkte eines „climat subtropical" altersmäßig noch nicht genau eingestuft werden (vgl. a. Rognon 1967: 338, Fig. 102A).

Dank absoluter K/Ar-Datierungen durch Girod (1971: 35—41) kennt man heute insgesamt drei Phasen des vulkanischen Aufbaus: eine miozäne, eine plio-villfranch-zeitliche und eine paläo-/neolithische. Pedologisch besonders interessant sind die Vulkanite des Miozäns, welche

- fast ausschließlich aus Basalten bestehen
- z.T. hohe Gehalte an Zeolithen wie (interstitiellen und feldspatverdrängenden) Analcim, Phillipsit und Thomsonit und auch Kaolinit, Chlorit und Aragonit aufweisen
- sich bei gleichzeitiger epirogener Ruhe über ein Täler-Relief im kristallinen Sockel ausbreiteten
- Mächtigkeiten von 300—400 m erreichen.

In ihnen sind Verwitterungsbildungen erhalten, die Girod auf seiner „Carte géologique du centre de l'Atakor" im Maßstab 1 : 75 000 als „Horizons d'altération (sols rouges)" ausscheidet. Zwei an stratigraphisch verschieden alten, trachytischen Pyroklastiten vorgenommene K/Ar-Datierungen am In Taraine ergaben ein Alter von 19,9 ± 1,9 und 16,7 ± 1,2 Millionen Jahren. Dazwischen lagernde Alkali-Basalte seien dreimal von einer jeweils über 35 m (!) mächtigen Verwitterung betroffen worden, die Girod (1971: 37, Fig. 13 u. S. 40; vgl. a. Planche 2) als „basaltes alcalins transformés en sols ferrallitiques" bezeichnet. Der Vulkanbau besteht aus über 20 Basaltlagen, die unterhalb der älteren Zeitmarke noch einmal fünf ebenso mächtige Verwitterungszonen besitzen. Legt man die vulkanologische und Bodenstratigraphie zugrunde und schließt man sich der pedogenetischen Deutung und Klassifikation an, so müßte fast während des gesamten Miozäns (26—12 MA) neben einer vielgliedrigen vulkanischen Aktivität auch eine intensive feuchttropische Verwitterung stattgefunden haben. Diese hätte auch außerhalb des Atakor das präkambrische Grundgebirge erfaßt, da die Hebungen zum Zentralmassiv ja erst im Altpliozän begannen (s. Girod 1971: 39, Tab. 2).

Bodenkundliche Untersuchungen von Kubiena (1955) beschäftigen sich vorwiegend mit reliktischen Braunlehmen auf Basalt. Das Standardprofil hat die Horizontfolge: A-(B)-C_1-C_2, wobei der C_1-Horizont als ein Fragipan mit dichtem Gefüge, Tonbildung aber geringer Oxidierung beschrieben wird. Kubiena sieht im C_1 das Äquivalent zu dem entsprechenden Horizont von rezenten Basalt-Braunlehmen auf Fernando Póo (Golf von Guinea), weshalb er nach einem dortigen Lokalnamen auch von „Matadero-Horizont" spricht. Kubiena (1955: 118) weist zwar auf tiefe C_1-Fragipan-Bildungen in Böden auf Norit in Schottland hin, kommt letztlich aber zu dem Schluß, daß die Braunlehmrelikte des Atakor einem „immerfeuchten subtropischen bis tropischen" Bildungsklima zuzuordnen sind (S. 130). Entscheidend waren hier sicher die Übereinstimmungen im mikromorphologischen Bild, da auch die Tonmineral-Gehalte eines Atakor-Braunlehm-(B)-Horizontes (25 % Kaolin, 40 % Illit-Vermikulit, 5 % Montmorillonoid, 5 % Quarz) in der Differential-Thermo-Analyse mengenmäßig stark von dem Analogon auf Fernando Póo abweichen (vgl. Kubiena 1955: 117, Abb. 2 u. S. 128). Nach der Chronologie der Prähistoriker werden die Braunlehme zeitlich in das letzte Interglazial eingestuft (S. 131).

Kubiena untersuchte außerdem fossile Rotlehme auf Basalt und reliktische Rotlehme auf Gneis (außerhalb des Atakor). Letztere sind stark erodiert und mit der Horizontfolge: (B)-(B)/C-C_1-C_2 auch für die übrige algerische Sahara typisch. Der hellrote (B)-Horizont ist dabei stark gelockert, der C_1 durch Enteisenung hellocker gefärbt („Weißhorizont"). Ein derartiges Reliktprofil am Fuß des Hadriane-Plateaus, das Büdel (1977: 170) in einen genetischen Zusammenhang mit der prä-basaltischen Altfläche bringt, enthält im Weißhorizont 70 % Illit, 5 % Kaolinit, 5 % Montmorillonit und 6—8 % Quarz. Kubiena sieht in diesem Boden aber offensichtlich das bodengeographische (Tiefen)Äquivalent zu den Atakor-Braunlehmen, und zwar im Sinne eines (pleistozänen) hypsometrischen Formenwandels (1955: 121; 1957: 63, Abb. 2; 1970: 171, Fig. 17). Die fossilen Böden auf Basalt sind nicht-lateritische Rotlehme, deren Lehmcharakter auch durch stellenweise Vererdung und evtl. leichte sekundäre Lateritisierung nirgends verlorengegangen ist, weshalb Kubiena (1955: 130) die Richtigkeit der Deutung eines Laterits durch Bordet (1952) anzweifelt. Die Atakor-Rotlehme seien in ihrer Ausbildung und Reife nicht einheitlich, auch treten Übergänge zu den Braunlehmen auf. Erdige Rotlehm-(B)-Horizonte hätten Eisenhydroxide feinflockig und in grellroter Farbe ausgeschieden, wie es im anglo-ägyptischen Sudan oft zu beobachten sei („Iwatoka-Variante"). In einer Differential-Thermo-Analyse wurden 50 % Kaolinminerale, 5—10 % Illit, 5 % Goethit, 5 % Lepidokrokit, 3 % Hämatit und möglicherweise 5 % Maghemit gefunden. Insgesamt seien die fossilen Basalt-Rotlehme des Atakor „Bodenbildungen eines tropischen Feuchtklimas mit stark ausgeprägten Trockenzeiten" (Kubiena 1955: 132).

Die paläoklimatischen Deutungen Kubienas möchten sowohl Büdel als auch Bakker modifizieren. Büdel (1955: 111) sieht in den Reliktbraunlehmen des Atakor durchaus ein Zeugnis für gleichmäßig verteilte Niederschläge während ihrer Bildungszeit, aber mengenmäßig nicht so hoch wie auf Fernando Póo, auch falle die entsprechende Feuchtzeit mit einem Kaltzeitabschnitt des Pleistozäns zusammen, als die Sahara von Norden, von Süden und von den höheren Gebirgen eingeengt war. Bakker (1966: 57) tritt dafür ein, die tonmineralogische Zusammensetzung der Braunlehme und nicht ihre mikromorphologische Übereinstimmung mit den Basalt-Böden von Fernando Póo für eine paläoklimatische Interpretation heranzuziehen. Unklar sei auch der Charakter des prä-altbasaltischen Klimas und des Klimas kurz nach Ablagerung der ältesten Lavadecke. Nach Bakker (1966: 55) deutet die große Mächtigkeit des Grundgebirgszersatzes unter den Basalten „mehr auf ein rein feuchttropisches bzw. auf ein Monsun-Klima mit tropischem Regenwald als Vegetationstypus als auf eine Feuchtsavanne hin".

Zu einer davon abweichenden Auffassung kommt Rognon (1967: 87—102). Zahlreiche chemisch-mineralogische Untersuchungen an den „dépôts corrélatifs" des Grundgebirgszersatzes signalisieren eine „altération faible de type tropical sec". Es wird sogar von „sol rouge méditerranéen" (O. Ouan Télene) oder von „sol brun châtain méditerranéen" (O. Indegene) gesprochen. Besonders die hohen Gehalte an unverwitterten Feldspäten in der Sandfraktion sind auffällig. Stärker verwitterte Profile seien vererbt bzw. gehören zu einer älteren Sedimentation (Continental intercalaire?). Bodenstratigraphisch-pedogenetisch sei bis zur Effusion der ersten Basalte eine progressive Aridität des Klimas festzustellen, was auch zu starker Erosion führte. In den älteren Basalten, deren Förderungsbeginn Rognon — mangels absoluter Datierungen — über eine paläoklimatische Korrelation (1967: 532) an das Ende des Eozäns setzt, sind fossile Verwitterungsbildungen enthalten. Darin spiegelt sich eine gewisse Abfolge von feuchteren zu trockeneren Bildungsbedingungen wider. Gegen eine vulkanogene (pneumatolytische und hydrothermale) Entstehung führt Rognon (1967: 169—170) an:

- die horizontale Ausdehnung der „niveaux rouges"
- fehlende Kationen-Elimination aber Bildung von Kaolinit (?) und Fehlen des Elements Fluor
- weitgehendes Fehlen von Zeolithen (vgl. jedoch Girod 1965 !).

Die quartären braunen Böden auf den Basalten entsprechen weitgehend den „sols brun mediterranéens".

Rognon (1967) teilt in seiner umfassenden geomorphologischen Darstellung des Atakor eine große Anzahl wertvoller Gesteins-, Boden- und Sedimentanalysen mit. Um eine Übersicht zu gewinnen, wurden unter stratigraphischen Gesichtspunkten die wichtigsten geochemischen Untersuchungsergebnisse von Rognon unverändert in die Fig. 17 übernommen. Lediglich bei der Tabelle zu den älteren Basalt-Böden erfolgte im Sinne der chronologisch-stratigraphischen Entwicklung ein Austausch der Spalten „Niveaux rouges inférieurs" und „Niveaux pédologiques moins altérés". Ebenso wurde versucht, die jeweilige paläoklimatische Zuordnung in der richtigen stratigraphischen Position einzusetzen.

Legt man nun die neueren absoluten K/Ar-Daten von Girod (1971) zugrunde, so würde die letzte prä-basaltische Grundgebirgsverwitterung in ein trockeneres O. Oligozän fallen, die ältere Basaltverwitterung in ein feuchteres Miozän und die jüngere wieder in ein trockeneres Mio-Pliozän. Im Quartär herrschten dann weitgehend savannenähnliche und wechselhafte mediterrane Klimabedingungen, die in den höchsten Teilen des Atakor nach Rognon (1967: 530) zeitweilig auch Kryoturbation, Solifluktion und stellenweise glaziale Akkumulation verursachten. Als wichtigste geomorphologische Leitformen des Quartärs können wohl das „Glacis superieur" und das „Glacis moyenne" dienen.

Entlang ihrer Expeditionsroute nahmen Völk & Levelt (1971: 208, Fig. 2 u. S. 209—210) sowohl im Atakor als auch außerhalb davon Gesteins- und Bodenproben.

IX: Kolluvium (28a)
Kolluvium, äolisch beeinflußt (28b, 29a—b, 33, 34)
fossiler Boden (30, 31, 32, 35, 36a—c)
Basalt (37a—c)
X: Kolluvium, äolisch beeinflußt (38a, 39b)

Fig. 18. Vergleich ausgewählter Laboranalysen an Paläoböden aus dem Zentralmassiv des Hoggar-Gebirges nach Untersuchungen von Dutil (1971, S. 201—259).

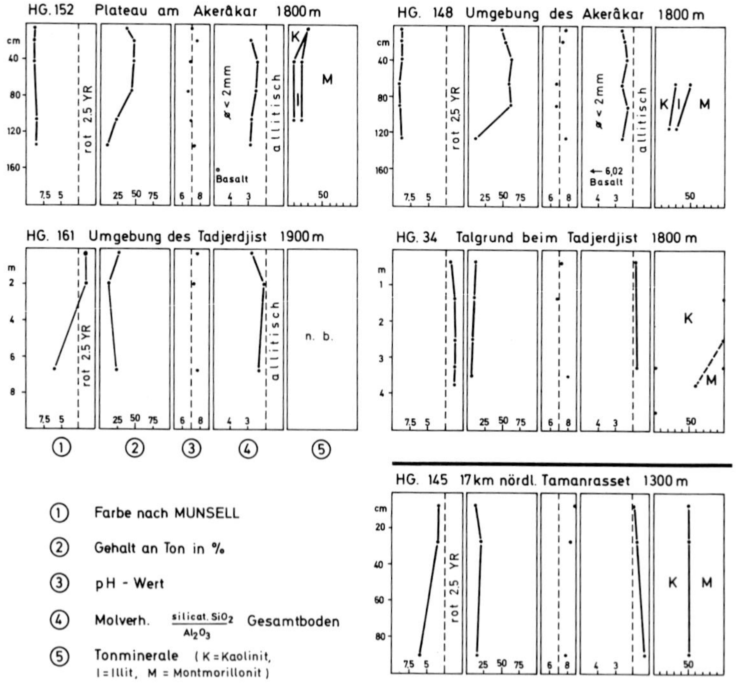

Die ermittelten Tonmineralparagenesen gehören zur *Probengruppe A* mit Smectit-Vormacht, wobei die übrigen Minerale zurücktreten (30, 31, 36a—c), und zur *Probengruppe D* (keine Vormacht) mit der Untergruppe D 1 (28a, 32, 35) und mit der Untergruppe D 2 (28b, 29a—b, 33, 34, 38a—b). Unverwitterte Basalte (37a—c) enthielten Spuren bzw. kleine Gehalte an Smectit ebenso Kaolinit. Anatas und Quarz waren in 37c vorhanden.

Die Proben 30 und 31 stammen von einem fossilen Boden auf dem prä-basaltischen Untergrund am Djebel Ahounahamt, 30 km ostnordöstlich Tamanrasset und werden von Völk & Levelt (1970: 201) „einer äquatorialen bis wechselfeucht-tropischen Periode" zugeordnet. Ein unterer grauer Horizont aus einer jüngeren Verwitterungsperiode am Akar-Akar (36a—c) müsse ebenfalls dazugerechnet werden. Die D 1-Gruppe mit Goethit und Hämatit gehöre zu einem wechselfeucht-tropischen Klima der Kreide und des Alttertiärs (32, 35) bzw. zu einem Pluvial des Jungtertiärs oder Quartärs (28a). Zu der Untergruppe D 2 ohne Eisenminerale zählen Proben von Hangglacis der Basalt-Plateaus und des kristallinen Sockels, sowie von dessen Spülpedimenten (28b, 29a—b, 33, 34, 38a—b, 39a—b).

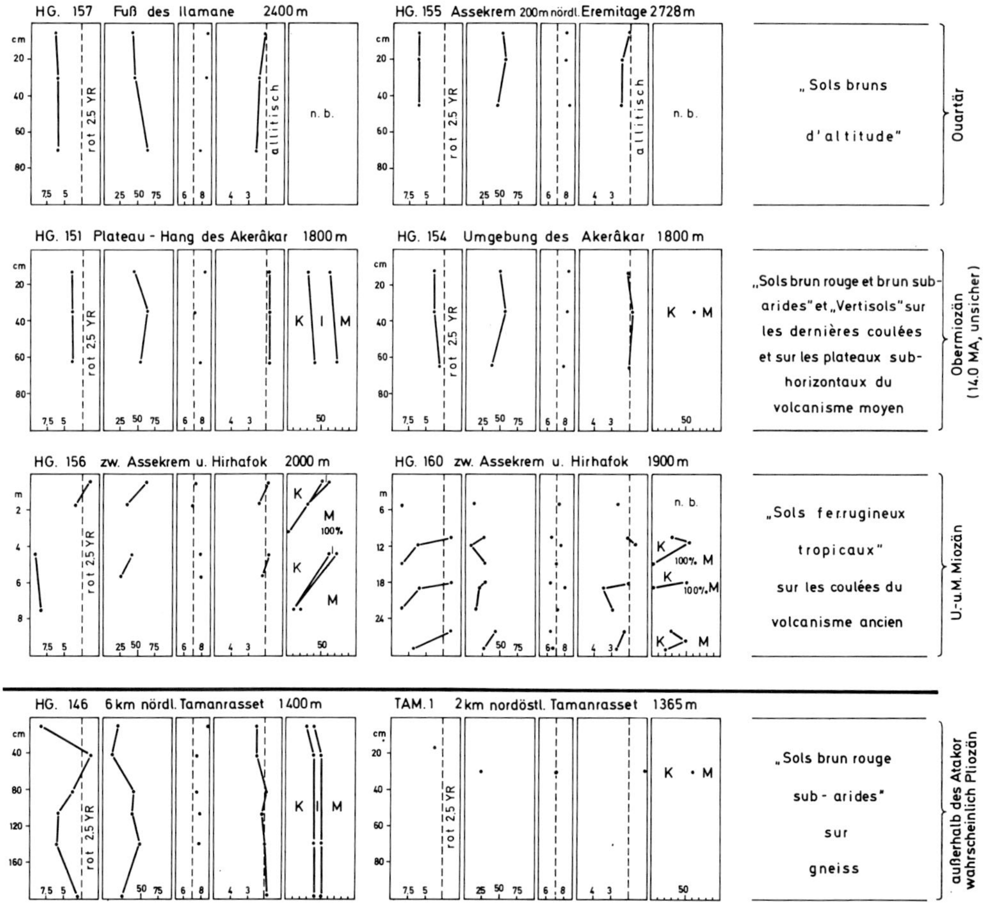

Die wohl klarste Aussage zur Klimaentwicklung seit dem Jungtertiär ergibt sich aus einer bodenkundlichen Untersuchung der algerischen Sahara durch Dutil (1971), in der die Paläoböden des Hoggar-Gebirges besonders berücksichtigt werden (S. 201—279). Einheitlich durchgeführte Laboranalysen und ihre direkte Zuordnung zu den Böden gewährleisten die Vergleichbarkeit der Profile. Deshalb können in der Fig. 18 dreizehn von Dutil (1971: 201—259) untersuchte Paläoböden aus dem Zentralmassiv des Hoggar-Gebirges anhand von ausgewählten Merkmalen direkt und in stratigraphischer Anordnung miteinander verglichen werden. Dazu wurden die Munsell-Farbe, der Tongehalt, der pH-Wert, das Molekularverhältnis von silikatisch gebundenem SiO_2 und von Al_2O_3 sowie die Tonminerale für jedes Profil gesondert und als Tiefenfunktion graphisch dargestellt (die genannten analytischen Kennzeichen trägt Dutil neben anderen Daten in Tabellenform vor). Die Profile HG. 145, HG. 146 und TAM. 1 der

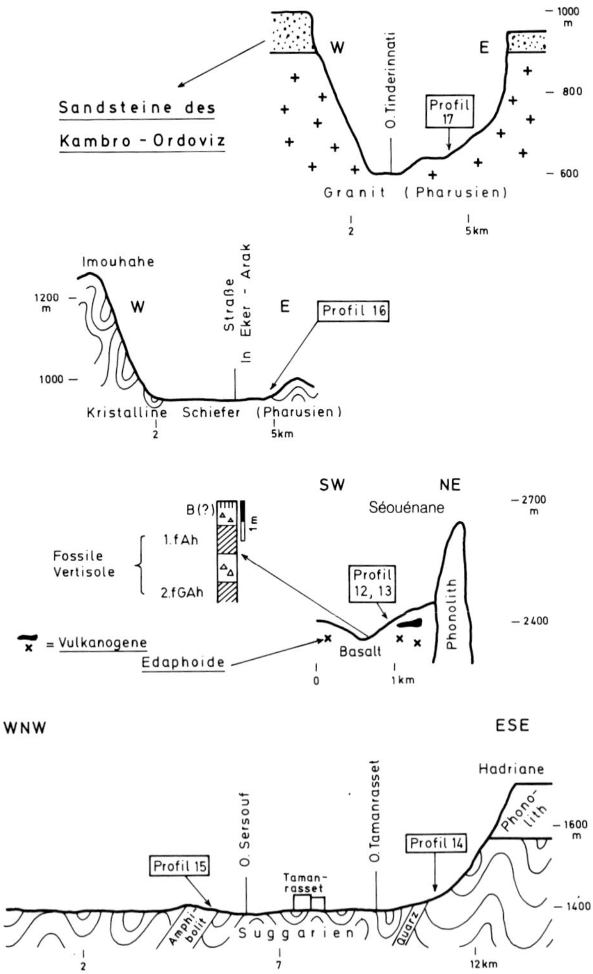

Fig. 19. Lage der untersuchten Profile 12 bis 17 im Hoggar-Gebirge.

„Sols brun rouge subarides sur gneiss“ in der untersten Reihe liegen jedoch außerhalb des Atakor und sind sehr wahrscheinlich jünger als die „Sols ferrugineux tropicaux“. Sie haben also mit der vulkanologisch bedingten bodenstratigraphischen Abfolge darüber zunächst nichts zu tun. Die eindeutige klassifikatorische Zuordnung der Böden und die absolute Datierung der Basalte (s.o.) erlauben damit eine relativ genaue Rekonstruktion der Bildungsklimate.

Unter dem Gesichtspunkt der potentiellen Fruchtbarkeit untersuchte Vogg (1981) auch im Hoggar-Gebirge Böden folgender Relieftypen: Serir (Profil 10), Glacis (8, 9), Wadi (7, 11, 12), ehemals bewässerte Wadi (6) und Sandebenen (13, 14, 15). Für klimagenetisch-geomorphologische Fragestellungen erscheint die Beobachtung wichtig, daß jungpleistozäne, montmorillonitische Talglacis- und Wadisedimente über roten (2.5YR) Verwitterungsbildungen des präkambrischen Grundgebirges liegen (Profil 7 u. 8), und daß im Holozän Bodenbildung und Abtragung miteinander abwechseln (Profil 6). Vereinzelte solche Vorkommen sind aus dem Hoggar schon länger bekannt (vgl. Delibrias et al. 1957; Pons & Quezel 1957; Dutil 1959; Rohdenburg 1977).

3.3.2 *Lage und Aufbau der Profile 12—17*

Profil 12

Karten: Carte du Sahara 1 : 200 000, NF-31-XXIV, Assekrem (1972); Carte géologique du centre de l'Atakor 1 : 75 000 (1971)
Länge: 05° 38′ 45″ E Breite: 23° 15′ 16″ N
Ort: Weganschnitt am Unterhang des Séouénane, etwa 2 km südöstlich der Assekrem, direkt neben Piste von Tamanrasset
Höhe über NN: ca. 2400 m
Hangneigung und -richtung: mittel geneigt, SW
Ausgangsmaterial: Basalt des Miozäns

rAh1	0— 30 cm	brauner (7.5YR 5/4), carbonatfreier, humoser, sehr schwach steiniger, lehmiger Ton; subpolyedrisch bis plattig; porös; sehr schwach durchwurzelt
rAh2	30— 50 cm	brauner (7.5YR 5/4), carbonatfreier, humoser, sehr schwach steiniger, lehmiger Ton; subpolyedrisch bis plattig; einzelne, kleine unregelmäßig geformte, rauhe, poröse, zerdrückbare MnO_2- und FeOOH-Konkretionen; porös; schwach durchwurzelt
rBv1	50—100 cm	bräunlich gelber (10YR 6/8) bis gelblich roter (5YR 4/6), carbonatfreier, sehr schwach steiniger, toniger Lehm; subpolyedrisch; Aggregate oft in der Form der Gesteinsbruchstücke; sehr fahl braun (10YR 7/4) durchwitterte, aufgeweichte Basaltreste, oft mit dunkel grauen (2.5YR 4/0) Absonderungsflächen; porös
C	100—180 cm	sehr fahl braun (10YR 7/3) zersetzter, aufgeweichter, aber noch im Verband befindlicher Basalt; Klüfte und Absonderungsflächen oft rötlich gelb (7.5YR 6/8) gefärbt
rBv2	180—200 cm	stark brauner (7.5YR 5/6) bis rötlich gelber (7.5YR 6/8), carbonatfreier, sehr schwach steiniger, toniger Lehm; polyedrisch bis kohärent; porös
C	200—250 cm	sehr fahl braun (10YR 7/3) zersetzter, aufgeweichter, aber noch im Verband befindlicher Basalt; Klüfte und Absonderungsflächen oft rötlich gelb (7.5YR 6/8) gefärbt; mitten im Gestein manchmal sphäroidale, rötlich gelbe (7.5YR 6/8) bis stark braune (7.5YR 5/8) tonige Verwitterungsnester
R	250—280 cm	dunkelgrauer (7.5YR 4/0), unverwitterter Basalt

Profil 13

Karten, Koordinaten, Ort usw. wie bei Profil 12

1	0— 10 cm	stark brauner (7.5 YR 5/6), carbonatfreier, schwach humoser, mittelsteiniger, sandig schluffiger Lehm; Einzelkorngefüge; porös; schwach durchwurzelt
2	10—100 cm	schwach roter (2.5 YR 5/2) bis rötlich brauner (2.5 YR 5/2), carbonatfreier, sehr schwach humoser, lehmiger Ton; polyedrisch; Aggregate oft in Form der Gesteinsbruchstücke; porös; sehr schwach durchwurzelt
3	100—140 cm	stark durchwitterter, aufgeweichter, aber noch im Verband befindlicher, sehr fahl brauner (10 YR 7/3) Basalt; Klüfte und Absonderungsflächen oft gelblich rot (5 YR 5/6) gefärbt oder mit rötlichem Ton (2.5 YR 4/4) ausgekleidet
4	140—165 cm	rötlich brauner (2.5 YR 4/4) bis schwärzlich roter (10 YR 3/4), carbonatfreier Ton; oft mit rötlich gelben (7.5 YR 6/8) Stellen; polyedrisch; Reste sehr fahl braun (10 YR 7/4) durchwitterter Gesteinsbruchstücke; porös
5	165 cm +	sehr fahl braun (10 YR 7/3) durchwitterter, aufgeweichter, aber noch im Verband befindlicher Basalt; Klüfte und Absonderungsflächen oft rötlich gelb (7.5 YR 6/8) gefärbt; mitten im Gestein manchmal sphäroidale, rötlich gelbe (7.5 YR 6/8) bis stark braune (7.5 YR 5/8) tonige Verwitterungsnester

Zwischen den beiden etwa 15 m auseinanderliegenden Profilwänden waren sowohl braune als auch rote Bodenfarben nebeneinander zu erkennen. Bei der Geländeaufnahme (23.2.1980) wurden deshalb aus dieser Zone noch zusätzlich zwei Proben in 25—30 cm und 60—65 cm Tiefe entnommen, welche im folgenden als Profil 13a zusammengefaßt werden.

Der Beschreibung von Profil 13 ist zu entnehmen, daß die makroskopischen Kennzeichen von Verwitterung und Bodenbildung hier nicht horizontal und parallel zur Erdoberfläche entwickelt sind, sondern sehr inhomogen und diffus in das (zersetzte) Gestein greifen. Entlang des Pistenabschnittes Akar-Akar — Assekrem konnte in Weganschnitten und jungen Wasserrissen mehrfach ein völlig aufgeweichter, grau verwitterter Basalt beobachtet werden, in dem Gley-Pseudogley-ähnliche Farben und frische Gesteinspartien ein sehr unregelmäßiges Verwitterungsbild erzeugten. In diesen weichen Zersatz sind oft Schuttdecken flächenhaft eingeschnitten. Letztere können, zumindest am Standort von Profil 12 und 13, nach Rognon (1967, Carte n° 4, n. S. 240 u. S. 243) als Solifluktionsschutt aus einer mittel- und altquartären (?) Kälteperiode gedeutet werden, was gleichzeitig eine relative Altersbestimmung des liegenden Braunlehms (Profil 12) ermöglicht. Nicht erklärt werden kann dagegen das Verwitterungsbild von Profil 13, etwa im Sinne einer solifluidalen Oberflächenverlagerung, weil auch außerhalb davon, in tieferen Positionen o. g. Inhomogenitäten vorkommen. Vielmehr drängt sich der Verdacht auf, daß ein großer Teil des Basaltzersatzes nicht pedogener Natur ist, sondern daß er lithogen, nämlich in der pneumatolytischen und besonders in der hydrothermalen Phase eines Vulkanismus entstand. Ursache einer solchen Entwicklung könnte die Förderung phonolithischer Laven sein, welche die miozänen Basaltdecken durchstoßen und diese dabei hydrothermal verändert haben.

Die Erhebung des Séouénane (2560 m) besteht aus Phonolith, die Profile 12 und 13 sind in Basalt ausgebildet. Der krasse Gegensatz brauner (7.5 YR) und roter (2.5 YR-10 R) Bodenfarben unmittelbar nebeneinander läßt sich daher nur schwer als eine gleichzeitige Bildung von Braunlehm und Rotlehm deuten. Zumindest muß nach dem Geländebefund auch mit vulkanogenen Bildungen gerechnet werden, welche leicht mit Böden verwechselt werden können. Die

---

Legende Fig. 20: Landschaft und Böden am Ahounahamt, Atakor.

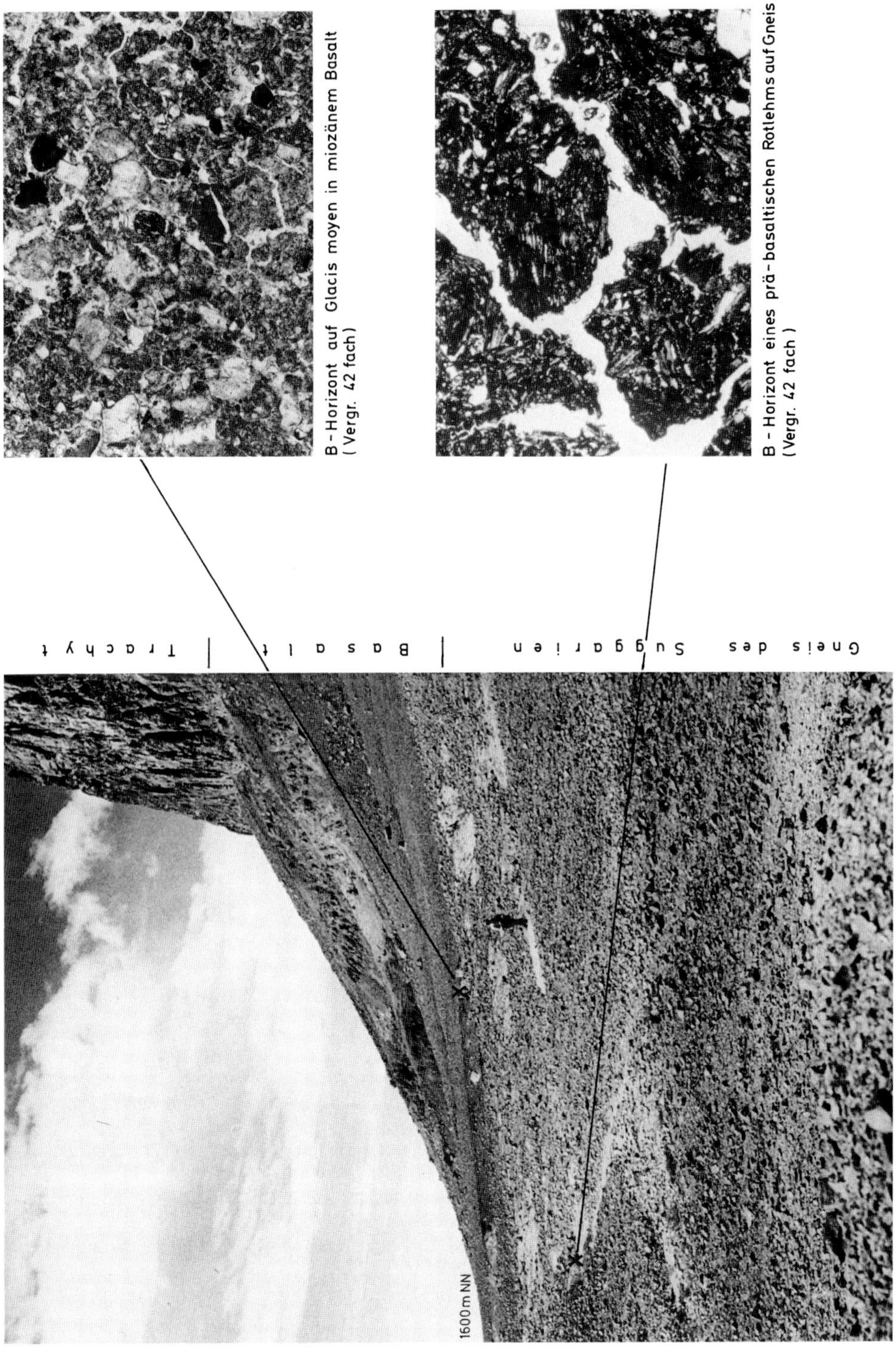
B-Horizont auf Glacis moyen in miozänem Basalt
(Vergr. 42 fach)
B - Horizont eines prä - basaltischen Rotlehms auf Gneis
(Vergr. 42 fach)
Trachyt
Basalt
Gneis des Suggarien
1600 m NN

einzelnen Abschnitte in Profil 13 werden deshalb nicht als pedogene Horizonte angesprochen, sondern einfach von oben nach unten mit arabischen Zahlen durchnumeriert. Es sei vermerkt, daß Rognon (1967, Carte n° 5, n. S. 244; s. a. S. 230, Fig. 68) etwa 500 m östlich des Séouénane auf gleicher Höhe einen Basalt „altéré en argile rouge“ beschreibt.

Erosionssedimente aus der Verwitterungs- und Bodendecke des westlichen Séouénane finden sich unterhalb Profil 12 und 13 in der Tiefenlinie des oberen Oued Taghemmout. Der Aufbau dieser Bodensedimente läßt erkennen, daß die Hangabtragung zunächst die Ah-Horizonte der Oberflächenböden erfaßte, dann aber auch noch in die Bv-Horizonte der Basalt-Braunlehme griff, denn B-Material bildet oft das Hangende in dem ca. 2 m mächtigen Sedimentkörper. Eine 20—30 cm dicke Schuttdecke bei 1,75 m Tiefe trennt zwei derartig aufgebaute Akkumulationen voneinander, so daß auch für die Hänge ein zweifaches Alternieren von Stabilität und Geomorphodynamik wahrscheinlich ist. Die Prozesse sind zeitlich vor die letzte Abtragungsphase zu datieren, da deren Sedimente auch im O. Taghemmout die heutige Oberfläche bilden (vgl. Rognon 1967: 227, Fig. 67 u. Carte n° 4, n. S. 240). Darüber hinaus sind die Bodensedimente noch pedogen überprägt worden. So findet man in den unteren Lagen Vergleyungsspuren, darüber Kennzeichen von erneuter, starker Humifizierung. Grobe Prismenstrukturen weisen die Böden typologisch als Vertisole aus.

Dort wo die Talbildung die miozänen Basalte tiefer zerschnitten hat, wurde manchmal auch das präkambrische Grundgebirge freigelegt. So verbindet am Ostabfall des Ahounahamt (1887 m) ein quartäres Hangglacis im Basalt die höheren Phonolith-Steilwände mit dem präbasaltischen Untergrund. Dieser besitzt hier eine weißliche Zersatzzone, in der stellenweise noch Rotlehm-Reste erhalten sind. Das mikromorphologische Bild zeigt, daß die Rotlehm-Verwitterung unmittelbar vor den ersten Vulkanausbrüchen nicht sehr intensiv gewesen sein kann: in der hämatitischen Grundmasse finden sich noch reichlich Feldspäte und z. T. auch Glimmer. Die jüngeren Basalt-Braunlehme führen ebenfalls verwitterbare Silikate und in den höheren Profilabschnitten Fremdkomponenten, die durch Oberflächenverlagerung in das Solum gelangten. In der Fig. 20 sind die Geländesituation sowie der mikromorphologische Aufbau eines Basalt- und eines Grundgebirgs-Bodens dargestellt.

Außerhalb des Atakor wurden auf dem präkambrischen Basement nachstehende Profile aufgenommen.

Profil 14

Karten: Carte du Sahara 1 : 200 000, NF-31-XVIII, Tamanrasset (1957); Carte géologique du Sahara 1 : 500 000, Fort Lapperine (1961)
Länge: 05° 34′ 28″ E Breite: 22° 47′ 03″ N
Ort: Wasserriß in Glacis am südwestlichen Abfall des Hadriane-Plateaus unterhalb des Tin Guellet (1709 m), ca. 10 m über dem Niveau des O. Tamanrasset
Höhe über NN: ca. 1420 m
Hangneigung und -richtung: schwach geneigt, SW
Ausgangsmaterial: Migmatite des Suggarien und Gangquarze

Schutt	0— 5 cm	rötlich gelber (7.5 YR 6/6), carbonatfreier, stark steiniger, lehmiger Sand; Einzelkorngefüge; porös
rBv1	5— 45 cm	roter (2.5 YR 5/6), carbonatfreier, mittelsteiniger, schluffig lehmiger Sand; subpolyedrisch bis kohärent; porös
rBtv2	45— 70 cm	leicht roter (2.5 YR 6/8), carbonatfreier, schwach steiniger, sandiger Lehm; subpolyedrisch bis kohärent; porös
C1	70—100 cm	rötlich gelber (7.5 YR 6/6), carbonatfreier, schwach steiniger, sandiger Lehm; kohärent; porös

C2	100 cm +	rötlich gelb (7.5YR 6/8) verwitterter, völlig aufgeweichter Migmatit, aber mit gut erhaltener Gesteinsstruktur

Die Glacis-Oberfläche des Bodenstandorts geht nach Südwesten in eine Akkumulationsfläche über, welche auf das O. Tamanrasset eingestellt, heute aber zerschnitten ist. Das am 24.2.1980 aufgenommene Profil 14 entspricht nach Lage und Aufbau den „Reliktrotlehmen" Büdels (1977: 168—169, Photo 46 u. S. 170, Fig. 55), die Kubiena bodenkundlich beschrieben und interpretiert hatte (1955: 117, Abb. 2; S. 119, Abb. 4, 3; S. 121 u. 131).

Profil 15

Karten: wie bei Profil 14
Länge: 05° 30′ 00″ E Breite: 22° 48′ 22″ N
Ort: Hangfuß einer kleinen Kuppe in Ebene westlich des O. Sersouf ca. 1 km nordwestlich Tamanrasset, direkt südlich der Straße nach I-n-Amguel
Höhe über NN: ca. 1400 m
Hangneigung und -richtung: schwach geneigt, NE
Ausgangsmaterial: Amphibolit des Suggarien

Schutt u. rAh	0— 3 cm	rötlich gelber (7.5YR 7/6), carbonatfreier, humoser, schwach steiniger, lehmiger Sand; Einzelkorngefüge; porös
rBv	3—25 cm	roter (2.5YR 5/8), carbonatfreier, sehr schwach steiniger, schluffig lehmiger Sand; subpolyedrisch bis kohärent; porös
C1	25—35 cm	gelblich roter (5YR 5/8), carbonatfreier, schwach steiniger, stark lehmiger Sand; kohärent; Insektengänge mit tonigen Wandauskleidungen
C2	35—45 cm	rötlich gelber (7.5YR 6/6), carbonatfreier, sehr schwach steiniger, schluffiger Sand; kohärent; porös
R	45 cm +	Amphibolit

Der Boden konnte am 24.2.1980 gut beprobt werden, weil der aufliegende Schutt für Straßenausbesserungen weitflächig abgeschoben war.

Sowohl Profil 14 als auch 15 gehören morphographisch zur Ebene von Tamanrasset. Nach Rognon (1967: 390—391) spielt hier die Grundwasserverwitterung vor allem unter den Wadis eine große Rolle und verursacht in den Gneisen Zersatztiefen bis zu 20 m. Auch der Unterschied zwischen (granitoidem) Migmatit und Amphibolit (Gneis) mache sich in einer differentiellen Verwitterung bemerkbar.

Büdel (1977: 173) beschreibt die Ebene von Tamanrasset als eine Rumpffläche, die unter tropisch-wechselfeuchten Klimabedingungen um 100 m flächenhaft tiefergelegt wurde. Reste der Ausgangsfläche seien noch in 1530 m Höhe erhalten, so unter der Phonolith-Decke des Hadriane-Plateaus (S. 164, Fig. 54) und westlich Tamanrasset in einer zertalten höheren Rumpffläche (S. 177, Photo 48). Der Beweis für die flächenhafte Tieferschaltung seien die Reliktrotlehme in der Ebene von Tamanrasset.

Profil 16

Karten: Carte des régions Sahariennes au 1 : 200 000, NG-31-V, Tesnou (1959); Esquisse structurale de la partie septentrionale du fossé pharusien (Lelubre 1952: 142, Fig. 70)
Länge: 04° 53′ 16″ E Breite: 24° 28′ 48″ N
Ort: unterster Teil eines zerschnittenen Hangglacis am Wadi Irh. Imouhahe, 500 m nördlich der Straße Ineker—Arak, etwa 70 km nördlich Ineker
Höhe über NN: ca. 950 m

Hangneigung und -richtung: schwach geneigt, W
Ausgangsmaterial: Kristalline Schiefer des Pharusien

Schutt	0—40 cm	roter (2.5 YR 4/8), carbonatfreier, stark steiniger, sandig schluffiger Lehm; Einzelkorngefüge bis kohärent; porös
fBv1	40—55 cm	roter (10R 5/8), carbonatfreier, sehr schwach steiniger, stark lehmiger Sand; subpolyedrisch bis kohärent; porös; Insektengänge mit tonigen Wandbelägen
fBv2	55—70 cm	roter (2.5 YR 5/8), carbonatfreier, sehr schwach steiniger, lehmiger Sand; subpolyedrisch bis kohärent; porös
C	70—80 cm	gelblich rot (5 YR 5/6) angewitterter kristalliner Schiefer
R	80 cm +	unverwitterter kristalliner Schiefer

Die Profilaufnahme (6.4.1980) wurde wiederum ermöglicht durch mehrere künstliche Aufschlüsse, die bei der Entnahme von Gesteinsmaterial für den Straßenbau entstanden. Dabei wurden besonders die Schuttdecken auf metamorphem Untergrund (Kristalline Schiefer, Gneise, Amphibolite u. a.) abgebaut, weil hier zwischen Schutt und Anstehendem ein oft Meter mächtiger Lehmboden existiert, so daß der Schutt leicht abgeschoben werden konnte. Spuren dieser Materialentnahme durch Großgeräte (Bulldozer) waren im Frühjahr 1980 von Arak bis etwa 100 km südlich Tamanrasset, also über eine Strecke von ca. 450 km, immer wieder zu beobachten. Sie gewährten zugleich einen ausgezeichneten Einblick in den Aufbau und die Verbreitung fossiler Böden, die man sonst nicht erkennt. Generell zeigte sich folgendes Bild: an nicht zu steilen Hängen sind Bodenreste bis zu den höchsten Teilen der Hügel und Berge erhalten. Meist handelt es sich aber nur um die Unterboden-C-Horizonte („Weißhorizonte" nach Kubiena 1955). Flachere Glacis besitzen dagegen bis in den Mittelhang noch die B-Horizonte. Am Hangfuß ist dann ein autochthoner B-Horizont mit eingemischten Bodensedimenten vorhanden. Der metamorphe Untergrund bildet relative Höhen von 200 m und mehr, so z. B. im Adrar Imouhahe (1266 m) gegenüber Profil 16.

Darin und in ihrer Form unterscheiden sich die Metamorphite deutlich von den Inselbergen aus granitoiden Gesteinen. Diese tragen in der Regel keine Verwitterungs- und Bodendecke, sondern setzen sich mit steilen Felsflanken von der umgebenden Rumpffläche ab. Produkte der Tafonierung und Desquamation gelangen größtenteils gravitativ an den Hangfuß, zerfallen zu Grus und werden verspült. Es ist vorstellbar, daß auch unter humideren Bedingungen nur wenige Lockerdecken auf den Granit-Inselbergen existenzfähig waren, und daß daher die differentielle Verwitterung und Abtragung ständig größere Reliefunterschiede zwischen diesen Plutoniten und den o. g. Metamorphiten erzeugt haben.

Auch die aktuelle Abtragung ist in den weichen Gesteinen wirksamer. So wird das Glacis über den Bodenstandort von Profil 16 linear-erosiv aufgelöst. Unklar bleibt allerdings, ob der Abfluß flächenhaft erfolgen würde und das Glacis weitergebildet werden könnte, wenn die konservierende Schuttdecke fehlte. Abtragungsfähiges Lockermaterial wäre jedenfalls in den Bodenresten vorhanden.

Profil 17

Karten: Carte du Sahara 1 : 200 000, NG-31-IV-V-X-XI, Arak (1957); Geologie wie bei Profil 16
Länge: 03° 46′ 47″ E Breite: 25° 14′ 46″ N
Ost: Osthang des O. Tinderinnati, 15 m über Talboden; direkt neben Straße, 500 m südlich Tankstelle Arak
Höhe über NN: ca. 640 m
Hangneigung und -richtung: stark geneigt, W
Ausgangsmaterial: Granit des Pharusien

Schutt	0—120 cm	nicht weiter differenziert
fBv	120—150 cm	roter (2.5YR 4/8), carbonatfreier, schwach steiniger, sandiger Lehm; kohärent; porös
C	150—190 cm	stellenweise rot (2.5YR 4/8) verwitterter, aufgeweichter Granit
R	190 cm +	unverwitterter Granit

Im Zuge der Hoggar-Aufwölbung hat der O. Tinderinnati hier das Deckgebirge der Tassili und das kristalline Grundgebirge tief zerschnitten und die bekannten „Gorges d'Arak" geschaffen. Auch die auf die „Mergelsandterrasse" auslaufenden Hangglacis sind an Prallhängen oft unterschnitten und hängen über dem Talboden. Dies spricht für noch andauernde tektonische Hebung. Das Terrassenmaterial leitet sich aus autochthonen Böden der Hänge ab. Beide, Terrassen und Böden, sind von Schutt bedeckt. Dadurch ergibt sich ein relatives Alter der einzelnen Bildungen. Eine genauere Einstufung des Bodenalters ist jedoch schwierig, besonders wenn man bedenkt, daß der Grundgebirgs-Zersatz in der Nähe der paläozoischen Überdeckung noch aus dem Präkambrium stammen kann, so wie bei Djanet (s. Barbier 1967).

Unterhalb des Bodenstandorts von Profil 17 geht der Granit-Hang in einen größeren Riedel über, welcher sehr wahrscheinlich eine Erosionsterrasse des O. Tinderinnati ist. Hinweise darauf geben große, gut gerundete Komponenten am Hangfuß, wo sie sich mit Schutt vermischen, aber stark verwittern, wenn sie in Feinmaterial liegen.

3.3.3 *Analytische Kennzeichnung*

Körnung

Die vom Air-Gebirge bekannten Verhältnisse finden nur in den Basalt-Böden des Atakor ihr Analogon. Wenn man Profil 13 als eine nicht-pedogene Bildung ausschließt, so werden vergleichbare Tongehalte in den Horizonten von 12 und 13a erreicht. Stellt man jedoch die Grundgebirgs-Böden einander gegenüber, so gibt es deutliche Unterschiede, was sich besonders in dem Verhältnis von Schluff (2—20 μ ∅) zu Ton ausdrückt.

Prinzipiell gleich geblieben ist aber offensichtlich die Tendenz, daß vorwiegend die Sand-Fraktionen und hier besonders der Mittelsand (∅ 200—600 μ) das Material für die Tonbildung bereitstellen. Das stimmt gut mit der Geländebeobachtung einer „Kaolinisierung" der Feldspäte überein. Natürlich gilt dies nur für die B- und C-Horizonte, denn auch im Hoggar hat die Oberflächenverlagerung die pedogene Korngrößenzusammensetzung stark verändert. In den Kornsummenkurven (Fig. 21) dokumentiert sich das in den zugehörigen Linien. Ansonsten sind die Summenkurven der Bodenhorizonte gestreckt. Nur im Profil 13 und 13a fächern sie weiter auf. Der unregelmäßige Verlauf und die absoluten Gehalte der einzelnen Fraktionen stützen den Geländebefund einer hydrothermalen Bildung. 13a nähert sich schon den Verhältnissen von 12. Dessen Summenkurven sind wegen hoher Schluff-Anteile gebogen. Es ist nicht ausgeschlossen, daß der hohe Feinschluff-Gehalt von 25,8 % in 45—50 cm Tiefe auf kryoklastische Verlehmung zurückgeht, weil ja nachweislich später noch periglaziale Bedingungen geherrscht haben (s. o.). Möglich wäre aber auch eine Inhomogenität in der Basalt-Verwitterung, was u. a. daraus hervorgeht, daß bei 190—195 cm Tiefe noch einmal B-Material gebildet wurde (s. Profilbeschreibung). Im Unterschied zu den Magmatiten und Metamorphiten des Grundgebirges liegen hier die verwitterbaren Silikate in wesentlich kleinerer Korngröße aber größerer Menge vor, was sicher auch die Lehmbildung begünstigt. Der Korngrößenunterschied zu den Profilen 14 bis 17 ist jedenfalls eklatant.

Generell liegen die höchsten Gehalte in den B-Horizonten. Da keine nennenswerte Tonverlagerung nachgewiesen werden konnte (s. Mikrogefüge), ist die Abnahme nach den höheren Profilabschnitten durch geogene Einmischung vorwiegend von Sand zu erklären. Profil 14 und 15, die keine mächtige und schützende Schuttauflage wie Profil 16 und 17 tragen, sind dafür gute Beispiele.

Damit bestätigt sich auch in der Korngrößenanalyse, daß die Hoggar-Böden nach ihrer Bildung bis tief in die B-Horizonte abgetragen wurden, bevor Prozesse der Oberflächenverlagerung neues Material in die Relikte einarbeiteten und sie flächig fossilierten. Nicht überall ist die Konservierung lückenlos, so daß zwischen den Steinen der Schuttdecken Verwitterung und Bodenbildung weitergehen bzw. neues Feinmaterial entstehen können. Besonders die äolische Geomorphodynamik selektiert hier aber die Korngrößen.

Dies ist bei der Körnung der Sahara-Böden zu berücksichtigen.

Tabelle 9. Körnung in Gew.-% des humus- und carbonathaltigen Feinbodens (∅ < 2000 μ) von Böden und vulkanogenen Edaphoiden aus dem Hoggar-Gebirge.

Prof.	Hor.	Tiefe cm	Ton	fU	mU	gU	fS	mS	gS	Bodenskelett in % des Gesamtbodens	$\frac{fU + mU}{Ton}$ x 100
12	rAh1	15-20	49.6	8.3	19.9	10.8	7.5	2.4	3.3	1.7	56.8
	rAh2	45-50	46.6	25.8	5.9	11.8	7.0	1.3	1.3	0.7	68.0
	rBv1	75-80	37.2	14.3	12.8	10.5	11.5	8.3	5.0	1.1	72.8
	rBv2	190-195	41.7	18.3	16.2	7.9	9.3	4.8	1.1	0.7	82.7
13a	rBv	25-30	40.1	10.7	17.0	12.0	14.0	3.8	2.1	0.0	69.0
	C	60-65	49.3	15.5	14.1	8.7	5.3	3.9	2.7	0.5	60.0
13	1	0-10	19.0	8.6	15.5	20.2	17.2	9.8	11.0	0.1	126.8
	2	45-50	53.1	12.5	17.0	13.5	3.6	0.8	0.6	0.0	55.5
		85-90	59.1	12.4	14.3	6.9	3.6	2.0	1.3	0.0	45.1
	4	160-165	71.5	7.8	7.0	3.7	3.2	4.4	1.9	0.0	20.6
14	Schutt	0-5	10.7	5.5	8.8	14.7	28.5	20.1	13.4	0.0	133.6
	rBv1	10-15	13.4	12.2	17.5	11.9	11.0	12.6	24.5	20.4	221.6
	rBtv2	50-55	23.0	12.4	12.3	9.6	10.5	12.8	21.6	3.9	107.3
	C1	70-75	17.7	13.0	15.6	11.1	13.9	13.5	17.5	4.6	161.5
	C2	100-105	14.4	10.5	16.1	15.8	18.9	13.2	12.6	9.0	184.7
15	rAh	0-3	9.5	4.9	5.9	6.7	20.5	50.3	4.5	5.8	113.6
	rBv	10-15	8.2	6.2	15.4	20.6	26.2	15.0	8.1	1.4	263.4
	C1	25-30	12.8	8.1	13.1	16.7	26.8	13.0	9.4	5.1	165.6
	C2	35-40	7.0	4.3	10.7	16.2	29.7	21.7	10.2	0.8	214.2
16	Schutt	25-30	16.3	14.1	17.6	13.4	16.4	12.4	11.8	0.9	194.4
	fBv1	50-55	12.8	15.1	11.9	8.1	17.6	22.4	12.4	1.8	210.9
	fBv2	60-65	12.0	13.6	13.9	7.7	19.8	23.5	8.7	1.9	229.1
	C	70-75	3.7	3.6	5.7	8.2	26.1	42.1	11.3	3.0	251.3
17	fBv	130-140	16.4	15.8	12.2	11.1	17.3	12.7	12.1	5.1	170.7
	C	170-180	6.2	4.4	5.8	10.9	19.2	27.2	28.1	3.8	164.5

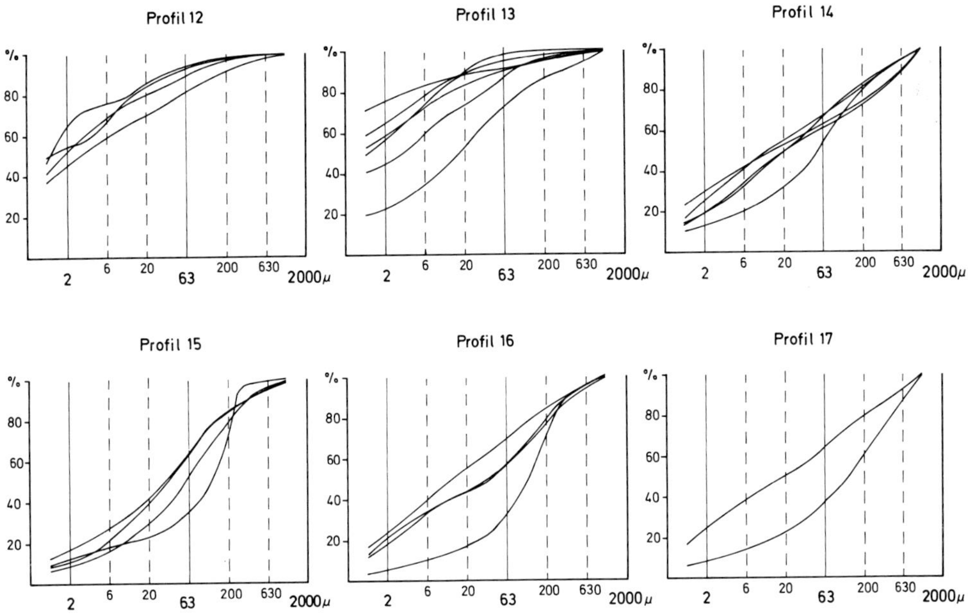

Fig. 21. Kornsummenkurven von Böden und vulkanogenen Edaphoiden aus dem Hoggar-Gebirge.

$CaCO_3$-Gehalt und pH-Wert des Feinbodens

Wie im Air-Gebirge können auch hier die gemessenen Werte des $CaCO_3$ völlig vernachlässigt werden. Die Böden sind carbonatfrei.

Nur wenige pH-Werte sinken geringfügig unter den Neutralpunkt. Der tiefste liegt mit 5,9 in Profil 15 (C2-Horizont). In den Grundgebirgs-Böden dürfte das z.T. wieder mit der Basenarmut des Ausgangsmaterials zusammenhängen. Gegen die Oberfläche stellt sich dann überall ein pH höher als 7 ein. Möglicherweise deutet das darauf hin, daß bei der Verwitterung ursprünglich leicht saure Verhältnisse geherrscht haben, die erst im Laufe der jüngeren Oberflächenentwicklung neutral bis leicht alkalisch wurden.

Hauptelemente der pedo- und vulkanogenen Tone und der Gesteine

Für die Grundgebirgs-Böden des Hoggar gilt prinzipiell das gleiche wie für die Air-Böden. Besonders das SiO_2/Al_2O_3-Molekularverhältnis (Fig. 22) beweist die Gleichartigkeit der Verwitterung und Bodenbildung in beiden Gebirgen. Graduelle Unterschiede äußern sich vor allem in niedrigeren Al_2O_3-Gehalten. Die Werte für das silikatisch gebundene und das freie Eisen (Fe_{total}) sind manchmal relativ hoch, so in Profil 14. Vielleicht führte eine schärfere Austrocknung zu einer intensiveren Fixierung der Fe-Oxide. Die pedogene Anreicherung von Titan dagegen ist etwas schwächer als im Air, was gut mit der Feststellung korreliert, daß die Silikatverwitterung im Hoggar auch generell weniger stark war. Die oberflächennahen Profilabschnitte zeigen bei fast allen Elementen wieder die bekannten Abweichungen.

Die Basalt-Böden des Atakor zeigen etwas andere Verhältnisse. Durch die Tiefenfunktionen von SiO_2/Al_2O_3 mol in den Profilen 12, 13 und 13a (Fig. 22) wird die schon früher geäußerte Ansicht bestätigt, daß hier vulkanogen-hydrothermale Einflüsse vorhanden sind. Der gezackte

Kurvenverlauf hebt sich deutlich von der „ruhigen" Profilentwicklung der Grundgebirgs-Böden ab. Auch die z.T. erheblichen Schwankungen von Eisen, Mangan, Titan und Calcium ergänzen dieses Bild. Wie noch zu zeigen sein wird (s. Mikrogefüge), besitzt Profil 13 fast überhaupt keine erkennbaren pedogenen Kennzeichen, so daß die Bezeichnung „vulkanogener Edaphoid" angebracht ist. Abgesehen davon, daß in den Basalten ein völlig anderes Ausgangsmaterial vorliegt, wird der Vergleich mit den Böden des Grundgebirges jetzt noch zusätzlich durch eine vulkanische Beteiligung erschwert.

Nach den vorliegenden Untersuchungsergebnissen ist der Verwitterungstyp im Hoggar-Gebirge als siallitisch zu bezeichnen. Gegenüber dem Air gibt es nur graduelle Unterschiede.

Tabelle 10. pH-Wert sowie Kalkgehalt des Feinbodens (Ø < 2000 μ) und chemische Hauptelemente in pedo- und vulkanogenen Tonen (Ø < 2 μ) und in Gesteinen des Hoggar-Gebirges (Gew.-% TrS).

Prof.	Hor.	Tiefe cm	pH	$CaCO_3$	SiO_2	Al_2O_3	Fe_2O_3 (t)	MnO	TiO_2	K_2O	CaO	$\frac{SiO_2}{Al_2O_3}$ mol
12	rAh1	15-20	7.4	0.1	46.0	22.1	14.30	0.128	3.46	1.11	1.47	3.53
	rAh2	45-50	7.4	0.3	46.4	21.6	14.80	0.092	3.57	0.99	1.23	3.63
	rBv1	75-80	6.8	0.0	45.5	20.0	17.80	0.088	3.29	0.40	0.37	3.85
	C	110-115	n.b.	n.b.	35.6	21.3	5.60	0.544	2.14	1.08	12.35	2.83
	rBv2	190-195	7.1	0.5	47.7	21.1	16.75	0.046	2.01	1.10	0.40	3.82
	C	200-205	n.b.	n.b.	41.6	23.2	8.35	0.432	2.37	1.05	5.33	3.03
	R	270-275	n.b.	n.b.	42.4	14.4	12.55	0.210	4.00	1.62	10.17	4.97
13a	rBv	25-30	7.1	0.0	44.6	23.5	15.95	0.032	3.87	0.51	1.35	3.21
	C	60-65	7.1	0.2	42.6	20.5	15.20	0.050	3.45	0.71	1.35	3.52
13	1	0-10	7.3	0.0	48.1	24.1	13.30	0.152	1.81	1.32	0.60	3.38
	2	45-50	7.0	0.0	42.7	26.9	11.50	0.048	2.69	0.70	1.27	2.68
		85-90	6.8	0.0	43.3	27.0	14.05	0.040	4.85	0.61	1.45	2.72
	3	105-110	n.b.	n.b.	46.3	24.1	9.40	0.024	6.39	0.27	2.50	3.25
	4	160-165	n.b.	n.b.	43.0	26.6	13.20	0.044	4.26	0.86	0.67	2.73
	5	165-175	n.b.	n.b.	53.7	25.5	6.35	0.020	1.06	0.12	0.70	3.57
14	Schutt	0-5	7.7	0.3	50.8	23.9	9.95	0.140	1.26	2.45	0.47	3.60
	rBv1	10-15	7.7	0.1	44.0	28.8	12.75	0.142	0.99	2.47	0.10	2.58
	rBtv2	50-55	7.2	0.0	44.1	30.1	11.70	0.154	1.10	2.66	0.07	2.48
	C1	70-75	7.5	0.0	43.3	28.9	13.85	0.130	0.91	2.52	0.13	2.54
	C2	100-105	7.7	0.0	40.2	26.0	19.75	0.440	0.67	1.90	0.25	2.61
15	rAh	0-3	7.8	0.1	50.6	27.8	9.30	0.132	0.99	2.17	0.53	3.08
	rBv	10-15	7.8	0.0	45.0	29.4	11.20	0.102	1.31	1.33	0.37	2.59
	C1	25-30	6.2	0.0	44.5	28.2	11.55	0.094	1.34	1.12	0.47	2.67
	C2	35-40	5.9	0.0	46.5	25.8	12.25	0.156	1.33	0.99	0.65	3.05
	R	45-50	n.b.	n.b.	63.6	13.2	7.55	0.130	0.39	0.59	8.53	8.14
16	Schutt	25-30	7.3	0.0	43.7	29.2	12.15	0.074	1.13	2.06	0.23	2.54
	fBv1	50-55	6.7	0.2	44.1	29.5	11.25	0.106	0.93	1.68	0.10	2.53
	fBv2	60-65	6.9	0.0	45.2	29.7	11.05	0.116	0.96	1.79	0.10	2.57
	C	70-75	7.3	0.0	45.3	31.7	8.85	0.154	0.49	2.23	0.05	2.42
	R	85-90	n.b.	n.b.	78.3	12.5	1.80	0.024	0.12	4.47	0.13	10.63
17	fBv	130-140	6.9	0.0	46.7	28.5	9.90	0.098	1.17	1.02	0.17	2.78
	C	170-180	6.3	0.2	47.4	26.9	10.65	0.224	1.47	1.17	0.23	2.98
	R	190-195	n.b.	n.b.	65.6	16.4	4.75	0.092	0.64	3.66	3.53	6.76

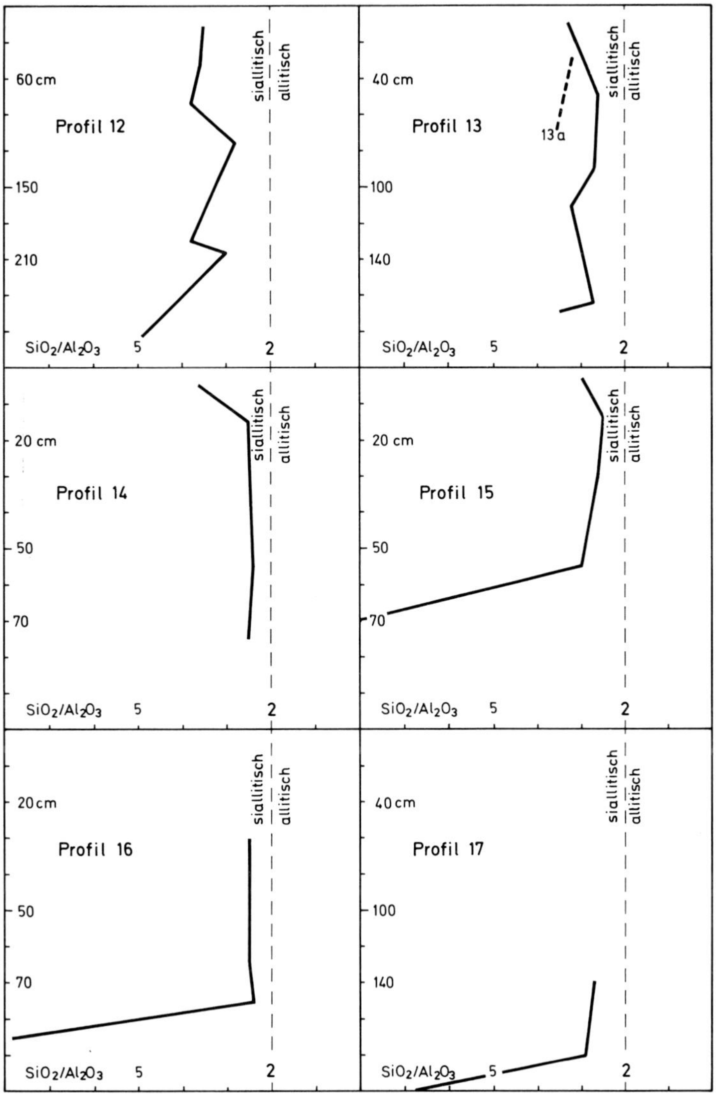

Fig. 22. SiO_2/Al_2O_3-Molverhältnis in pedo- und vulkanogenen Tonen (Ø < 2 μ) bzw. in Gesteinen aus verschiedenen Profiltiefen und Verwitterungstyp im Hoggar-Gebirge.

Silikatische Tonminerale

Das Bild der Röntgenreflexe in Fig. 23 wird beherrscht durch die absolute Vormacht smectitischer Minerale in den Atakor-Basalt-Böden (Profil 12, 13, 13a). Die Aufweitungstests bringen eine Verschiebung fast bis auf 18 Å. Damit ist eindeutig erwiesen, daß die roten (2.5YR) Tone des Profils 13 nicht zu einem Rotlehm oder Latosol gehören, sondern vulkanogener Natur sind. Der Basalt-Braunlehm zeigt mehr Kaolinit (7 Å), aber auch illitische Komponenten (10 Å) nach dem Erhitzungstest. Zusätzlich erscheinen bei der Kalium-Kontraktion noch Reflexe zwischen 10 und 14 Å, vermutlich Chlorite, die auch in Profil 13 größere Anteile besitzen.

In den letztgenannten könnte man den pedogenen Anteil des Tonmineralspektrums erblicken, besonders wenn man die Zusammensetzung in den Grundgebirgs-Böden (14, 15) berücksichtigt. Hier sind Kaolinit, Illit und Chlorit die Hauptkomponenten. Sie stellen Neubildungen der Verwitterung und Bodenbildung dar, welche ohne vulkanische Beeinflussung abgelaufen ist. Ein direkter Vergleich ist natürlich nur möglich, wenn die Böden gleiches Alter besitzen.

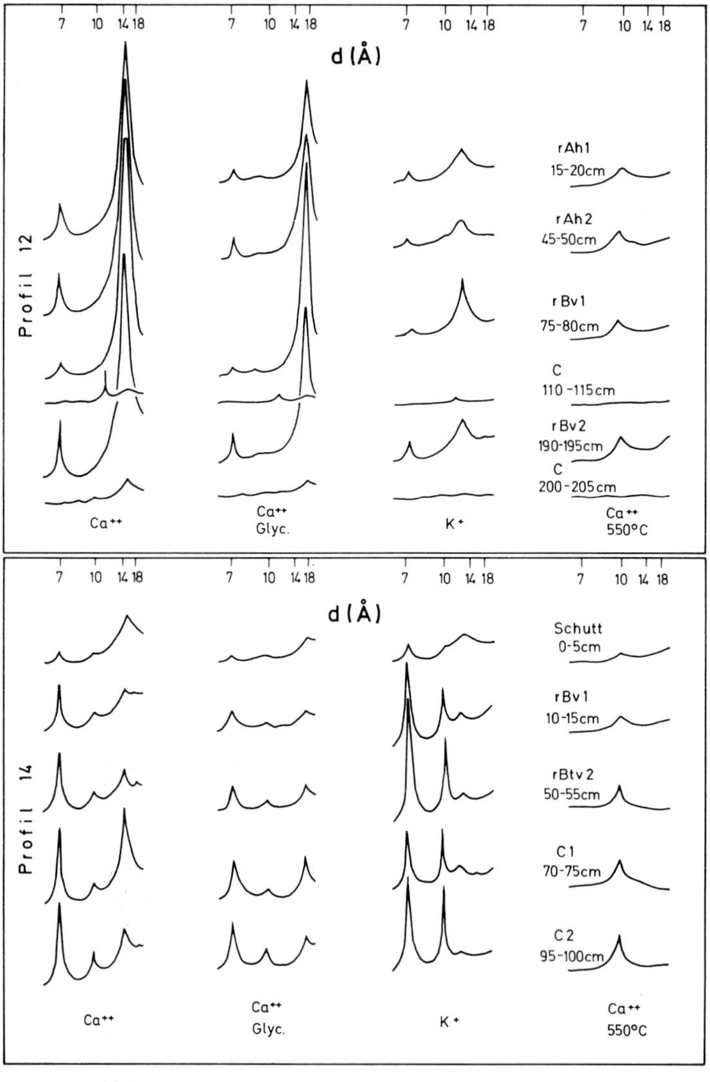

Fig. 23. Röntgen-Beugungs-Diagramme (CuKα) vorbehandelter und texturierter pedo- und vulkanogener Tone (Ø < 2 μ) von autochthonen Verwitterungsprofilen auf Kristallin-Gesteinen des Hoggar-Gebirges.

Daneben scheinen aber auch noch aufweitbare Smectite in Profil 14 und 15 vorzukommen. Vielleicht dokumentiert sich darin eine polygenetische Entwicklung dahingehend, daß zunächst eine Kaolinit-Illit-Chlorit-Paragenese bestand, dann aber eine Milieuänderung eintrat und sich Montmorillonit aus den noch reichlich vorhandenen Primärmineralen zu bilden begann. Hinweise dafür ergaben sich schon aus den pH-Werten (s. o.). Auch im Air-Gebirge deutet sich ähnliches an. Möglich wäre aber auch, daß durch die topographische Lage in einer vormals vollständigen Bodencatena diese Mineralvergesellschaftung entstand. In der Toposequenz am Granit-Inselberg des Kossélili im Tchad (Bocquier 1973) würde das Hoggar-Profil 15 etwa an die Grenze zwischen dem „Milieu lessivé (eluvié)" und dem „Milieu d'accumulation (illuvié)" zu legen sein, 14 läge schon im Akkumulationsbereich (vgl. hier Fig. 4 in Abschnitt 2.4).

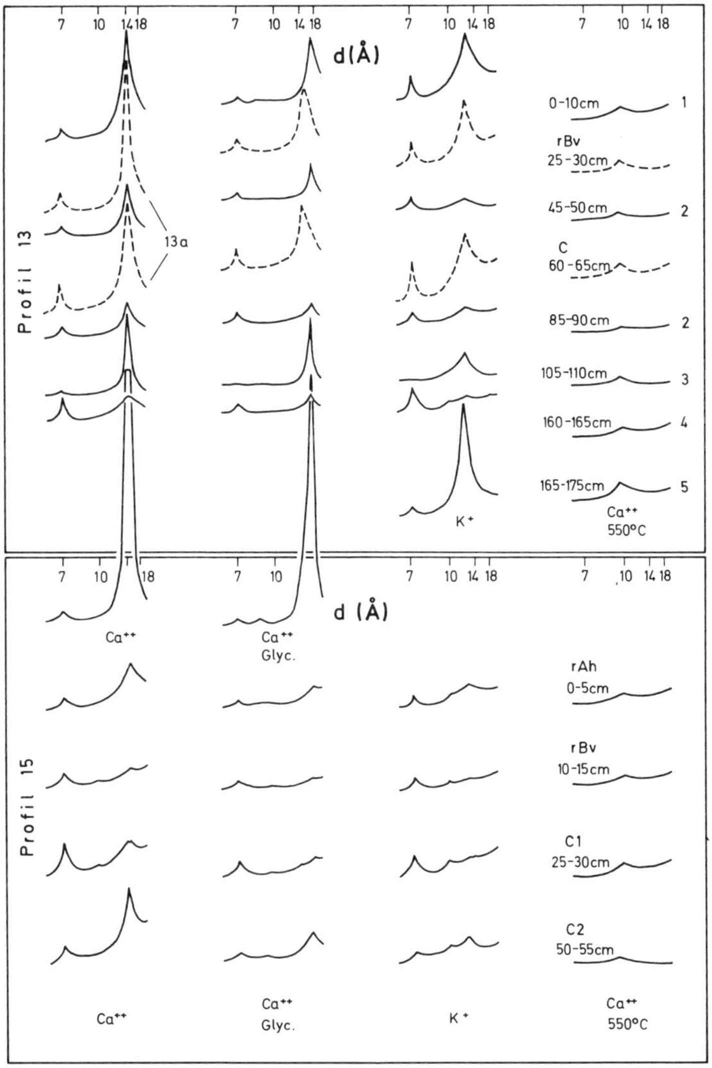

Fig. 23.
Legende s. S. 96

Mikrogefüge

In den Grundgebirgs-Böden 14 bis 17 wird das mengenmäßige Verhältnis von Gefügeplasma und Gefügeskelett in erster Linie von der Zusammensetzung des Ausgangsmaterials bestimmt. Darüber hinaus haben Verwitterung und Bodenbildung bei weitem noch nicht alle verwitterungslabilen Silikate erfaßt und in Ton übergeführt, so daß nur relativ wenig fließfähiges Plasma für eine Gefügedifferenzierung zur Verfügung steht. Dies kommt bereits in den geringen Tongehalten zum Ausdruck, vor allem aber in einer fast völligen Separationslosigkeit der beweglichen Elemente. Die gröberen Komponenten sind eingebettet in eine tonige Matrix, die sich an Ort und Stelle durch Aufweichung und oftmals selektive Verwitterung der Feldspäte und der Glimmer sowie ggf. der Hornblenden gebildet hat. Bewegungen kamen lediglich dadurch zustande, daß ein Durchfeuchtungswechsel über die Prozesse der Schrumpfung und Quellung Teile des Bodenskeletts in ihrer relativen Lage veränderte. Dies führte zu einer Einregelung dünner Beläge auf den Sandkörnern (skelsepic plasmic fabric) und zu charakteristischen Hohlraumformen (craze planes).

Eine gewisse Ausnahme davon macht der rBtv2-Horizont (45—70 cm) von Profil 14: hier zeigt eine Regelungsdoppelbrechung der Feinsubstanz an den Hohlraumwänden und in den verwitterungsbedingten Spaltrissen größerer Minerale, daß möglicherweise eine Tondurchschlämmung stattgefunden hat. Eindeutig ist das aber nicht immer zu entscheiden, weil außerdem noch die Tätigkeit von Insekten (wahrscheinlich Termiten) eine Umlagerung von plasmatischer Substanz verursachte. Spuren dieser Bioturbation sind übrigens in fast allen untersuchten Sahara-Böden, manchmal bis in die C-Horizonte, zu verfolgen (15C1). Aufgrund der besonderen Anlagerungsstruktur des Gefügeplasmas in 14rBtv2 wird davon ausgegangen, daß nicht nur Diffusion und Bioturbation, sondern auch Tonilluviation für die Differenzierung der beweglichen Elemente verantwortlich sind. Damit wären Merkmale eines Bt-Horizontes gegeben.

Insgesamt bestätigt das mikromorphologische Bild der Bodenreste die vorangegangenen physikalischen, chemischen und mineralogischen Untersuchungsergebnisse: die siallitische Verwitterung und Bodenbildung hat nur einen Teil der verwitterungsfähigen lithogenen Silikate in pedogene Tone umgewandelt. Das entstandene Gefügeplasma reicht in der Regel mengenmäßig nicht aus, stabile Aggregate aufzubauen. Vielmehr bewirkt der hohe Anteil gesteinsbürtiger und geogen eingemischter Sande eine starke Zerfallsneigung gegenüber Wasser und dadurch eine hohe Erosionsanfälligkeit.

Diese Kennzeichnung des Mikrogefüges trifft auch für die prä-basaltischen Grundgebirgs-Böden im Atakor, z.B. am Ahounahamt, zu (s. Fig. 20). Die Möglichkeit einer chemofaziellen und strukturellen Korrelation wirft jetzt natürlich wieder die Frage nach dem Alter der Böden auf, die außerhalb der vulkanischen Bedeckung liegen, hier also der Profile 14 bis 17. Infolge der bodenanalytischen Vergleichbarkeit ist nicht auszuschließen, daß die Relikte unter den ältesten Basalten und die Böden auf den Glacis und Pedimenten des übrigen Hoggar zeitgleiche Bildungen darstellen. Selbstverständlich können letztere auch viel jünger sein und dem Neogen bzw. dem Quartär angehören.

Auch die Gefügeanalyse lehrt, daß die primäre Körnung und die mineralogische Zusammensetzung der miozänen Basalte entscheidenden Einfluß auf den Tongehalt und die Geschwindigkeit der Tonbildung ausüben. Die vorwiegend in Schluffgröße vorkommenden Plagioklasleisten, Augite und die manchmal etwas größeren Olivine wurden sehr bald aufgeweicht (C-Horizonte) und später zu Ton umgesetzt. Trotz relativ großer Mengen an fließfähiger Feinsubstanz ist es in den Profilen 12, 13 und 13a nirgends zu einer stärkeren Orientierung des Plasmas gekommen. Selbst dort, wo Gefügeelemente aus reinem, nämlich hydrothermalem Ton bestehen, erkennt man nur an den Grenzen gröberer Aggregate eine ganz dünne Regelungsdoppelbrechung (vosepic). In den „vulkanogenen Edaphoiden“ verdecken allerdings bewegliche Fe-Oxide oft vollständig das aus silikatischem Ton bestehende Gefügeplasma. Daran lassen sich in den Basalt-Braunlehmen die lithogenen Fremdkomponenten gut von den pedogenen Bildungen unterscheiden. Anderes Fremdmaterial besteht aus, vermutlich äolisch eingetragenen, schluffigen Quarz-Splittern, welche aber nur im Braunlehm vorkommen. Sie erzeugen stellenweise das Gefügebild eines tonreichen Lösses. Die Basalt-Böden besitzen generell aber ein dichteres Lehmgefüge.

Tabelle 11. Mikrogefüge von Böden und vulkanogenen Edaphoiden aus dem Hoggar-Gebirge.

Prof.	Hor.	Tiefe cm	KUBIENA 1938 Elementargefüge	BREWER 1976 plasmic fabric	voids	STOOPS/JONGERIUS 1975
12	rAh1	15-20	plektoamiktisch	(insepic)/(skelsepic)/argillasepic	vughs/planes	chito-porphyric argiopelisil
	rAh2	45-50	plektoamiktisch	insepic/skelsepic argillasepic	vughs/planes	chito-porphyric sesquoargiopelisil
	rBv1	75-80	plektoamiktisch	argillasepic	vughs/planes	porphyric argiopelisil
	C	110-115				monic lithosil
	rBv2	190-195	plektoamiktisch	argillasepic	vughs/planes	porphyric sesquoargiopelisil
	C	200-205				monic sesqolithosil
13a	rBv	25-30.	plektoamiktisch	argillasepic	vughs/planes	porphyric argiopelisil
	C					monic lithosil
3	1	0-10				monic lithosil
	2	45-50		isotic		monic sesquoargiopelisil
		85-90		isotic		"
	3	105-110				monic argiopelilithosil
	4	160-165				monic sesquoargiopelisil
4	rBv1	10-15	plektoamiktisch/ porphyropeptisch	silasepic/ skelsepic	vughs/planes channels	chito-porphyric psammi/argiopel
	rBtv2	50-55	plektoamiktisch	silasepic/ vosepic	vughs/planes	porphyric psammi/argiopel
	C1	70-75				monic lithopsamm
	C2	100-105				monic lithopsamm
5	rBv	10-15	plektoamiktisch/ porphyropeptisch	silasepic/ skelsepic	vughs/planes	chito-porphyric psammi/argiopel
	C1	25-30				monic lithopsamm
	C2	35-40				monic lithopsamm
6	fBv1	50-55	plektoamiktisch/ porphyropeptisch	silasepic/ (skelsepic)	vughs/planes	chito-porphyric psammi/argiopel
	fBv2	60-65	"	"	"	"
7	fBv	130-140	plektoamiktisch	silasepic/ (skelsepic)	vughs/planes/ channels	chito-porphyric psammi/argiopel
	C	170-180				monic lithopsamm

Faßt man die Ergebnisse der mikromorphologischen Untersuchung an Böden des Hoggar-Gebirges zusammen, so müssen m.E. folgende Punkte festgehalten werden:

1. Der lithogene Einfluß der Ausgangsgesteine ist in allen autochthonen B-Horizonten noch erkennbar, in den C-Horizonten dominant.
2. Hydrothermale Vorgänge im Atakor verstärken die lithogene Komponente.
3. Geogene Einmischungen an der Oberfläche der Bodenreste vergröbern die Körnung.
4. Unterschiede zwischen den Basalt-Braunlehmen und den Grundgebirgs-Rotlehmen sind in erster Linie in der mineralogischen Zusammensetzung und der Struktur der Ausgangsgesteine begründet.
5. Der Nachweis eines klimatisch bedingten, bodengeographischen Höhenwandels auf der Basis eines direkten bodenanalytischen Vergleichs ist daher schwierig.
6. Eine Gleichaltrigkeit der Grundgebirgs-Rotlehme (Profil 14—17) mit den präbasaltischen Bildungen ist nicht ausgeschlossen.
7. Die mangelnde Tendenz des Gefügeplasmas zur Aggregatbildung kann als ein Grund für die hohe Zerfallsneigung und Erodierbarkeit der Böden angesehen werden.

3.3.4 *Diskussion*

Die Böden des Hoggar-Gebirges besitzen für klimagenetisch-geomorphologische Fragestellungen in der Sahara große Bedeutung, weil das Massiv eine zentrale Lage einnimmt, weil es im Atakor fast 3000 m Höhe erreicht, und weil hier neogener und quartärer Vulkanismus verschieden alte Böden fossiliert hat. Nicht zuletzt wird der Kontakt des präkambrischen Grundgebirges zum paläozoischen Deckgebirge unter den peripheren Tassili wichtig, weil dort Hinweise für den pedologisch-geomorphologischen Zustand der zentralen Rumpfflächen vor ihrer Exhumierung und möglichen Weiterbildung zu bekommen sind.

Wertet man zunächst die umfangreiche Literatur hinsichtlich der Kennzeichnung der Böden, ihrer paläoklimatischen Deutung und des Zusammenhangs von Relief und Boden aus, so bedarf es strenger Auswahlkriterien, denn von der pedologischen Aussage hängen z.T. weitreichende geomorphogenetische Schlußfolgerungen ab.

Offensichtlich gab es vor Ablagerung der paläozoischen Sedimentserien einen, mindestens nach Dekametern zu bemessenden Zersatz des Grundgebirges, der nicht mit ± gleichbleibender Mächtigkeit in das Gestein griff, sondern sehr unregelmäßig den Untergrund aufbereitete, so daß nach Ausräumung des Saproliths dann Inselberge übrigblieben. Da solche Formen unter dem Paläozoikum nachgewiesen sind und u.a. auch der Taourirt von Tesnou schon vor Beginn der O.Kreide als Inselberg bestanden haben soll (Perret 1953: 55), stellt sich die Frage: wie weit haben die zentralen Rumpfflächen das Stadium der Exhumierung hinter sich gelassen, und welches ist der Anteil der känozoischen Klimate an der Verwitterung und Abtragung dieser Inselberge und Fastebenen? Zur Beantwortung dieser Frage muß die paläogeographische Entwicklung der letzten 500 Jahrmillionen geklärt sein. Für das Paläozoikum hat sie Freulon (1964) kartographisch dargestellt. Danach war das Hoggar mit wechselnder Flächenausdehnung mehrfach Abtragungs- und Aufschüttungsgebiet. Aufgrund der mineralogischen Zusammensetzung der korrelaten Sedimente: Sandsteine des Kambrium bis Devon hat Bigarella (1972) auf semiaride Klimabedingungen geschlossen, unter denen eine Pediplain gebildet wurde. Submarine und subglaziale Formung muß ebenfalls stattgefunden haben, wenn man alle paläogeographischen Stationen miteinbezieht. Im Mesozoikum hat nach Conrad (1969: 438, Tab. 280) eine (jurassische ?) „pénéplaine post-hercynienne“ die paläozoischen Sedimentgesteine im Norden und sehr wahrscheinlich auch Teile des Grundgebirges (weiter) eingeebnet. Im Hoggar lagert darauf an einigen Stellen noch Continental Intercalaire (?), das unter den Atakor-Basalten auch stärker verwittert und umgelagert ist. Das Basement war wieder zu einer Pediplain abgetragen (Rognon 1967: 532, Fig. 148 u. S. 61—154).

Dieses Flachrelief, auf das im Norden bei Amguid noch einmal marine O.Kreide transgredierte, dürfte die Ausgangssituation für die Entwicklung der heutigen Oberflächenformen und Böden darstellen. Da m.W. jedoch noch keine Gliederung der Hoggar-Flächen vorliegt, muß dahingestellt bleiben, „in welcher Beziehung diese zu einer alten Rumpffläche stehen, wenn es auch wahrscheinlich ist, daß sie nur dank des ursprünglichen Vorhandenseins einer solchen ihre Gestalt besitzen" (Menzel 1933: 116).

Von einer einzigen, das gesamte Kristallin des Hoggar überziehenden Rumpffläche geht Büdel aus. Ihre heutige Stufung sei das Resultat einer nachträglichen Zerbrechung in Schollen, deren Ränder zu Kerbtälern zerschnitten wurden. Die Rumpfflächengenese reiche möglicherweise bis weit in das Alttertiär zurück und sei unter feucht-tropischem Klima und enger Koppelung an Latosol-Böden erfolgt. Wie die zahlreichen pedologischen Verweise belegen (1977: 157—183), läßt Büdel keinen Zweifel daran, daß er die roten Paläosole des Hoggar-Gebirges für die Reste der flächenbildenden „Rotlehme", „Latosole" und „Laterite" im Sinne der „Doppelten Einebnungsflächen" hält (s.a. Abschnitt 5.2.1).

Diese, mit weitreichenden Schlußfolgerungen verbundene, bodenkundliche Deutung überrascht insofern, als keine gesicherten Hinweise für eine Klassifizierung von Latosolen und Lateriten zu finden sind. Rognon (1967: 61—154) hat an mehreren Stellen den Nachweis geführt, daß die roten Grundgebirgs-Böden unter den ältesten Basalten einer „altération faible de type tropical sec" zuzuordnen sind. Die Analysenergebnisse von einer Einzelprobe, die Bordet (1952: 28—29) einem „latérite fossile" zuschreibt, lassen sich mikromorphologisch nicht bestätigen: Kubiena, der systematisch zwischen Rotlehmen und Latosols unterscheidet (1953: 273—278), erkennt in den Hoggar-Rotlehmen keine Merkmale einer stärkeren Lateritisierung (1955: 130). Ebenso wurde die auf einer einzigen chemischen Analyse beruhende Deutung eines Laterits (Durand & Dutil 1958) durch neue Analysen korrigiert (Rognon 1967: 172—174). Der französische Begriff „Sol ferrallitique" als Synonym für Latosol und Laterit erscheint in einer späteren, umfassenden Arbeit von Dutil (1971) nicht mehr. Aber auch andere stichpunktartig aufgenommene Einzelanalysen (z.B. Völk & Levelt 1971) bedürfen der weiteren Überprüfung.

Die in den älteren Basalten fossilierten Böden werden relativ einheitlich als „Sols ferrugineux tropicaux" interpretiert, soweit man sich auf umfangreiche physikalisch-chemisch-mineralogische Analysen stützen kann. So diskutiert Rognon (1967: 166—185) anhand eines Vergleichs mit Ferralliten (= Latosolen) Madagaskars den relativen Verwitterungsgrad der Atakor-Böden. Besonders in den Gehalten an SiO_2 und Al_2O_3 wird der große Unterschied zu den Latosolen des Indik deutlich (s. Fig. 17 in der vorliegenden Arbeit). Leider sind die Grundgebirgs-Böden unter den Basalten in Bezug auf das Silizium anders untersucht worden, so daß ein direkter Vergleich mit den jüngeren Bildungen nicht möglich ist. Vielfältige Laboruntersuchungen bieten auch Dutil (1971: 201—259) eine fundierte Grundlage für die paläoklimatische und systematische Zuordnung der Basalt-Böden (s. Fig. 18 in Abschnitt 3.3.1). Dagegen führt Girod (1971: 38—39) nicht den Nachweis einer Verwitterung zu seinen „Sols ferrallitiques".

Im ausgehenden Miozän und im Pliozän wird die Verwitterungsintensität deutlich schwächer, es entstehen andere Böden. Nach Abklingen des Basalt-Vulkanismus im Villafranca und Mittelpleistozän bilden sich nur noch braune Böden. Ihre Verwandtschaft zu mediterranen Bildungen ist groß.

Kubiena kommt auf der Basis des mikromorphologischen Vergleichs und des Braunlehm-Konzeptes zu einem abweichenden Bild (1955, 1957, 1967, 1970). Für die Hoggar-Böden nimmt er ein immerfeuchtes bzw. wechselfeuchtes tropisches oder subtropisches Bildungsklima an. Doch wird man sich fragen müssen, ob das Mikrogefüge allein ausreicht, paläoklimatische Folgerungen abzuleiten, insbesondere dann, wenn begleitende chemisch-mineralogische Befunde in eine andere Richtung weisen. Die eingehende Kritik von Rognon (1967: 196—200) macht auf diese Widersprüche aufmerksam. Auch ist der Tabelle 2 in Abschnitt 2.7 zu entnehmen, daß Kubiena den semiariden Randzonen der Sahara keine Gefügetypen zuweist. Bodengeographisch-paläoklimatologisch wäre es dann durchaus möglich, daß die Basalt-Braunlehme des Atakor einem (etwas stärker peptisierten) mediterranen Braunlehm entsprechen.

Eigene Befunde an Atakor-Braunlehmen und Grundgebirgs-Rotlehmen deuten ebenfalls auf relativ milde Bildungsbedingungen hin. Der Aufbau der stark erodierten Böden des Basements ist mehrteilig. Über einem Saprolith-C-Horizont ist der eigentliche Rotlehm-B entwickelt, dieser wiederum wird von allochthonem Material abgedeckt. Daher ist ohne Aufschlüsse meistens nicht zu erkennen, daß Paläosole existieren.

Besondere Probleme wirft das Vorhandensein von Saprolithen auf. Wenn diese zeitlich mit der Rubefizierung und übrigen Pedogenese der Rotlehme nicht zusammenfallen — worauf übrigens schon Lapparent (1937) hinwies —, dann ist theoretisch sogar ein präkambrisches (!) Alter des Zersatzes möglich. Die mineralogische Übereinstimmung mit den korrelaten Sedimenten in den kambro-ordovizischen Sandsteinen (s. Kulbicki & Millot 1960) ist jedenfalls nicht zu übersehen. Das würde bedeuten, daß die Hoggar-Rumpfflächen oder Teile davon das Stadium der Exhumierung noch nicht überschritten hätten. Zumindest in den peripheren Bereichen ist dies stellenweise der Fall, wie Barbier (1967) für die Region um Djanet nachweisen konnte. Deshalb könnte der Saprolith-C-Horizont von Profil 17 in der Arak-Schlucht unterhalb der paläozoischen Bedeckung durchaus ein sehr hohes Alter besitzen. Wenngleich die Oberflächenformen und ihre Böden in den proximalen Teilen der Hoggar-Aufwölbung wesentlich jünger sein dürften, ist die altersmäßige Einstufung einer saprolithischen Vorverwitterung prinzipiell jedoch nicht möglich.

Faziell können die Grundgebirgs-Rotlehme außerhalb des Atakor aber auch mit den „divers dépots et sols corrélatifs de la surface sommitale“ unter den ältesten Basalten parallelisiert werden. Sind beide zeitgleich, dann ergäbe sich ein oberoligozänes Alter, weil der neogene Vulkanismus erst im Miozän begann. Da in den miozänen Basalten jedoch Böden der Gruppe der „Sols ferrugineux tropicaux“ enthalten sind und die feuchteren Bildungsbedingungen auch im Grundgebirge ihren pedologischen Niederschlag gefunden haben müssen — der Atakor war noch nicht zu seiner heutigen Höhe gehoben — ist ein post-miozänes Alter der Grundgebirgs-Rotlehme sehr wahrscheinlich. Dann bestünde auch eine zeitliche Parallelität mit den „Sols brun rouge subarides“ auf den jüngeren Basalten. Außerdem ließen sich die Böden in eine Reliefentwicklung integrieren, die während des Pliozän-Ältestpleistozän auch im Tiefland noch Hangabtragung bewirkte: die untersuchten Profile 14 bis 17 liegen auf Hängen und Glacis. Das Ende dieser Rotlehm-Bildung ist möglicherweise noch genauer faßbar, wenn man ein K/Ar-Alter aus 2000 m Höhe (Atakor) auf das Grundgebirgsniveau (ca. 1400 m NN) bezieht. Dort wurden „alluvions rougeatres“, also Erosionssedimente der Rotlehme von Basalten bedeckt, die auf 1,5 ± 0,1 MA datiert wurden. Nach Rognon et al. (1981) kündigt sich damit zugleich auch ein Wendepunkt in der geomorphologischen und klimatischen Entwicklung an.

Kubiena (1955: 118 u. 121) hat die C_1-Horizonte der Rotlehme als „Weißlehm-Variante“ und als „Weißhorizonte“ (C_w) angesprochen, welche durch „Enteisenung weißlich hellocker“ gefärbt wurden. Dieser Prozeß gehe „auf eine Entfärbung durch einseitiges Fortdiffundieren aller Eisenhydroxyde hauptsächlich in die (B)/C-Horizonte“ zurück und „scheint für die trockeneren Rotlehmgebiete charakteristisch zu sein“ (1954: 216). Eine andere Form der Eisenentmischung komme dadurch zustande, daß bewegliche Eisenhydroxyd-Sole dann zu irreversiblen Gelen ausgeschieden werden und die ganze Grundmasse gerüstartig durchsetzen, wenn der Boden stark erhitzt wird und austrocknet. Dies geschehe generell in wechselfeuchten tropischen und subtropischen Klimaten mit heißen Trockenzeiten, könne aber auch auf bestimmte Standorte beschränkt sein. Kubiena (1955: 126—127) bezeichnet diese Ausflockung von Fe-Oxiden als „rote Vererdung von Rotlehmen", nach einer Lokalität im äquatorialen Sudan auch als „Iwatoka-Variante", weil der unbewegliche sesquioxidreiche Gefügeteil auf Kosten des beweglichen, kieselsäurereichen Plasmas dadurch relativ zunehmen kann, daß letzteres allmählich ausgewaschen wird, so daß schließlich ein erdiger, unplastischer Boden entsteht. Diese Art von Roterden sei von lateritischen Roterden zu unterscheiden. Im Hoggar wurde die rote Vererdung von Kubiena an Grundgebirgs- und Basalt-Rotlehmen festgestellt (1955: 121 u. 128—130).

Eigene Untersuchungen an Böden des Basements (Profil 14—17) ergaben zwar eine nur geringe Mächtigkeit der Saprolith-C-Horizonte, aber auch, daß der verwitterungsbedingte Abbau der Primärsilikate nach den B-Horizonten gleichmäßig zunimmt und hier sein Maximum erreicht. Gleichzeitig wird natürlich mehr Eisen freigesetzt und in dem besser durchlüfteten Milieu oxidiert. Das mikromorphologische Bild der dichten, noch stark lithogen geprägten Saprolithe zeigt, daß nur wenig Raum für eine intensivere, aszendente Oxid-Diffusion vorhanden ist. Obwohl gegenüber dem Ausgangsgestein im Saprolith-C z.T. erhebliche Mengen silikatischen Eisens hydrolytisch verwittert sind, kommt es zur Abscheidung roter Oxide nur in der Nähe von Hohlräumen, z.B. Wurzelröhren, Termitengängen oder Schwundrissen. Hinweise für einen diffusiven Transport nach B sind dabei nicht erkennbar. Andererseits hat die vereinzelt zu beobachtende „rote Vererdung" der Rotlehm-B-Horizonte auch im Saprolith stattgefunden (14C2). Darin dokumentiert sich möglicherweise die erosive Profilverkürzung mit gleichzeitiger Tieferlegung der Untergrenze des B-Horizontes. Vielleicht sind dies aber auch Spuren einer zunehmenden Austrocknung, welche das laterale Hangzugwasser im Solum erfaßt hat.

Insgesamt gesehen besitzen die (fer)siallitisch verwitterten, durch Oberflächenverlagerung stark gestörten B-Horizonte der Grundgebirgs-Rotlehme noch ein voll intaktes, hochbewegliches Gefügeplasma, das genetisch aus einem Saprolith unbekannten Alters hervorging. Smectitische Tonminerale und die der dominanten Mineralparagenese (Kaolinit, Illit, Chlorit) widersprechenden neutralen pH-Werte deuten auf eine polygenetische Entwicklung oder auf einen differenzierten Stoffhaushalt in einer ehemals vorhandenen Bodencatena.

Auch die quartären Basalt-Braunlehme haben zwischen den Mineralbildungs-B-Horizonten und dem Muttergestein einen Zersatzhorizont. Nach Kubiena (1955: 118) ist dieser für stark verwitterte Böden auf dichten, leicht verwitterbaren Ausgangsgesteinen typisch und unter feuchtem Klima sowohl in den Tropen als auch in mittleren und höheren Breiten anzutreffen. Zwar kommt es zur Tonbildung, aber wegen des dichten Gefüges zu keiner oder nur geringer Oxidation, was sich durch fehlende Bräunung zeigt. Nach einem Ort auf dem immerfeucht-tropischen Fernando Póo im Golf von Guinea spricht Kubiena von „Matadero-Fragipan" (-Zersatz, -Horizont, C_m) und versteht darunter „einen dichten, zumeist feuchten, wenig wasserdurchlässigen, luftarmen C_1-Horizont von zumeist grauer Farbe mit guter chemischer Verwitterung und Tonbildung, aber geringer primärer Oxydation" (1954: 216). Der — ethymologisch vom lateinischen „fragilis" abgeleitete Begriff — Fragipan wird heute auf entsprechende Bildungen in verschiedenen Böden angewandt, ist aber weiter gefaßt und eingehend definiert (Soil Survey Staff 1975: 42—44). Die umstrittene genetische Deutung beinhaltet u.a. die Theorie, daß der Fragipan durch mechanischen Eisdruck auf die Bodenoberfläche gebildet werde. Ganz von der Hand zu weisen wäre diese Interpretation auch für das zentrale Hoggar-Massiv nicht, wenn man bedenkt, daß Rognon (1967) im hohen Atakor mehrfach Solifluktionsschutt, Nivationsnischen und Moränen nachgewiesen hat, und daß in den A-Horizonten von Profil 12 ein plattiges Gefüge existiert.

Nach eigenen Beobachtungen und Untersuchungen kommt aber noch eine andere Entstehungsweise in Frage.

Vulkanogene Edaphoide

Dieser Begriff wurde erstmals von Kress-Voltz (1964) für bodenähnliche Bildungen verwandt, welche nicht auf pedogene Prozesse zurückgehen, sondern vulkanischer Natur sind. Mückenhausen (1967) hat vulkanogen-hydrothermale Veränderungen an Trachyt-Tuff, Löß, Basalt, Basalt-Tuff und Sandstein tonmineralogisch und elektronenoptisch beschrieben. Im Westerwald und Vogelsberg untersuchten Jaritz (1966) und Wirtz (1972) u. a. vulkanogene Edaphoide in ihrem Verhältnis zu tertiären Paläosolen. Hydrothermale Zersetzungsprodukte sind auch weiterhin Gegenstand paläopedologischer Forschungen im Rheinischen Schiefergebirge (Wiechmann & Felix-Henningsen 1983). Analytische Befunde von jungtertiären Basalten liegen auch aus Israel vor (Singer 1970).

Generell ist zwischen einer hydrothermalen Zersetzung in saurem Milieu und einer in alkalischem Milieu zu unterscheiden. Im ersten Fall entsteht Kaolinit, sonst Smectit. Der räumliche Abstand zur Quelle kann aber für die Zersetzungsart und die Mengenanteile von Kaolinit und Montmorillonit entscheidend sein (Correns 1962). Goethit und Hämatit können direkt aus der hydrothermalen Phase gebildet werden (Murad 1982). Künstliche Verwitterungsexperimente an Olivinen, Pyroxenen und Amphibolen zeigten, daß die Umwandlung zum Endprodukt kontinuierlich über amorphe Zustände erfolgt (K.-F. Riedl 1976).

Auf die geomorphologische Bedeutung einer hydrothermalen Verwitterung in Oberflächennähe macht McGreevy (1982) aufmerksam. Bout schreibt den vulkanogenen „niveaux rubifiés" in isländischen Basalten einen gewissen Steuerungseffekt bei der Hangentwicklung zu (1955: 135—142).

Für den Atakor diskutiert allein Rognon (1967: 169—170) die Möglichkeit einer Existenz von „red partings". Obwohl viele — auch geomorphologische (Verf.) — Parallelen zu den isländischen Trapp-Basalten bestünden, sei eine vulkanogene Entstehung auszuschließen. Die hohen Montmorillonit-Gehalte (bis 100 %) schreibt Rognon den hydromorphen Prozessen in Gleyen zu, sagt aber nicht, auf welches Paläorelief die Böden zu beziehen sind. Man vergleiche dazu auch die Tiefenfunktionen der Profile HG. 156 und HG. 160 von Dutil (1971) in der Fig. 18 der vorliegenden Arbeit mit den anderen „Sols ferrugineux tropicaux" (HG. 161, HG. 34) und den übrigen Böden. Da die „niveaux rouges" eine große horizontale Ausdehnung besitzen — dies wertet Rognon ebenfalls als Beweis für eine Pedogenese — dürfte in dem sich hebenden Atakor keine äußere Drainage vorhanden gewesen sein. Angesichts der Dimensionen, die eine hydrothermale Zersetzung in einem Vulkangebäude dieser Größenordnung annehmen kann — auf Island wurden „hydrothermally altered basalts" noch in 2200 m Tiefe erbohrt (Thorsteinsson & Elíasson 1970: 1193, Fig. 2) — wäre m. E. im Atakor eine spezielle Untersuchung zu diesem Problem und zur geomorphologischen Wirksamkeit vulkanogener Verwitterung noch einmal angebracht.

Die eigenen Beobachtungen im Hoggar-Massiv zeigen jedenfalls, daß hydrothermale Zersetzung stattgefunden hat. Die wichtigsten laboranalytischen Kriterien sind: hohe Montmorillonit-Mengen und fehlender Quarz in einem „Rotlehm", die unregelmäßige Elementverteilung, Allophan-Wolken der noch nicht kristallisierten (amorphen) Tonsilikate und die Art der Eisenoxid-Abscheidung in Gestein und Lockermaterial. Zumindest für die Standorte der Profile 12 und 13 ist der „Matadero-Fragipan" damit vulkanischer Natur. Nach der Lage der hydrothermalen Zersetzungsprodukte in der Matrix zu urteilen, hat die quartäre Braunlehm-Bildung auf diesen angesetzt, ist also jünger.

Prinzipiell ist eine endogene, aufgrund der hohen Temperaturen (100 bis 300 °C) enorm beschleunigte und intensivierte „Gesteinsverwitterung" auch in der Endphase des Plutonismus möglich. Dazu gibt es ein Beispiel aus dem Hoggar: auf dem 775 m hohen Granit-Inselberg des Tamazaror, dessen 500 x 300 m großes Plateau mit der „pénéplaine antétassilienne" korrespondieren soll, und das die tiefere Rumpffläche um ca. 200 m überragt, hat Boissonnas (1973: 568—572) Belege für eine hydrothermale Kaolinisierung und Silifizierung gefunden. Bei Berücksichtigung aller Gegebenheiten ist hier evtl. sogar die Geomorphogenese in groben Zügen rekonstruierbar. Der Tamazaror liegt an der Piste Tamanrasset—In Guezzam, ca. 40 km westlich Laounie und ca. 25 km nördlich der Tassili ta-n-Ahaggar. Geht man von einer differentiellen und tiefgründigen Verwitterung unter der prä-tassilischen Rumpffläche aus, die etwa die Tiefe von Djanet (ca. 100 m) erreichte und zusätzlich noch von einer hydrothermalen Granit-Aureole unterstützt war, so erhält man einen Abtrag im festen Grundgebirgs-Gestein von 100 m bis zur nächsten Rumpffläche, der heutigen Landoberfläche. Wenn im südlichen Hoggar keine jüngeren als die paläozoischen Sedimente existierten, dokumentiert sich in diesen hundert Metern die Abtragungsleistung des Meso- und Känozoikums zusammen, zuzüglich des hydrothermalen und präkambrischen Zersatzes und einer paläozoischen Bedeckung unbekannter Mächtigkeit, also insgesamt mehr als zweihundert Meter.

Zusammenfassung

Im Hoggar-Gebirge reichen die Spuren von Verwitterung und Bodenbildung zeitlich bis in das Präkambrium zurück. Unter den Tassili ist stellenweise ein über 100 m tiefer Zersatz erhalten. Das dürfte etwa die Hälfte des Betrages sein, um den die prä-tassilische Rumpffläche bis heute tiefergelegt wurde. Inselberge waren vorhanden. Die korrelaten Sedimente finden sich in den kambro-ordovizischen Sandsteinen. Eine post-herzynische Einebnungsphase des präkambrischen Grundgebirges und des paläozoischen Deckgebirges belieferte das Continental Intercalaire der weiteren Umgebung, z.B. das Mourzouk-Becken.

Auf die entstandene Pediplain transgredierte bei Amguid marine O.Kreide. Hinweise einer stärkeren Verwitterung sind möglicherweise auf dem komplizierten Unterbau des Atakor in (umgelagertem) Continental Intercalaire (?) anzutreffen. Ihr Alter dürfte zwischen O.Kreide und Eozän liegen.

Die jüngere Grundgebirgs-Verwitterung datiert in das O.Oligozän und erfolgte unter einem tropischen Trockenklima. Die fossilen „Sols ferrugineux tropicaux" in den miozänen Basalten belegen etwas feuchtere Bedingungen, vergleichbar den Verhältnissen im Übergangsbereich der heutigen trockenen Randtropen zu den wechselfeuchten Tropen. Im ausgehenden Miozän und im Pliozän entstehen „Sols brun rouges sub-arides" auf den Basalten und auf den Saprolithen des Grundgebirges. Hier stellen sie die letzte stärkere Bodenbildung auf den Hängen, Pedimenten und Glacis dar. Deren Alter reicht vermutlich bis in das Ältestpleistozän.

Das quartäre Klima im hohen Atakor bewirkt die Ausbildung von Braunlehmen mediterraner Fazies. Drei Erosionsphasen führen zur Aufschüttung der („rhexistatic") Ober- und Niederterrasse und der („biostatic") Mittelterrasse mit Braunlehm-Sedimenten. Die Grundgebirgs-Rotlehme tauchen unter die Terrassen ab, sind also älter als diese und als die Braunlehme. Im Spätglazial-Holozän ist an topographisch günstigen Stellen Bodenbildung möglich.

Hydrothermale Gesteinsaufbereitung existiert im Grundgebirge und in den Atakor-Basalten. Die vulkanogene Zersetzung als eine besonders intensive und schnelle Art der endogenen nicht-klimatischen Verwitterung könnte eine größere geomorphologische Rolle spielen als bisher angenommen.

Eine quantitative Abschätzung der känozoischen Abtragung im Hoggar-Gebirge insgesamt ist schwer durchzuführen, auch weil die korrelaten Sedimente bisher nicht bekannt sind oder ausgewertet wurden. Vermutlich ist die oberkretazisch-eozäne Pediplain nur geringfügig erniedrigt worden, von tektonisch bedingter Einschneidung und Ausräumung abgesehen. Nach bodenstratigraphischen Befunden im Atakor verblieb das Klima seit dem Alttertiär im semiariden Schwankungsbereich.

3.4 *Plateau du Tademait*

3.4.1 *Literatur*

Im Bereich des Tademait werden die eingeebneten Schichtglieder des Paläozoikums zunächst von den terrigenen Sedimenten des Continental Intercalaire diskordant überlagert. Darauf folgt dann ein ca. 200 m mächtiges Paket von mariner O. Kreide. Diese Sedimentation wurde durch die Anlage eines jener Becken ermöglicht, welche die Untergrund-Struktur des saharischen Nordafrika kennzeichnen und im Mourzouk-Becken ein analoges Beispiel besitzen.

Die Entwicklung von einem, gegen die Beckenränder hin ausdünnenden Sedimentkörper zu der Hammada des Plateau du Tademait mit seinen steil abfallenden Stufenrändern vollzog sich nach Conrad (1969: 67, Fig. 23) bereits im Alttertiär. Mio-pliozäne Überdeckungen im östlichen Plateaubereich zwischen Hassi Inifel und Ain el Morra beweisen, daß der südliche Verlauf der Schichtstufe schon damals etwa der heutigen Situation entsprach (s. Perret 1938: 607). In der Hammada Chammar überlagert geringmächtiges (15—20 m), kontinentales Neogen das eingeebnete Continental Intercalaire bis ca. 50 km vor die Schichtstufe des Plateau du Tademait. Die marine O. Kreide des Plateaus hat vormals das Gebiet der Hammada Chammar bedeckt (Conrad 1969: 105—111, Fig. 23, S. 67 u. Fig. 54, n.S. 116).

Ausgelöst wurde die Entwicklung zum Abtragungsrelief einmal durch die Meeresregression, vor allem aber durch die „mouvements néocrétacés" im Atlas, die zu größeren Deformationen des präkambrischen und paläozoischen Untergrundes und zur Anlage breiter Subsequenzzonen führten. Auch heute noch stellen die tektonischen Randsenken: Tidikelt, Touat und Gourara die absolute Erosionsbasis für einen Großteil des Plateaus und seiner Schichtstufen dar. Ein hydrologischer Zusammenhang zwischen den Randsenken und dem Sahara-Atlas besteht über einen Aquifer in den mesozoischen Sandsteinen (s. Rognon 1980: 60, Fig. 8).

Die Hammada-Hochfläche des Plateau du Tademait ist etwa 450 km mal 200 km groß. Infolge Schrägstellung besitzt sie ein generelles Süd-Nord-Gefälle, das entlang der Route National 1 (RN 1) von 700 m NN (Südrand) auf etwa 500 m NN (Fort Miribel) abdacht. Sowohl von Westen (O. Afflisses) als auch von Osten (O. Mya) ist das Plateau schon stark linear-erosiv aufgelöst. Die RN 1 verläuft auf der Wasserscheide, wo der flächenhafte Charakter des Reliefs noch am besten erhalten ist.

Morphodynamisch und morphogenetisch erklärt Büdel (1957: 220, Abb. 12b) das Plateau als eine Rumpffläche, die unter humid-tropischen Klimabedingungen und nach dem Mechanismus der „Doppelten Einebnungsflächen" das Schichtpaket kappte. Nur in den Randbereichen existiere eine „Zone der Akkordanz" mit Schichtflächen, die zu einer tieferliegenden Rumpffläche überleitet. Eine „fossile Rotlehmdecke" verhülle die hochgelegene Altfläche und sei möglicherweise noch bis in das Ältestpleistozän gebildet worden (Büdel 1963: 169 u. 165, Abb. 1). Später leitet Büdel (1975: 73, 1977: 169) aus „dickem rotlehmartigem Feinmaterial" direkt eine Rumpffläche tropischer Provenienz ab. Auch bestehe zwischen den Ausliegerbergen des Kreideplateaus und den Granit-Inselbergen des Hoggar weder ein formaler noch ein genetischer Unterschied. Weiterhin seien die von der tieferen Rumpffläche gegen das Plateau gerichteten „Dreiecksbuchten" und die Kerbtäler mit „stark gestuftem Längsprofil" typische Zeugen für eine Reliefentwicklung unter feucht-tropischen Verhältnissen.

Mensching (1970a, 1974, 1979) geht davon aus, daß die sehr flach aufgewölbte, geologische Ausgangsfläche der O. Kreide („Initialfläche") seit dem Alttertiär nur wenig abgetragen wurde. Dagegen habe an den sich herausbildenden Stufenrändern eine vorwiegend fluviale Morphodynamik ein tiefes Kerben- und Tälersystem geschaffen, das sich zu Pedimenten und Glacis öffne. Diese sind generell mit spitzem Winkel zur Erosionsbasis gerichtet, zeigen aber immer wieder eine lokale Akkordanz an die engschichtig wechselnden Sedimentgesteine. Flächenhafter Abfluß und Einschneidung finden gleichzeitig statt, die autochthonen Wadisysteme des Plateaus besitzen dabei ein hohes Alter (1979: 554). Eine Zuordnung von bestimmten Reliefelementen (Pedimente, Glacis, Täler) zu klimagenetisch-morphologischen Phasen sei nicht möglich, da polygenetische Formen vorliegen, die ständig weiter-, um- und neugebildet werden. Das Plateau du Tademait stellt „eine postkretazische Initialfläche mit starker Akkordanz an das Schichtgebäude dar, auf der die morphodynamischen Prozesse vor allem flächenkonservierend waren. Auch die — sicher vorhandenen — Klimaschwankungen, die sich in der Pedogenese auswirkten, hatten keine prinzipiell andersartige morphodynamische Wirksamkeit zur Folge" (Mensching 1970: 153).

Bodenkundlich-sedimentologische Untersuchungen in diesem Zusammenhang wurden von Völk & Levelt (1970) durchgeführt. Die Proben Nr. 42 und 43 stammen aus dem Kolluvium der Hammada und gehören der Tonmineralgruppe C an. Neben sehr wenig Kaolinit und Spuren von Smectit tritt vor allem Attapulgit auf. Dieser sei am Plateau du Tademait gesteinsbürtig (lithogen) und von der O. Kreide (Cenoman) bis zum U. Eozän in marinem Milieu gebildet worden, während auf den angrenzenden Kontinenten Lateritisierung erfolgte. Da Attapulgit bei der subaerischen Verwitterung sehr rasch zeretzt werde, könne das Attapulgit-reiche Kolluvium nicht stärker chemisch verändert worden sein.

Zu gleichlautenden Ergebnissen kommt Dutil (1971: 68—71 u. 114—118), der Böden der Gruppen „sols minéraux bruts" und „sols peu évolués" untersuchte. Das Profil SA. 58, etwa 40 km westsüdwestlich Fort Miribel bei 585 m NN gelegen und aus Senon-Kalk entstanden, besitzt auffällig hohe Gehalte an löslichem Silizium (22 %) und ist sehr komplex aufgebaut. Durch die aktuelle Pedogenese werden gröbere Bestandteile an der Oberfläche konzentriert, wobei der Wind eine wichtige Rolle spielt. Die Existenz von Feinmaterial (Schluff und Ton) ermögliche in den obersten 2 cm die Ausbildung einer lamellären Struktur, welche gut entwickelte prismatische Formen überdecke. Ein anderes Profil (SA. 59) in einer Daia 13 km südlich Fort Miribel zeigt SiO_2/Al_2O_3-Molekularverhältnisse des Gesamtbodens zwischen 2,83 und 3,13. Hohe Attapulgit-Werte (30—40 %) werden in autochthonen Reg-Böden nördlich Ain el Hadjadj erreicht.

Auch die Analysen von Vogg (1981: 84—94) an drei Hammada-Böden des Plateau du Tademait (Profil 1—3) bestätigen das oben gezeichnete Bild. Die manchmal bis 90 cm mächtigen Rohböden können aufgrund ihrer schwachen Differenzierung den Torriorthents der Soil Taxonomy zugeordnet werden.

Detaillierte Untersuchungen zum Problem der „duricrusts" durch Smith & Whalley (1982) führten zu der Erkenntnis, daß am Nordrand des Plateaus zwei unterschiedlich alte Bildungen vorliegen: eine Villafranchien-zeitliche und eine holozäne. Erstere besteht aus inkrustiertem Mg/Ca-reichem Material und aus gebändertem Silcrete (S. 288, Fig. 3). Das Milieu sei durch lakustrine und hypersaline Verhältnisse gekennzeichnet gewesen, wobei zunehmende Evaporation oder Migration Si-reicher Lösungen die Ausfällung der Silcretes hervorriefen. Die Wirkung des holozänen Milieus beschränke sich auf die Bildung von „vesicular calcrete" und „puffy gypcrete/calcrete" an der Landoberfläche. Die Existenz von detritischem Quarz und Feldspat in diesen Krusten schließe eine vormalige tropische Verwitterung aus, sage aber nichts Definitives über die lokalen Bedingungen vor der Krustenbildung.

3.4.2 *Lage und Aufbau der Profile 18—20*

Profil 18

Karte: Carte du Sahara: 1 : 200 000, NH-31-III, Ain el Hadjadj (1963)
Länge: 02° 38′ 17″ E Breite: 28° 01′ 05″ N
Ort: Straßeneinschnitt am südlichen Plateaurand bei Punkt 699, direkt über Kilometerstein 1140 der RN 1
Höhe über NN: ca. 700 m
Hangneigung und -richtung: eben, SSW
Ausgangsmaterial: Kalkstein der O. Kreidc

Schutt	0— 30 cm	Kalkschutt, manchmal mit roten (2.5 YR 6/8) und bis 5 mm dicken Verwitterungskrusten
fBvc	30— 90 cm	gelblich roter (5 YR 5/6), carbonathaltiger, sehr schwach steiniger, sandiger Lehm; kohärent; vollständig erhaltene Gehäuse von Schnecken mit bis 7 mm ∅ vorhanden
fBvCc	90—140 cm	rötlich gelber (5 YR 6/8), carbonathaltiger, schwach steiniger, sandiger Lehm; kohärent; $CaCO_3$-Konkretionen über ganzen Boden verteilt; Spuren von Insekten mit $CaCO_3$-ausgekleideten Hohlräumen
Cc	140—200 cm	leicht roter (2.5 YR 6/6), carbonatreicher, schwach steiniger, schluffiger Lehm; kohärent; vollständig von sekundärem $CaCO_3$ durchdrungen
R	200 cm +	rosafarbener grobkörniger Kalk mit rötlich gelben (5 YR 5/6) bis roten (2.5 YR 5/6) Verwitterungsflächen

Die vom Plateau nach Süden führende Asphaltstraße der RN 1 schneidet bei Kilometerstein 1140 (von Algier aus gerechnet) über eine Strecke von ca. 200 m in die Oberfläche ein, um dann auf einer Steilstrecke das nächsttiefere Niveau von 450 m NN zu erreichen. In dem Einschnitt ist die autochthone Bodendecke daher auch horizontal zu verfolgen. Zur Proben-Entnahme am 7.4.1980 wurde eine Stelle gewählt, wo die Bodenentwicklung relativ tief in das Ausgangsgestein greift. Die durchschnittliche Mächtigkeit beträgt sonst ungefähr 1 bis 1,5 m. Stellenweise zeichnet der freigesetzte Rückstandslehm deutlich die Schichtgrenzen des gebankten Kalksteins nach. Teile des auflagernden Kalkschuttes stammen wahrscheinlich noch vom Straßenbau.

Profil 19

Karte: wie bei Profil 18
Länge: 02° 32′ 33″ E Breite: 28° 24′ 07″ N
Ort: Baggeraushub 15 m westlich RN 1, direkt gegenüber Kilometerstein 1092, südlich der Abzweigung der Piste nach Hassi Moktela (W)
Höhe über NN: 650 m
Hangneigung und -richtung: eben, S
Ausgangsmaterial: Kalkstein der O. Kreide

Serir (?)	0— 5 cm	quarzitische Mittelsteine bzw. Grobkies mit Windschliff und schwarzem Wüstenlack; Quarzite oft lamellar geschichtet, mit nachträglicher Präparation; dazwischen: rötlich gelber (5 YR 7/6) Schluff; kohärent; porös, mit Luftblasen, Tiergängen und $CaCO_3$ durchsetzt
fAhc (?)	5— 15 cm	rötlich gelber (5 YR 6/6), carbonathaltiger, schwach steiniger, stark lehmiger Sand; kohärent; okkludierte Luftblasen
fBvc1	15— 35 cm	rötlich gelber (5 YR 6/6), carbonatreicher, schwach steiniger, schluffiger Sand; kohärent bis Einzelkorngefüge

fBvc2	35— 65 cm	rötlich gelber (5 YR 6/6), carbonatreicher, schwach steiniger, sandiger Schluff; kohärent
fBvc3	65—100 cm	rötlich gelber (5 YR 6/6), carbonatreicher, schwach steiniger, sandig lehmiger Schluff; kohärent
Ccy	100—180 cm	Gips-Horizont mit rötlich gelbem (5 YR 6/6), kohärentem, carbonatreichem Feinmaterial
R	180 cm +	kavernös und an Calcit-Adern verwitterter, dichter Kalkstein; rötlich gelbe (5 YR 7/6) Verwitterungsflächen

Auch dieses Profil konnte am 7.4.1980 deshalb bis zum Ausgangsgestein aufgenommen und beprobt werden, weil im Zuge des Straßenbaus tiefe Aushübe entstanden waren.

Gleichzeitig haben wir im zentralen Plateaubereich Untersuchungen zur Serir-Entstehung durchgeführt (Schmitt 1981: 95—103). Besonders interessant waren Beobachtungen an Autospuren, die wir am 20.2.1980 etwa 130 km südlich El Goléa in einer Serir-Oberfläche hinterließen. Der Feldbefund am 7.4.1980 zeigte, daß ein Großteil der Vertiefungen wieder niveaugleich mit der Umgebung war. Auch die Schaumboden-Strukturen hatten sich in 7 Wochen regeneriert.

Profil 20

Karte: Carte du Sahara 1 : 200 000, NH-31-IX, Fort Miribel (1960)
Länge: 02° 50′ E   Breite: 29° 44′ 40″ N
Ort: Baggeraushub 20 m westlich RN 1, etwa 103 km südlich El Goléa, in der Nähe der Wasserstelle bei Punkt 402
Höhe über NN: ca. 400 m
Hangneigung und -richtung: eben, N
Ausgangsmaterial: Kalksteine und Mergel der O. Kreide

Serir (?)	0— 3 cm	quarzitische Mittelsteine bzw. Grobkies mit Windschliff und schwarzem Wüstenlack; Lösungskavernen von Windschliff überformt und herauspräpariert; daneben auch Quarzite ohne Wüstenlack; In- und Akkrustationen von $CaCO_3$ und $CaSO_4$ vorhanden
fAhc (?)	3— 5 cm	rötlich gelber (5 YR 6/6), carbonathaltiger, schwach steiniger, schwach lehmiger Sand; kohärent
fBvcy	5— 35 cm	rötlich gelber (5 YR 6/6), carbonat- und gipshaltiger, mittelsteiniger, stark lehmiger Sand; kohärent; vorhandene Steinchen quarzitisch
C	35— 45 cm	kavernös verwitterter Kalk mit Kieselsäure-Lamellen und rötlich gelben (7.5 YR 7/6) Verwitterungsflächen
IIC	45— 70 cm	grünlicher Mergel, rötlich gelb (7.5 YR 6/6) angewittert
IIIC	70—120 cm	heller dichter Kalk mit rötlich gelben (7.5 YR 7/4) Verwitterungsflächen

Der Standort liegt 2 km westlich des Erg bent Chaouli, was erklärt, daß der Aufschluß teilweise bereits eingesandet ist. Auch die relativ hohen Sandgehalte in den obersten Horizonten dürften damit zusammenhängen. Die engständig wechselnden Kalke und Mergel sind plastisch verformt und gefältelt, was möglicherweise auf einen (grundwasserbedingten ?) Durchfeuchtungswechsel bis in den oberflächennahen Bereich zurückgeht.

Gegenüber Profil 18 und 19 ist das Gelände um 300 bzw. 250 m niedriger, Zeugenberge der 10 km südlich verlaufenden Schichtstufe sind noch erhalten. Die Entwässerung erfolgt linearerosiv zum Oued el Berreg nach Norden, aber auch denudativ auf den flachen Wasserscheiden. Die Formen der Flächenspülung passen sich dabei deutlich der Schichtlagerung an.

3.4.3 *Analytische Kennzeichnung*

Körnung

Trotz teilweise hoher Kalkgehalte wurde das $CaCO_3$ vor der Korngrößenanalyse nicht zerstört, so daß die Werte auf den carbonathaltigen Feinboden zu beziehen sind. Wahrscheinlich würde das Bild stärker korrigiert, wenn carbonatfreie Substanz vorläge.

Allen Profilen gemeinsam ist ein hoher relativer Sandgehalt im Oberboden, besonders des Feinsandes. Darin äußert sich die äolische Einmischung von Fremdkomponenten, die vorwiegend aus Quarz bestehen. Gegenläufig sind die Gehalte an Schluff. Hier bildet der zu Staubgröße verwitterte Kalkstein die Hauptmasse. Höhere Tonanteile werden nur in Profil 18

Tabelle 12. Körnung in Gew.-% des humus- und carbonathaltigen Feinbodens (∅ < 2000 μ) von Böden und Sedimenten des Plateau du Tademait.

Prof.	Hor.	Tiefe cm	Ton	fU	mU	gU	fS	mS	gS	Bodenskelett in % des Gesamtbodens
18	fBvc	40-45	22.0	17.2	11.2	6.3	39.0	4.6	1.2	0.6
	fBvCc	110-115	17.8	12.1	16.7	16.5	25.5	6.1	4.7	9.7
	Cc	170-175	21.9	9.6	24.3	23.9	16.6	2.3	1.0	7.1
19	fAhc (?)	5-7	13.8	12.9	8.5	7.9	49.1	5.9	1.5	1.3
	fBvc1	25-30	3.3	2.1	5.0	34.8	47.9	5.4	1.2	8.2
	fBvc2	50-55	1.4	2.9	27.5	22.2	38.4	6.4	3.1	7.1
	fBvc3	80-85	13.6	16.3	25.5	15.3	23.9	4.5	3.2	4.0
20	fAhc (?)	3-5	5.5	1.6	1.6	3.9	66.3	10.8	11.4	8.2
	fBvcy	20-25	12.4	6.6	7.5	5.6	39.9	29.0	1.4	14.1

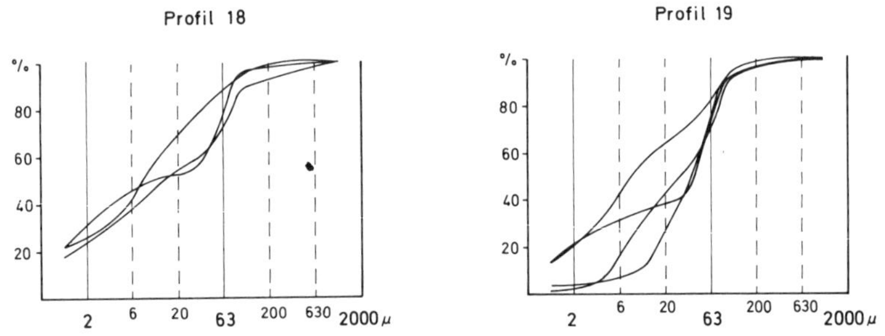

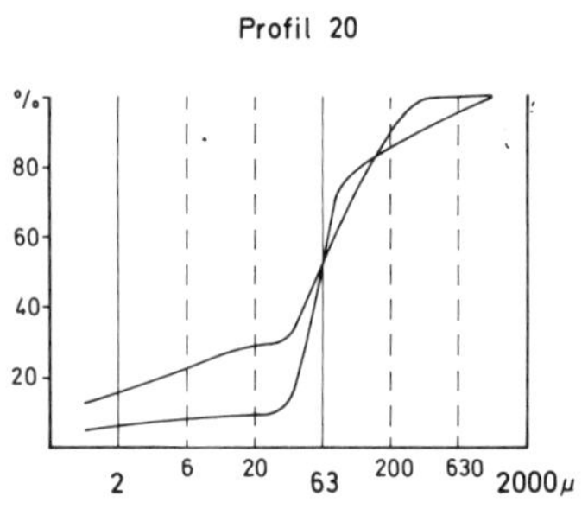

Fig. 24. Kornsummenkurven von Böden vom Plateau du Tademait.

erreicht, in 19 sinkt er auf unter 2 % des Feinbodens. Die Tiefenfunktionen der Körnung besitzen keine Kontinuität (Fig. 24), eine polygenetische Entwicklung deutet sich vor allem in Profil 19 an. Hinsichtlich Ton und Schluff unterscheidet sich Profil 20 deutlich von den anderen Böden. Geologischer Schichtwechsel könnte eine Rolle spielen, aber auch die Mächtigkeit des Solums und möglicherweise das Alter der Landoberfläche beeinflussen die absoluten Gehalte der Fraktionen und ihre Verteilung. Hinweise auf eine rezente Geomorphogenese sind gegeben, weil manche Serir-Komponenten noch keine Patina tragen.

Generell dürfte eine langwährende geogene Oberflächenverlagerung die Pedogenese immer wieder gestört haben. Dafür sprechen auch die relativ hohen Anteile des Bodenskeletts in fast allen Profilabschnitten.

$CaCO_3$-Gehalt und pH-Wert des Feinbodens

Laboranalytische Ergebnisse liegen nur für Profil 19 vor. Sie zeigen neutrale Verhältnisse in der Bodenlösung und bis an die Oberfläche relativ hohe Kalkgehalte. Diese steigen nach der Tiefe an, bis zum Ccy-Horizont, der ab 1 m sowohl aus $CaCO_3$ als auch aus Gips besteht. Im $CaSO_4$ dokumentiert sich vermutlich ein ehemals höherer Grundwasserspiegel. Profil 20 enthält ebenfalls Gips, sogar bis unter die heutige Oberfläche. Dort beweist die Nachbarschaft zu einer Wasserstelle die Existenz hochstehenden Grundwassers.

Hauptelemente der pedo- und sedimentogenen Tone

Alle Werte des analysierten Rohtons beziehen sich auf humus- und carbonatfreie Substanz. Von Profil 18 wurde zusätzlich oxidfreies Material untersucht (Fe_{total} minus $Fe_{dithionitlöslich}$).

Die Tiefenfunktionen von Silizium und Aluminium zeigen in 18 und 20 eine relativ gleichmäßige Entwicklung an, während in 19 ein Sprung vorhanden ist, der unterhalb 1 m Tiefe auch

Tabelle 13. pH-Wert sowie Kalkgehalt des Feinbodens (∅ < 2000 μ) und chemische Hauptelemente in pedo- und sedimentogenen Tonen (∅ < 2 μ) des Plateau du Tademait (Gew.-% TrS).

Prof.	Hor.	Tiefe cm	pH	$CaCO_3$	SiO_2	Al_2O_3	Fe_2O_3 (t)	MnO	TiO_2	K_2O	CaO	$\frac{SiO_2}{Al_2O_3}$ mol
18	fBvc	40-45	n.b.	n.b.	49.3	24.7	8.50	0.076	0.99	3.31	0.88	3.38
	fBvCc	110-115	n.b.	n.b.	46.3	23.7	7.73	0.056	0.90	2.47	4.27	3.31
	Cc	170-175	n.b.	n.b.	47.4	23.5	7.57	0.062	0.90	2.31	3.03	3.42
19	fAhc (?)	5-7	8.0	15.1	47.4	21.8	8.40	0.104	0.92	3.17	3.08	3.68
	fBvc1	25-30	7.9	19.4	44.7	20.3	7.60	0.080	0.91	2.88	5.85	3.73
	fBvc2	50-55	7.8	25.6	43.0	19.4	6.98	0.070	0.88	2.54	7.57	3.76
	fBvc3	80-85	7.8	38.5	45.2	20.9	7.60	0.066	1.02	2.52	4.85	3.67
	Ccy	110-120	n.b.	n.b.	44.2	17.8	6.25	0.048	0.77	1.96	6.85	4.21
20	fAhc (?)	3-5	n.b.	n.b.	46.7	18.8	8.05	0.083	0.83	3.62	4.55	4.21
	fBvcy	20-25	n.b.	n.b.	49.1	17.3	7.30	0.074	0.79	3.95	4.53	4.81
							Fe_2O_3 (t-d)					
18	fBvc	40-45			50.4	26.1	5.47	0.038	1.05	3.44	0.05	3.27
	fBvCc	110-115			46.9	24.4	4.90	0.031	0.98	2.64	3.10	3.25
	Cc	170-175			48.0	24.1	4.75	0.031	0.95	2.39	2.10	3.38

andere Elemente umfaßt. Die absoluten Gehalte von SiO_2 bleiben alle unter 50 %, ein deutlicher Unterschied zu den Bildungen auf den Sedimentgesteinen in der Umrahmung des Mourzouk-Beckens. Es ist nicht auszuschließen, daß während der Verwitterung und Bodenbildung auch silikatisch gebundenes Silizium freigesetzt wurde. Ein intensiver hydrolytischer Umsatz hat jedoch nicht stattgefunden, wie die hohen K_2O- bzw. CaO- und die niedrigen Al_2O_3-Gehalte beweisen. Daraus resultiert ein relativ weites SiO_2/Al_2O_3-Molverhältnis. Auch die pedogene Anreicherung von Fe-Oxiden beläuft sich in Profil 18 nur auf runde 3 %. Danach ist die Verwitterungsart als schwach siallitisch zu bezeichnen.

Die Diskontinuitäten in Profil 19 lassen auf eine polygenetische Entwicklung schließen.

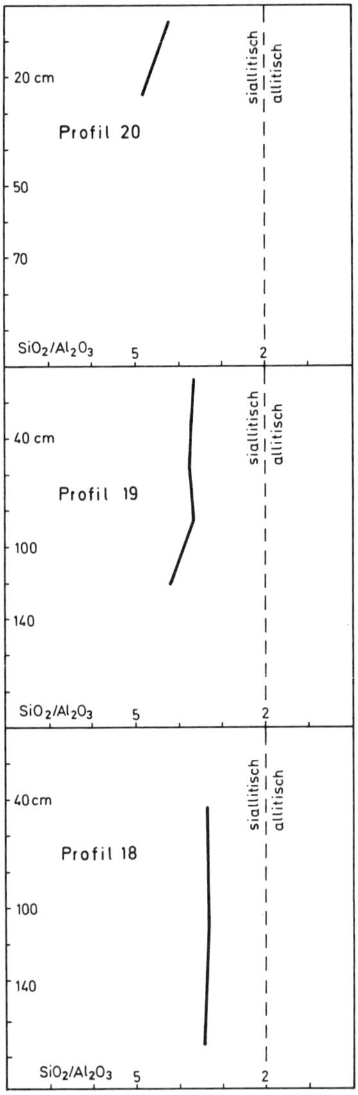

Fig. 25. SiO_2/Al_2O_3-Molverhältnis in pedo- und sedimentogenen Tonen (∅ < 2 μ) aus verschiedenen Profiltiefen und Verwitterungstyp am Plateau du Tademait.

Mikrogefüge

Das nach drei mikromorphologischen Methoden charakterisierte Gefüge ist in allen Profilen sehr ähnlich und wird durch sekundäres $CaCO_3$ und Gips modifiziert. Die Fließfähigkeit des Plasmas ist stark reduziert, so daß es nur zu einer relativ lockeren Packung der Bodenbestandteile kommt. Teilchenregelungsdoppelbrechung erscheint an einigen Kornoberflächen (skelsepic plasmic fabric). Im lithogenen IIC-Horizont von 20 hat die Verformung des Mergels ebenfalls zu diesem Bild geführt. Der Grund für die geringe Beweglichkeit des Plasmas liegt in der unvollständigen Auflösung des Kalksteins und der dadurch bedingten mäßigen Freisetzung von Rückstandslehm. Dazu kommt noch die sekundäre Ausfällung von Kalk und Gips, welche die Gefügeelemente wieder miteinander verkittet und fixiert. Die Austrocknung des Solums erzeugte die typischen Formen der „craze planes". Insgesamt entspricht das Gefügebild einer Verwitterung und Bodenbildung, die noch nicht weit fortgeschritten ist und noch in den Initialstadien steckt. Darüber dürfen auch die braunen und roten Farben nicht hinwegtäuschen. Munsell-Werte von 2.5YR sind an exponierte Gesteinsflächen gebunden, wo gute Drainage und Durchlüftung eher die Bildung von roten Fe-Oxiden ermöglichen als im gleichmäßiger durchfeuchteten Solum. Hier hat die Verbraunung auch nicht alle Bereiche gleichmäßig erfaßt, die Abscheidung von Fe-Oxiden ist manchmal nur an wenigen Stellen erfolgt.

Hinsichtlich des Substanzaufbaus der Böden gibt es einige Besonderheiten. So bestehen die gröberen Komponenten der Serir teilweise aus Quarzit. Auch in tieferen Profilabschnitten findet man Detritus davon (18Cc, 19Ccy). Er unterscheidet sich von den lithogenen Schluff-Quarzen der oberkretazischen Ausgangsgesteine. Besonders durch seine lamellare Struktur hebt er sich von den anderen Kieselsäurebildungen ab. Mit Calcit und Gips ausgekleidete Lösungskavernen belegen die Porosität dieser Quarzmodifikation und deren Fossilität. Es handelt sich um Chalcedon, der im Laufe der Pedo- und/oder Geogenese aus einem Kieselsäuregel (Opal) entstand und zu Quarz umgebildet wurde.

Tabelle 14. Mikrogefüge von Böden und Sedimenten des Plateau du Tademait.

Prof.	Hor.	Tiefe cm	KUBIENA 1938 Elementargefüge	BREWER 1976 plasmic fabric	voids	STOOPS/JONGERIUS 1975
18	fBvc	40-45	(porphyropeptisch)	(skelsepic)/ silasepic	vughs/planes	chito-porphyric psammisil
	fBvCc	110-115	(porphyropeptisch)	(skelsepic)/ silasepic	(planes)/ vughs	chito-porphyric psammisil
	Cc	170-175	mörtelartig	silasepic	planes/vughs	mono-porphyric psammicalcosil
19	fAhc (?)	5-7	agglomeratisch	skelsepic/ silasepic	packing/vughs vesicles	chito-porphyric psammicalcosil
	fBvc1	25-30	agglomeratisch/ porphyropeptisch	skelsepic/ silasepic	packing/vughs	chito-porphyric psammicalcogypsosil
	fBvc2	50-55	"	"	"	"
	fBvc3	80-85	"	"	vughs/planes	"
	Ccy	110-120	mörtelartig	silasepic	packing	monic calcogypso-silicosil
20	fAhc (?)	3-5	agglomeratisch	skelsepic	vughs/planes	chitonic psammi-calcosil
	fBvcy	20-25	agglomeratisch	skelsepic/ silasepic	vughs	chitonic psammi-calcogypsosil

Weiterhin sind in der Auflage von Profil 19 (0—5 cm) Partien zu beobachten, die eine stärkere Regelungsdoppelbrechung des Plasmas aufweisen als die Umgebung (skelinsepic plasmic fabric). Aufgrund ihrer Lage in der Matrix können sie nicht an Ort und Stelle entstanden sein, sie sind eingeschwemmte Teile ehemaliger Böden (Pedorelikte). Geogene Oberflächenverlagerung wird auch durch ortsfremde Quarze und Feldspäte in den Profilen belegt. Ihr Rundungsgrad ist sehr verschieden.

^{14}C-Alter

Der Versuch, an Huminsäureauszügen der Oberböden von 19 und 20 eine ^{14}C-Analyse durchzuführen, scheiterte am geringen Kohlenstoffgehalt der Proben.

3.4.4 *Diskussion*

Sowohl nach den Literaturangaben als auch nach eigenen Befunden ist die Verwitterungs- und Bodendecke auf verschiedenen Niveaus des Plateau du Tademait relativ komplex aufgebaut. Dies äußert sich in der Koexistenz unterschiedlicher Stoffgruppen wie Chalcedon-Quarz, sekundärem $CaCO_3$ und Gips neben den Silikaten und pedogenen Oxiden. Hinsichtlich der Körnung besteht eine Trennung zwischen der oberflächlichen Lesedecke (Serir) und den tieferen Profilabschnitten. Vogg (1981: 92, Abb. 18) stellte auch in bestimmten Unterbodenhorizonten höhere Skelettanteile (∅ > 2 mm) fest. Detritisch und nicht aus dem Ausgangsmaterial vererbt sind die Feldspäte und ein Teil der Quarze. Chemisch-mineralogisch homogen ist lediglich die Tonfraktion und dies auch nur in bestimmten Profilen und Abschnitten.

Die — schon makroskopisch feststellbare — unvollständige Auflösung der carbonatischen Ausgangsgesteine, das Vorhandensein von Schneckenschalen im Solum und alle laboranalytischen Befunde belegen, daß das Bildungsklima nur zu einer sehr schwachen Verwitterung und Bodenbildung fähig war. Rubefizierung mancher Gesteinsflächen ist kein Beweis für ein tropisches Feuchtklima, auf Kalkstein sind eher der Gehalt an carbonatisch gebundenem Fe, vor allem aber eine gute Drainage und Durchlüftung, also das Mikroklima dafür verantwortlich, ob Entkalkungsrötung stattfindet oder nicht (Meyer 1979). Dafür günstige Verhältnisse sind auch in Wüstengebieten gegeben, wenn nur lösungschemische Freisetzung von Eisen möglich ist. Weitreichende klimagenetisch-geomorphologische Schlußfolgerungen auf der Basis von „rotlehmartigem Feinmaterial" (Büdel 1975, 1977) entbehren daher der pedologischen Grundlage. Nach den vorliegenden Untersuchungsergebnissen korrespondiert das entsprechende Paläoklima mit Verhältnissen, die sicher feuchter waren als heute, die aber nicht weit von den semiariden Bedingungen der nördlich anschließenden trockenen Subtropen abwichen (s. Abschnitt 2.2).

Eine klimageomorphologische Bewertung der Plateau-Böden muß deren Aufbau und Lage im heutigen Relief berücksichtigen. Dabei könnte man den Chalcedon/Quarz-Detritus auf und in den Profilen als eine Residualbildung deuten, die durch Abtragung von Silcrete-imprägniertem Gestein und Boden entstand. Da keine jüngeren quarzitischen Sedimente im Hangenden der marinen O.Kreide bekannt sind, andererseits durch Smith & Whalley (1982) gebändertes Silcrete als sekundäres Fällungsprodukt in hydromorphem Milieu nachgewiesen wurde, ist eine Übertragung dieser Ergebnisse auch auf höhere Teile des Plateaus gerechtfertigt. Hier wurden die lakustrin-hypersalinen Verhältnisse eben eher beendet als in nördlichen tieferen Bereichen. Ursache kann eine allgemeine Absenkung des Grundwasserspiegels oder eine tektonische Hebung gewesen sein, vielleicht auch beides. Jedenfalls gelangen diese Teile jetzt in ein semiterrestrisches bis terrestrisches Abtragungsmilieu, wo über hochstehendem Grundwasser noch Gipsbildung, an der Oberfläche aber schon fluviale Materialverlagerung möglich ist. Diese Prozesse der Abtragung und Aufschüttung ließen sich durchaus mit dem Begriff der Pedimentation umschreiben, wenn man die hohen Bodenskelettanteile berücksichtigt, die in den Hammada-Böden von Vogg (1981: 92, Abb. 18) unterhalb 50 cm bis über 20 % des Gesamtbodens ausmachen. Höhenunterschiede sind auf dem Plateau überall vorhanden, so daß rückschreitende Abtragung unter Bildung einer (Pedimentations)Stufe ansetzen kann. Besonders an den Rändern der Daias und in den dendritisch verzweigten Oberläufen der Wadis wäre dies möglich. Das Studium der benutzten topographischen Karten zeigt, daß die Daias flache Depressionen sind und als lokale absolute Denudations- und Erosionsbasen fungieren (Endpfannen). Deren Entstehung dürfte damit zusammenhängen, daß ehemals artesisch gespanntes Grundwasser in tektonisch tieferen Positionen oder an faziell und/oder lithologisch disponierten Stellen (Dachlecks ?) austrat, Gesteinsaufbereitung, Stoffmigration, Verkarstung u.a.m. induzierte, was letztlich (auch) zu einer morphologischen Depression führen muß, wenn das verwitterte Material anschließend etwa durch Wind entfernt wird (vgl. a. Conrad 1969: 339—371). Wie die Bezeichnung „Hassi" für die Wasserstellen verrät, sind solche Bedingungen auch heute noch bei ca. 450 m NN am Nordrand des Plateaus gegeben, z.B. westlich des Erg bent Chaouli, wo artesisches Grundwasser flächenhaft verwitterungswirksam ist.

Ein petrographisch bedingter Grundwasseraustritt spielt offensichtlich auch eine große Rolle bei der Entstehung und Weiterbildung der Schichtstufen um das Plateau du Tademait. Hier beobachtet man eine stratigraphische Konstanz von Brunnen (Ain) an der Grenze der oberkretazischen Mergel gegen die hangenden Kalksteine. Vor allem aber hält sich die fluviale Abtragung an diese Gesteinsgrenze, welche einen Steilabfall mit Wandbildung von schichtangepaßten Pedimenten und Glacis trennt.

In noch tieferen stratigraphischen Positionen des Continental Intercalaire um die Sebkha el Metah und Megerghane südwestlich In Salah hängen Grundwasserverwitterung und äolische Abtragung bzw. Aufschüttung genetisch zusammen, wie die Wasseraustritte, das schichtparallele Relief und die aktiven Dünenkomplexe beweisen. Prinzipiell gleich sind auch die Formen im Touat und Gourara. Wie schon in Abschnitt 2.3 erörtert, wird der Grundwasserhaushalt vom Sahara-Atlas ferngesteuert. Geht man davon aus, daß die Geomorphogenese auf und um das Plateau du Tademait weitgehend mit diesem Grundwasser zusammenhängt, dann ist es nicht zwingend nötig, für die Reliefbildung größere Klimaveränderungen in der Nordsahara anzunehmen. Die klimageomorphologische Bewertung der Plateau-Böden zeigt, daß die hygrische Variationsbreite innerhalb eines semiariden Klimaspektrums für die genetische Deutung der Böden und des Reliefs ausreicht.

4 Entstehung, Alter und Systematik der Sahara-Böden

Die an vier regionalen Beispielen vorgestellten Böden und Sedimente der zentralen Sahara erfordern noch einmal eine vergleichende Zusammenschau der wichtigsten pedogenen Merkmale und Prozesse, weil

- die untersuchten Gebiete relativ weit auseinander und in verschiedenen Meereshöhen liegen
- unterschiedlich alte und petrographisch nicht vergleichbare Gesteine das Ausgangsmaterial bilden
- verschieden alte Landoberflächen vorliegen und deshalb auch das Bodenalter zeitlich variiert.

Unter Berücksichtigung der Erkenntnisse zur Verwitterung, Bodenbildung und Abtragung auf den heutigen Landoberflächen in Afrika nördlich des Äquators erfolgt dann eine klimatische Bewertung der saharischen Paläosole.

Damit ist auch die Grundlage für die Einordnung in verschiedene Bodenklassifikations-Systeme gegeben.

4.1 *Rekonstruktion der Bodenbildung*

Bei diesem Vorhaben erscheint es sinnvoll, die Kausalkette der Pedogenese: Faktoren → Prozesse → Merkmale in umgekehrter Richtung zu verfolgen, um den hier besonders interessierenden Klimafaktor auf eine möglichst sichere Basis zu stellen.

4.1.1 *Merkmale — Prozesse — Faktoren*

Merkmale

Aus der Vielzahl der beschriebenen pedogenen Merkmale eignen sich für einen Vergleich besonders gut die Körnung des Feinbodens, die absoluten Gehalte an SiO_2 und Al_2O_3 in der Tonfraktion und das Mikrogefüge der Mineralbildungs-B- und einiger A-Horizonte. In Fig. 26 sind die drei analytischen Kennzeichen graphisch dargestellt.

Bei der Körnung zeigt sich ein deutlicher Unterschied zwischen den Böden, die auf Sedimentgesteinen entstanden sind und denen, die aus Magmatiten und Metamorphiten hervorgingen. Die weite Streuung der Vorkommen aus dem Mourzouk-Becken (= M) spiegelt das Spektrum des Continental Intercalaire und ggf. dessen geogen verlagerter Derivate wider. Auch am Plateau du Tademait (= T) streuen die Werte stark. Anders liegen die Verhältnisse im Air- und Hoggar-Gebirge. Hier lassen sich die B-Horizonte graphisch zusammenfassen. Die entstehenden Felder ermöglichen Rückschlüsse auf die Intensität der Tonbildung. Obwohl die präkambrischen Ausgangsgesteine in ihrer Korngrößenzusammensetzung z.T. stark variieren, erkennt man, daß im Air (= A) generell mehr Ton gebildet wurde als im Hoggar (= H). Beginnende Tonanreicherung verstärkt diese Tendenz. Beiden Gruppen gemeinsam ist ein relativ hoher Gehalt an Sand, welcher noch viele Reserven an verwitterbaren Mineralen besitzt (Hornblenden, Feldspäte, Glimmer). Die Verteilung innerhalb der beiden Felder ist eine Funktion des Ausgangsmaterials, evtl. auch des Bodenalters. So wurde der Air-Boden mit dem niedrigsten Tongehalt (Profil 11) bereits im Gelände aufgrund seiner exponierten Lage in einem Hangglacis jünger eingestuft als das assoziierte Profil 10. Weiterhin fällt auf, daß der Basalt-Braunlehm (Profil 12) aus dem Hoggar-Gebirge in seiner Körnung stark von den Grundgebirgs-Böden abweicht. Der Großteil des Schluffes wird bereits vom Ausgangsmaterial durch basaltische Plagioklase bereitgestellt. Insgesamt gesehen wird die Körnung der A- und B-Horizonte noch in starkem Maße von der Korngrößenzusammensetzung der Muttergesteine beeinflußt. Verwitterung und Bodenbildung waren nicht intensiv genug, die lithogenen Merkmale zu beseitigen und pedogen auszugleichen.

Das bestätigt sich auch bei der Kennzeichnung des chemischen Umsatzes in der Tonfraktion. Nimmt man als ein Maß der pedogenen Verwitterung die relative Anreicherung von

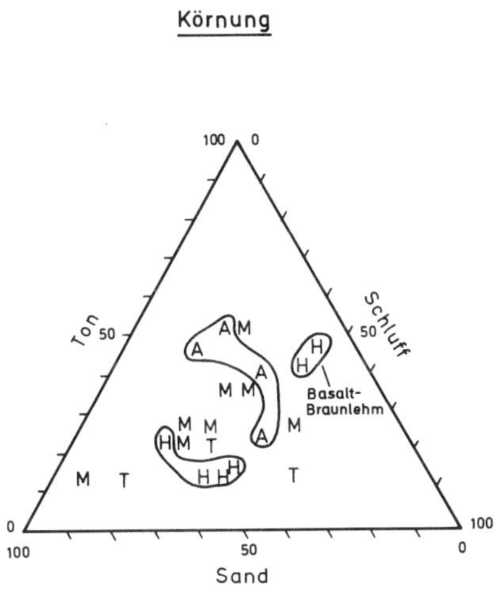

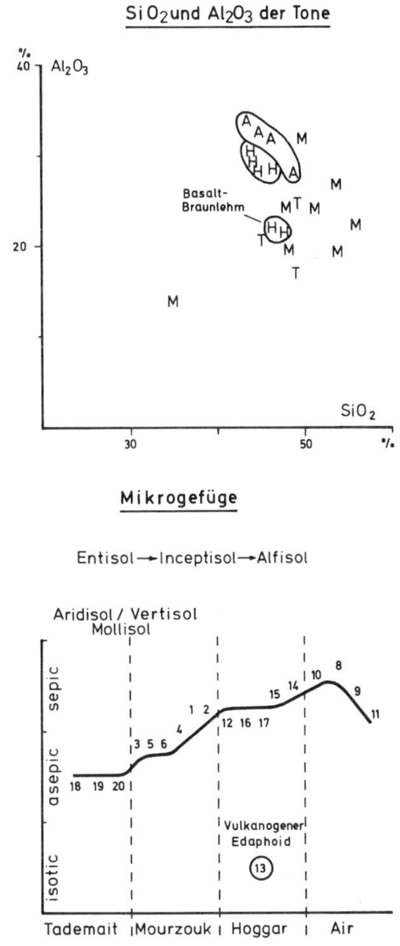

Fig. 26. Pedogene Merkmale aus A- und B-Horizonten saharischer Böden im Vergleich. — A = Air-Gebirge, H = Hoggar-Gebirge, M = Umrahmung des Mourzouk-Beckens, T = Plateau du Tademait, 1—20 Profilnummern.

Al_2O_3 in den Bodenhorizonten, und trägt man die gemessenen Absolutwerte gegen die entsprechenden SiO_2-Gehalte auf, so können wiederum die Grundgebirgs- und Basalt-Böden zusammengefaßt werden. Auch hier erweist sich, daß Verwitterung und Bodenbildung im Air intensiver waren als in den vergleichbaren Böden des Hoggar. Das relativ junge Profil 11 (Air) fällt mit deutlich niedrigeren Gehalten an Al_2O_3 ebenfalls wieder heraus. Die früher geäußerte Annahme, daß die Oberflächen-Braunlehme des Atakor jünger sind als die Grundgebirgs-Rotlehme des Hoggar scheint sich zu bestätigen, weil trotz größerer Verwitterungsfähigkeit der Basalte und trotz Tendenzgleichheit der Bodenbildung keine vergleichbaren Werte mit den Rotlehmen im Tiefland erreicht werden. Trifft diese Annahme zu, dann ist das Konzept des hypsometrischen Formenwandels für die quartäre Bodenbildung im Hoggar-Massiv nicht anwendbar, was nicht ausschließt, daß in topographisch günstigen Positionen auch im Tiefland Böden während des Pleistozäns und Holozäns entstanden. Die meisten Werte des Mourzouk-Beckens und des Plateau du Tademait liegen relativ nahe bei denen der Atakor-Braunlehme, besitzen aber um Mourzouk vergleichsweise viel SiO_2. Von lithogenem Einfluß abgesehen, könnte sich darin eine Altersabfolge dokumentieren, wenn man bedenkt, daß die Landoberfläche des Tademait in das Pliozän datiert wird, die Basalt-Braunlehme alt- bis mittelpleistozän sein können, und die Mourzouk-Böden spätglazial-holozänes Alter besitzen. Die letztgenannten sind mit zwei Werten vergesellschaftet, wovon die 32 % Al_2O_3 in Profil 6 (fBv) besonders interessant sind, weil dieser Boden auf der Dachfläche liegt und dort wahrscheinlich zu älteren noch erhaltenen Bodenresten überleitet (s. Abschnitt 3.1.4). Der B-Horizont mit 34,7 % SiO_2 im Stufenvorland scheint dagegen ein analytischer Ausreißer zu sein, wenn man die anderen Daten berücksichtigt. Insgesamt streuen die Werte der Böden auf Sedimentgesteinen jedoch viel stärker als im Air- und Hoggar-Gebirge.

Die mikromorphologische Kennzeichnung wurde nach Brewer (1976) vorgenommen und ist angelehnt an eine Darstellung von Eswaran (1972). Eine mögliche Korrelation des Entwicklungsgrades des jeweiligen Gefügeplasmas (plasmic fabric) mit bestimmten pedogenetischen Zustandsstufen wurde nach der Nomenklatur der Soil Taxonomy (Soil Survey Staff 1975) durchgeführt. Die Entwicklungsstufen bzw. deren Änderungen werden dabei auf dem taxonomischen Niveau der „Orders" mit den Entisols, Inceptisols und Alfisols gleichgesetzt. Aridisols und Vertisols kommen verbreitet vor, sind aber hier dem genetischen Entwicklungsschema untergeordnet. In den A- und B-Horizonten der untersuchten Profile besitzt das wichtigste Element der S-Matrix, nämlich das Gefügeplasma (plasmic fabric) einen unterschiedlichen Differenzierungsgrad. Trotz fließfähiger Substanz in fast allen Fällen ist es zu einer größeren Separation nur in den Grundgebirgs-Böden des Air und Hoggar gekommen. Neben diffusiver und bioturbat-zoogener Verlagerung in pedogenen Horizonten ist in 8 und 10 sogar eine vertikale Tonverlagerung zu beobachten, ansatzweise auch in 14 und 15. Deshalb können diese Böden auch dem Bereich zugeordnet werden, wo Fließbewegungen des Plasmas charakteristisch sind und die nicht bewegte Feinsubstanz von der bewegten separieren („sepic plasmic fabric"). Zwei nördlichere Hoggar-Rotlehme (16, 17) und der Basalt-Braunlehm (12) zeigen kaum mehr Toneinregelung. Sie fehlt vollständig in dem vulkanogenen Edaphoid von 13. Die Grundmasse verhält sich polarisationsoptisch isotrop und gleicht damit der eines stark verwitterten Laterits („isotic plasmic fabric"). In einigen Böden des Mourzouk-Beckens (1, 2) kommt die häufiger zu beobachtende Regelungsdoppelbrechung dadurch zustande, daß ein Durchfeuchtungswechsel des primär sehr tonigen, montmorillonitischen Bodenmaterials über die Prozesse der Hydroturbation (Vertisolierung) zu einer Orientierung an Scherflächen zwang. Daraus erklärt sich die Stellung der Böden im Bereich der „sepic plasmic fabric". Die anderen Böden um Mourzouk, vor allem aber die auf dem Tademait-Plateau sind der Gruppe mit einem „asepic" Gefügeplasma zuzuordnen. Hier reichen weder die Tonmenge noch die Durchfeuchtung aus, Fließbewegungen größeren Umfangs zu erzeugen. Wenige Einregelungen auf dem Bodenskelett sind die einzigen Spuren einer Plasmadifferenzierung. Hinzu kommt die hemmende Wirkung sekundären Carbonats und Sulfats.

Sieht man in der mikromorphologischen und der anderen Kennzeichnung der Saharaböden auch unterschiedliche pedogenetische Entwicklungsstufen, dann weichen die untersuchten Gebiete z.T. deutlich voneinander ab. Man wird sich wieder fragen müssen, ob hier eine Klimasequenz im Sinne eines planetarischen und/oder hypsometrischen Formenwandels vorliegt oder ob eine historische Abfolge von Vorzeitklimaten existiert, wobei zu beachten ist, daß zu jedem Zeitpunkt der Landschaftsgeschichte regionale Klimaunterschiede auftreten können.

Prozesse

Ihre Benennung leitet sich aus der genetischen Interpretation der Merkmale ab. Eine formale Gliederung ist möglich nach Prozessen, die zu stofflichen Veränderungen an Ort und Stelle in den Horizonten geführt haben, und nach solchen, die einen vertikalen und lateralen Stofftransport auf und im Boden bewirkten. Hinzu kommen die horizontverwischenden Turbationen. In den untersuchten Böden gibt es Belege für mehrere Arten bodenbildender Prozesse:

Transformation
(Partielle) Entkalkung
Humifizierung
Verbraunung
Rubefizierung
Desilifizierung
Tonbildung
Gefügebildung
Carbonatisierung
Versalzung

Translokation
Tonverlagerung

Turbation
Bioturbation
Hydroturbation

Stoffumlagerung
Bodenerosion
Solifluktion
Hangschutt-Bildung

Die hier listenmäßig zusammengestellten, an entsprechenden Merkmalen nachgewiesenen, profilprägenden Prozesse wurden bereits bei der Beschreibung der Einzelprofile genannt und diskutiert. Nicht alle aufgezählten Prozesse liefen in jedem Boden ab, vielmehr kam es je nach geologisch-geomorphologischer Raumausstattung und je nach Konstellation der bodenbildenden Faktoren zur Vorherrschaft bestimmter Prozeßkombinationen. Hinsichtlich Art und Intensität der Transformationsprozesse sind größere Unterschiede zwischen den Gebieten mit Sedimentgesteinen und denen mit Magmatiten bzw. Metamorphiten vorhanden.

Gegenüber den nördlich an die Sahara anschließenden bioklimatischen Zonen hervorzuheben ist die intensivere Verwitterung der Silikatgesteine. Auf eine starke Rubefizierung des kristallinen Ausgangsmaterials folgt eine Desilifizierung vorwiegend der Feldspäte, Glimmer und Hornblenden, dann wurde Ton neugebildet. Hier sind vor allem die Kaolinite zu nennen, die aber auch in Vergesellschaftung mit Montmorilloniten auftreten können. Alle Böden sind gekappt, so daß die ursprüngliche Profilmächtigkeit oft nicht mehr rekonstruiert werden kann. Im Atakor ist Solifluktion nachgewiesen, es bleibt zu fragen, ob nicht auch in tieferen Lagen Frostverwitterung an der Produktion von Hangschutt beteiligt ist (vgl. z.B. Daveau 1964).

Faktoren

Unter dem Gesichtspunkt einer klimatischen und einer klimagenetischen Geomorphologie muß es von größtem Interesse sein, die klimaökologischen Bildungsbedingungen eines bestimmten Bodens bzw. die auf bodenstratigraphischem Weg rekonstruierte Klimaentwicklung eines bestimmten Zeitraumes kennenzulernen, denn daraus lassen sich wichtige Schlußfolgerungen für die Reliefgenese ableiten. Schließlich ist Boden im weitesten Sinne auch Träger und Objekt der Abtragung.

Es war ein Hauptanliegen der vorliegenden Arbeit, mit Hilfe der im Gelände vorgefundenen und der in der Literatur diskutierten Böden die tertiäre und quartäre Klimaentwicklung klären zu helfen. Weiterhin wurde nach dem Prinzip des Aktualismus versucht, aus den Nachbarräumen Hinweise für die klimaökologische Interpretation der saharischen Vorzeitböden zu bekommen.

Speziell südlich der Sahara wurden bodenkundliche Erkenntnisse gewonnen, die eine Basis für die klimageomorphologische Bewertung der meisten saharischen Vorkommen sein können. Fölster hat in dem Begleittext zum Afrika-Kartenwerk Westafrika an Hand eines Querschnittes von der Wüste bis zum äquatorialen immergrünen Regenwald eine klimaregionale Beziehung zwischen taxonomischen Bodengruppen, der niederschlagsbedingten Humidität und der Wasserbewegung innerhalb der Boden- und Verwitterungsdecke aufgestellt (1983: 6, Fig. 1b). Diese Darstellung ist hier unverändert in die Fig. 27 übernommen. Im Bereich I beschränkt sich die regenzeitliche Durchfeuchtung auf die flachgründige Bodendecke, in II schwankt die Sättigung jahreszeitlich (pF-Werte für die Regenzeit!) und in III bewegt sich die Durchfeuchtung der Bodendecke zwischen voller Sättigung und Austrocknung, nach den humiden Gebieten nimmt auch die Durchfeuchtungstiefe und die durchschnittliche Sättigung von Boden und Saprolith zu.

Darüber sind nun in der Fig. 27 die zitierten und untersuchten Paläosole bzw. fossilen Verwitterungsreste der zentralen Sahara in stratigraphisch-chronologischer Abfolge aufgetragen, und zwar so, daß eine klimaökologische Zuordnung der Fig. von Fölster möglich wird. Daneben stehen die Namen der Abtragungsflächen, die King (1967) für die Morphogenese des afrikanischen Kontinents ausgeschieden hat, und die Gellert (1971) zusammenfassend diskutierte. Die Zahlen neben den Zeiten mit Bodenbildung entsprechen den Nummern der Untersuchungsprofile in der vorliegenden Arbeit. Nach ihrer stratigraphischen Einstufung besitzen sie pliozänes und quartäres Alter.

Selbstverständlich kann dies nur ein erster Versuch sein, die bekannten Paläosole und die aus Verwitterungsböden abzuleitenden Sedimente der Sahara (paläo)klimatisch einzuordnen. Zahlreiche Probleme sind dabei noch ungelöst. Z.B. ist es eine zentrale Frage, ob man nach dem Prinzip des Aktualismus paläopedologische Schlußfolgerungen bis in das Präkambrium hineintragen kann. Die erdgeschichtliche Entwicklung der Böden hat nach Kubiena (1948: 157—198) mit Unterwasser- und Grundwasserböden begonnen, eine Zunahme der Organisationshöhe und Formenmannigfaltigkeit erfolgte erst mit der Bildung von Landböden. Deren Auftreten sei an das Vorhandensein hochentwickelter Humusformen gebunden, welche selbst wieder Grasfluren und angiosperme Laubwälder benötigen, so daß hochentwickelte Landböden frühestens seit der O.Kreide existieren können (Kubiena 1953: 91). Für klimagenetisch-geomorphologische Fragestellungen, die zeitlich weiter in die geologische Vergangenheit zurückgehen müssen, erlangt die Auffassung von Kubiena Bedeutung, weil damit vor der O.Kreide die Qualität und Quantität eines differenzierten Bodenschutzes durch eine im wesentlichen kormophytische Vegetationsbedeckung weitaus geringer waren, und die Abtragung auf andere Oberflächenverhältnisse traf. Vielleicht liegt hier ein Ansatz für die (verwitterungs)genetische Erklärung vieler eintöniger paläo- und mesozoischer, terrestrischer Sedimente, die sich z.T. erheblich von den tertiären und quartären Ablagerungen unterscheiden. Nicht auszuschließen ist auch, daß die bis zur O.Kreide entstandenen Oberflächenformen einen anderen Formungsstil aufwiesen als die jüngeren Reliefteile. Dort, wo altererbte Flachformen in die heutige Landoberfläche miteingehen, wie z.B. die präkambrische Rumpffläche des Hoggar-Gebirges, sind m.E. Überlegungen in dieser Richtung angebracht.

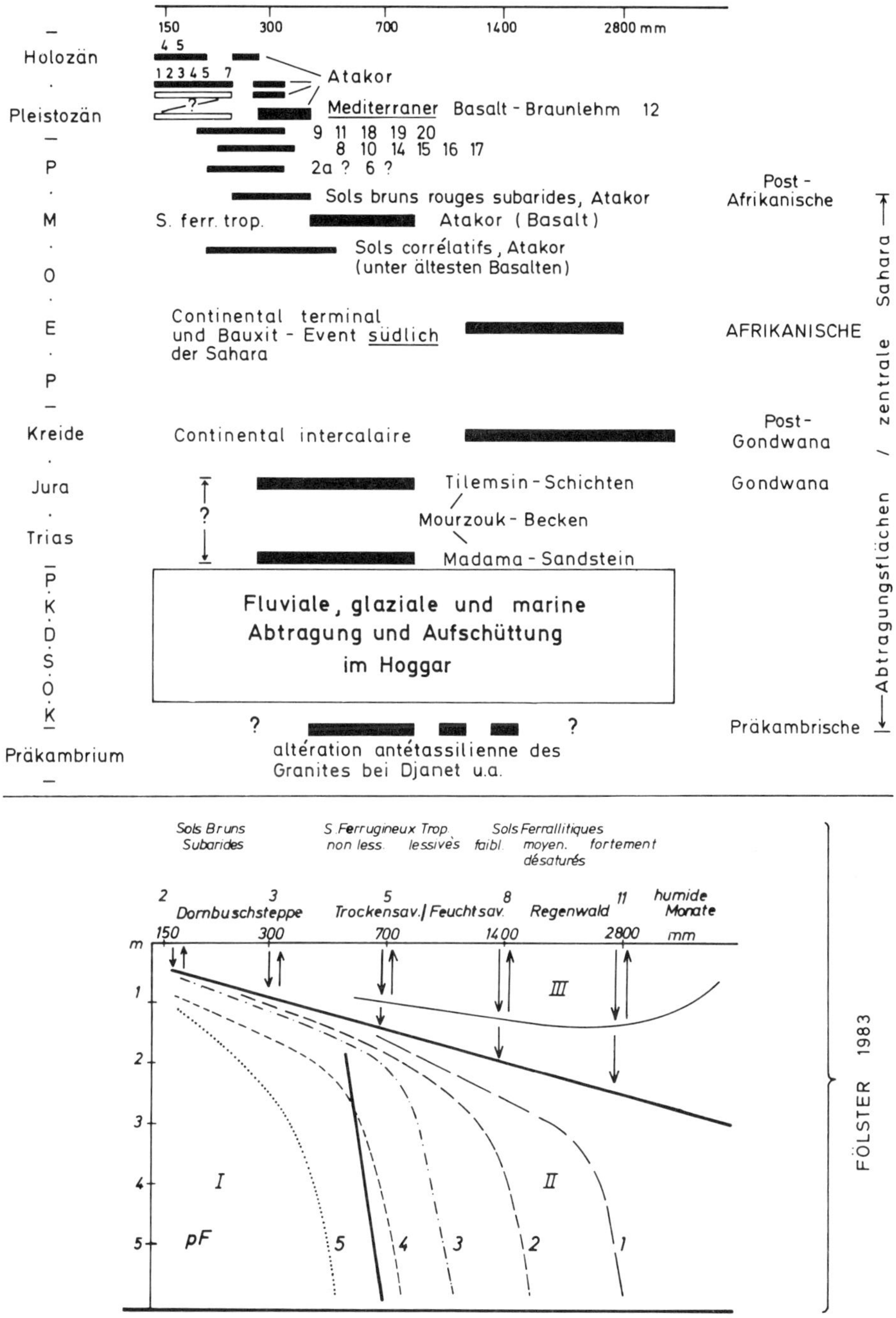

Fig. 27. Versuch einer aktualistischen Korrelation von Böden und Sedimenten der zentralen Sahara mit holozänen Oberflächenböden der afrikanischen Tropen (siehe Text).

4.1.2 *Erosionsgeschichte und Bodenalter*

Wesentliches ergibt sich bereits aus der Fig. 27. Darin sind Böden und Sedimentgesteine aufgetragen, die einige Rückschlüsse auf die Verwitterung und Bodenbildung in bestimmten Regionen der Sahara und in einem Zeitraum zulassen, der etwa 600 Jahrmillionen umfaßt. Dabei können die zeitlichen Proportionen zeichnerisch nicht dargestellt werden. Die Dicke der waagrechten Balken soll relative Bedeutungsunterschiede der Verwitterung und Bodenbildung anzeigen, in dem Sinne, daß sowohl zeitlich als auch von der Intensität her die Gesteinsaufbereitung variierte.

Verglichen mit jüngeren Bildungen ist die Verwitterung unter der präkambrischen Abtragungsfläche sehr mächtig. Schließt man sich der paläoklimatischen Deutung der korrelaten Sedimente in den kambroordovizischen Sandsteinen, also eines intermediären Klimas an, dann stellt sich gleichzeitig die Frage nach der Verwitterungsdauer. Zehner von Jahrmillionen und mehr werden veranschlagt. Möglicherweise war die Mächtigkeit noch erheblich größer, wenn man bedenkt, daß in diesem Zersatz evtl. mehrere präkambrische Rumpfflächen entwickelt waren. Wahrscheinlich „lebten" auch noch danach mehrere Abtragungsepochen von diesem Tiefenzersatz, der immer wieder fossiliert und aufgedeckt wurde. So erklärt sich vielleicht die relativ gleichförmige Mineralzusammensetzung der kambrischen bis unterkarbonen Sedimentgesteine.

Die mit dem O. Karbon einsetzende Vormacht montmorillonitischer Tonminerale setzt sich in dem frühmesozoischen (?) Madama-Sandstein und den jurassischen (?) Tilemsin-Schichten des Mourzouk-Beckens fort. Es handelt sich im wesentlichen um aufgearbeitete paläozoische Sedimentgesteine, die unter einem semiariden Klima zu Roterde verwitterten (Kallenbach 1972: 319). Mangels Fossilien ist eine genauere Alterseinstufung nicht möglich. Die der Sedimentation korrelate Abtragung führte nach King (1967: 228) zur sog. „Gondwana-Landsurface".

Unbekannt ist die Größe der Areale, welche das Continental Intercalaire der U. Kreide belieferten und die „Post-Gondwana-Landsurface" bildeten. Angesichts der voll humid-tropischen Verwitterungsbedingungen, die sich aus der Mineralkomposition des Messak-Sandstein rekonstruieren lassen (Kallenbach 1972: 319), müßten die potentiellen Abtragungsgebiete: Teile des Hoggar-Kristallins (?), der östliche Tassili-Bereich (?) und die jüngeren Beckensedimente intensiv verwitterte Böden getragen haben. Entsprechende Vorkommen auf einer „Post-Gondwana-Fläche" sind nicht bekannt. Ebensowenig weiß man, ob südlich der Sahara die siderolithische Fazies des Continental Terminal auch auf eine eigenständige, alttertiäre Laterit-Verwitterung im Mourzouk-Becken zurückgeht, oder ob dies noch Reste der älteren unterkretazischen Verwitterung (Continental Intercalaire) sind, oder ob man tiefverwitterte Abtragungsflächen der „African planation" erst weiter südlich ab ca. 16° Nord suchen muß (vgl. Faure 1966: 424—426).

Die im Eozän entstandene, für den ganzen Kontinent fundamentale Afrikanische Abtragungsfläche könnte in der zentralen Sahara evtl. etwas stärker verwittert gewesen sein als die jüngere, neogene Post-Afrikanische Landoberfläche, wenn man mit Rognon (1967: 61—154 u. 532, Fig. 148) einige, stratigraphisch allerdings schwer faßbare Vorkommen unter den ältesten Basalten in das Eozän stellt. Diese Verwitterungsbildungen sind aber keinesfalls mit den alttertiären Latosolen, Lateriten und Bauxiten West- und Zentralafrikas vergleichbar, wie überhaupt derartig intensiv verwitterte Böden für die zentrale Sahara bisher nicht nachgewiesen und auch sehr unwahrscheinlich sind.

Mit dem jungtertiären Hoggar-Vulkanismus existieren endlich stratigraphsich genauer fixierbare Paläosole. Die mittels absoluter Datierungen in das Miozän zu stellenden, älteren

Basalte überdecken einen schwach verwitterten Untergrund und sind selbst durch gut untersuchte und klassifizierte Böden gegliedert. Diese „Sols ferrugineux tropicaux" gehören geomorphogenetisch wahrscheinlich zu der Post-Afrikanischen Abtragungsfläche, ohne daß diese im Hoggar morphographisch genauer eingegrenzt werden kann. Chemofaziell unterscheiden sich die untersuchten Grundgebirgs-Rotlehme der Profile 14, 15, 16 und 17 sowohl von den miozänen als auch den quartären Basalt-Böden derart, daß sie m. E. zeitlich nicht parallelisiert werden können. Vielmehr besteht große Ähnlichkeit zu den (ober?)oligozänen Grundgebirgs-Böden unter den ältesten Basalten und zu den mio-pliozänen „Sols brun rouge subarides" auf jüngeren Atakor-Vulkaniten. Da sich das Hoggar-Massiv erst am Beginn des Jungtertiärs stärker zu heben begann, muß während des unteren und mittleren Miozäns die humidere Bodenbildungsphase aber auch im benachbarten Grundgebirge verwitterungswirksam gewesen sein. Allerdings sind hier weder die miozänen Böden noch ihre Erosionssedimente zu finden. Es könnten höchstens noch Saprolithe vorhanden sein, auf denen sich dann die pliozän-ältestpleistozänen Rotlehme unter trockeneren Klimabedingungen gebildet haben. Dies würde das Auftreten smectitischer Minerale im Solum von Profil 14 und 15 erklären. Vielleicht müßte dann auch schon im Mio-Pliozän mit abtragungsfördernden Trockenperioden und mit der ersten Anlage von „Sandschwemmebenen" und von größeren Sandfeldern gerechnet werden, so z. B. im Gebiet von Ubari und Mourzouk. Dort ist die (teilweise) Herkunft des Materials aus dem Hoggar durch Schwerminerale belegt, wird aber viel jünger eingestuft (vgl. Busche 1982: 300—330).

Insgesamt sind die untersuchten Sahara-Böden also relativ jung. Sie werden nach ihrer Lage im Relief, nach ihrer (Chemo)Fazies und nach ^{14}C-Datierungen zeitlich eingestuft. Für den nötigen Alters- und Faziesvergleich bildeten die fossilen und reliktischen Basalt-Böden des Atakor die wichtigste Grundlage. Danach wurde den Böden folgendes Alter zugewiesen:

1. Die Profile 2a und 6 liegen auf der Dachfläche des Messak, sind stärker verwittert und leiten zu einer jungtertiären Paläo-Roterde über. Nach geomorphologischen Erkenntnissen (Busche 1982) besitzt die unverkieselte Dachfläche neogenes Alter, welches damit auch für die Böden prinzipiell möglich ist. Es besteht aber eine große strukturelle Ähnlichkeit mit den quartären Lockerdecken.

2. Die Profile 8 und 10 aus dem Air-Gebirge liegen jeweils auf einem Glacis, das wahrscheinlich dem Niveau entspricht, welches nach der Datierung aufliegender Basalte an anderer Stelle mindestens 2,65 ± 0,25 MA alt sein muß. Fazielle Verwandtschaften zu den Hoggar-Profilen 14, 15, 16 und 17 waren der Grund für die zeitgleiche Einstufung. Ein etwas jüngeres, plio-pleistozänes Alter der Hoggar-Böden ist jedoch nicht ausgeschlossen, weil die Glacis tiefer in ihre weitere Umgebung eingelassen sind als im Air, und weil im Atakor 1,5 ± 0,1 MA alte Basalte Rotlehm-Sedimente überlagern.

3. Mit dem Auftreten von Braunlehmen auf präkambrischem Untergrund des Air kündigt sich eine graduelle Änderung in der Pedogenese an (Profil 9 u. 11). Auch die Lage auf vermutlich jüngeren Glacis und die Überdeckung von Profil 9 durch einen Basalt machen ein altquartäres Alter wahrscheinlich. Eine Zeitgleichheit mit den ältesten mediterranen Basalt-Braunlehmen des Atakor ist aber nicht auszuschließen. Die Tademait-Böden gleichen sehr den Vorkommen der trockenen Mediterraneis. Nach der Datierung der Hammada in das Villafranca kommt den Paläosolen höchstens dieses Alter zu. Wahrscheinlich hat aber eine geringfügige flächenhafte Abtragung im Quartär Mehrschichtprofile erzeugt, wobei die oberen Abschnitte dann jünger sein müssen.

4. Der Basalt-Braunlehm von Profil 12 neben dem vulkanogenen Edaphoid (13) ist höchstwahrscheinlich mit dem ältesten „Sol brun" Rognons (1967: 227, Fig. 67 u. S. 530) identisch, weil er eine Solifluktionsdecke trägt, und weil in der Vorflut des O. Taghemmout zwei durch

Solifluktionsschutt getrennte fossile Vertisole liegen. Diese sind aus Erosionssedimenten des Villafranca-zeitlichen (?) „Sol brun“ hervorgegangen und werden von einem (verbraunten?) schuttreichen Sediment überlagert. Die vertischen Merkmale sind einmal nach der ersten großen Solifluktion des oberen Villafranca (?) entstanden, dann nach einer alt- bis mittelpleistozänen (?) Solifluktionsphase bis zum Spätglazial-Holozän. Die mutmaßliche Verbraunung könnte die neolithische (mittelholozäne) Feuchtzeit repräsentieren. Die letzten beiden Bodenbildungen wären mit den untersuchten Paläoböden des Stufenvorlandes um Mourzouk parallelisierbar, wo teilweise eine mediterranähnliche Bodenfazies und Vertisole in dieser Zeit vorkommen.

5. Wenn man hier mit Grunert (1983: 197, Fig. 75) mehrere quartäre Glacis-Stadien ausscheidet, könnte der fossile Boden auf dem untersten Felsfußflächenniveau (s. Busche 1982, Abb. 122 u. 119) bei Zouzoudinga eine alt- bis mittelpleistozäne Oberfläche belegen. Die flächenhafte Tieferschaltung von ca. 60 m in den weichen Tilemsin-Schichten bis zur holozänen Vorlandfläche müßte dann nach Bildung dieses Bodens erfolgt sein. Setzt man für die Fossilierung des Bodens und den Beginn der flächenhaften Tieferlegung etwa 500—600 000 Jahre an, so kommt man zu einer Abtragungsleistung von rund 1 m pro 10 000 Jahre. Das ist etwas mehr als durch die Mehrschichtprofile 4 und 5 für das (viel trockenere?) Holozän nachgewiesen wurden. Auf die Möglichkeit einer mehrfachen, dem Atakor analogen (?), pleistozänen Bodenbildung wird in Fig. 27 deshalb durch zwei offene Balken hingewiesen.

Für das Quartär insgesamt ergeben sich regionale Unterschiede dahingehend, daß in den tieferen Bereichen des Hoggar pleistozäne und holozäne Böden offenbar nicht so häufig anzutreffen sind wie im Atakor, im Air-Gebirge, im Stufenvorland des Mourzouk-Beckens und in der nördlichen Sahara. Von Einzelvorkommen an begünstigten Stellen abgesehen, spielt im Hoggar der Topographie-Faktor wahrscheinlich doch die entscheidende Rolle (Rognon 1980), weil in den weiten Ebenheiten auch höhere Niederschläge nicht zu verwitterungswirksamer Ansammlung von Bodenwasser führen können. In dem stärker reliefierten Air-Gebirge scheinen die für die Pedo- und Morphogenese verantwortlichen SW-Monsune seit dem Pliozän mehrfach wirksam gewesen zu sein, wie die sechsgliedrige Abfolge von Glacis und Terrassen belegt. Nach den pedologisch-sedimentologischen Befunden erweisen sich die Nordsahara, der Atakor und die Umrahmung des Mourzouk-Beckens dagegen als Gebiete, die während des Quartärs mehr unter dem Einfluß eines von der mediterranen Winterregenzone gesteuerten Klimas standen.

4.2 *Systematische Stellung*

Eine Klassifizierung der Sahara-Böden muß erwünscht sein, wenn man präzise Aussagen über ihre Eigenschaften, ihre Entstehung und ihre Bildungsbedingungen erwartet. Das gilt nicht nur für Fragen der Nutzung oder der Ökologie, sondern auch bei genetischen Problemen. Da die Bodenbildung eng mit der Landschaftsentwicklung verbunden ist, können Böden, die eindeutig klassifiziert werden, eine wertvolle Hilfe für die genetische Interpretation der Landschaft darstellen.

In der Sahara erfolgte eine systematische Gliederung von Böden bisher unter rein pedologischen Gesichtspunkten (Dutil 1971) oder zum Zwecke einer zukünftigen Nutzung (Petermann 1981, Vogg 1981). Wenngleich sich an den Prinzipien und der Klassifizierung selbst nichts ändert, soll im folgenden durch eine Kommentierung der Bodenliste vor allem der pedogenetische Aspekt hervorgehoben werden. Um eine möglichst große Vergleichbarkeit zu gewährleisten, wird eine Korrelation der Bodennamen in mehreren umfassenden Klassifikations-Systemen versucht.

4.2.1 *Problematik der Einstufung*

Der Korrelationswunsch stößt gleich auf mehrere Schwierigkeiten. Zunächst ist zu beachten, daß den häufiger benutzten, traditionellen Bodenklassifikations-Systemen z.T. sehr unterschiedliche Gliederungsprinzipien zugrunde liegen. Der genetische Bodentyp der russischen Bodenkunde ist schon längst nicht mehr die Grundlage aller Systeme. Entsprechend den Teilgliedern der Pedogenese: Faktoren → Prozesse → Merkmale sind grundsätzlich auch drei verschiedene Ansätze möglich. Die Entwicklung in den einzelnen Ländern führte z.B. dazu, daß die nach bioklimatischen Zonen orientierte sowjet-russische Bodengliederung der US-amerikanischen, rein auf Merkmalskombinationen beruhenden Soil Taxonomy diametral gegenüber steht. Andere Klassifikationen sind wieder nur auf bestimmte Regionen anwendbar. Deshalb wurden die Gliederungsprinzipien sowie die Vor- und Nachteile von sechs Bodenklassifikations-Systemen einmal vergleichend diskutiert (Skowronek 1983).

Für die saharischen Böden empfehlen sich übergreifende und globale Systeme, weil dieser Großraum an unterschiedliche Klimate grenzt und zu vermuten ist, daß diese auch an einer (vorzeitlichen) Bodenbildung in der Wüste beteiligt sind. Weiterhin muß bei der Wahl darauf geachtet werden, daß in den einzelnen Klassifikationen die Böden arider Klimate einigermaßen gut repräsentiert sind. Die speziellen nordafrikanischen Verhältnisse sollten ebenfalls Berücksichtigung finden.

Aufgrund dieser Überlegungen und in Anlehnung an eine schon vorgestellte Gliederung nord- und westafrikanischer Böden (Tab. 2, Abschnitt 2.7) wurden folgende Bodenklassifikations-Systeme für die taxonomische Einstufung der untersuchten Profile ausgewählt:

1. Die Legende zur FAO-Weltbodenkarte 1 : 5 000 000 (FAO-Unesco 1974). Sie ist zwar kein hierarchisch aufgebautes System, doch wurden viele Elemente und Namen aus vorhandenen umfassenden Systemen übernommen. Die Bodeneinheiten werden mittels diagnostischer Horizonte definiert, und die vereinfachte Nomenklatur gestattet eine weltweite Korrelation der wichtigsten Böden. Außerdem wurde sie an einigen Wüstenböden intensiv erprobt und erweitert (Petermann 1981).
2. Eine den afrikanischen Verhältnissen angepaßte Nomenklatur liegt der „Soil Map of Africa, Scale 1 : 5 000 000" der „Commission for Technical Co-operation in Africa", abgekürzt CCTA, zugrunde (d'Hoore 1964). Sie bezieht auch Böden der Trockengebiete ein.
3. Der neueste Stand der französischen Klassifikation ist von Duchaufour & Souchier (1977) publiziert. Die Bodengliederung berücksichtigt vor allem die fundierten Erkenntnisse französischer Bodenkundler in den Tropen und Subtropen, welche das traditionelle Arbeitsgebiet des „Office de la recherche scientifique et technique outre-mer", abgekürzt ORSTOM, sind.
4. Die 7th Approximation und nachfolgend die Soil Taxonomy (Soil Survey Staff 1960, 1975) ist ein weltweit anerkanntes und praktiziertes System, weil darin nur die pedogenen Merkmale bzw. Kombinationen davon klassifiziert werden. Diagnostische Horizonte spielen dabei eine sehr wichtige Rolle. Die aus Kunstwörtern zusammengesetzte Nomenklatur ist streng logisch und deduktiv aufgebaut. Sie erlaubt auch die rasche Eingliederung bisher unbekannter Böden ohne eine (langwierige) theoretische Diskussion der möglichen Pedogenese. Dregne (1976) klassifiziert die „Soils of Arid Regions" nach der Soil taxonomy.

Die vier Bodenklassifikations-Systeme besitzen, wie alle anderen auch, einen entscheidenden Nachteil: sie berücksichtigen Paläoböden nur sehr wenig oder überhaupt nicht. Für die Sahara-Böden ergibt sich daraus die Schwierigkeit, erkannte Merkmale und Prozesse taxonomisch so anzusprechen, als seien diese rezent. Mehrere, genetisch voneinander unabhängige

Merkmale, wie z. B. ein „Desert pavement (reg) transported" auf einem „Lithomorphic vertisol" (Profil 1) erfordern dann praktisch die Ausweisung von zwei Böden. Außerdem läßt die häufig vorkommende, erosive Profilverkürzung der Böden oft nur noch eine Klassifizierung auf der Grundlage von (Rest)Merkmalen im tieferen Unterboden zu.

4.2.2 *Mutmaßliche Äquivalente in verschiedenen Bodenklassifikations-Systemen*

Wie bereits in der vergleichenden Diskussion einiger pedogener Merkmale (Abschnitt 4.1.1) erkennbar wurde, ist auch hier eine Trennung der Grundgebirgs- bzw. Basalt-Böden von den Deckgebirgs-Böden sinnvoll. Die höhere Entwicklungsstufe der erstgenannten wird auch in den Bodennamen ersichtlich. Auf den Sedimentgesteinen variiert die Bodentypologie wesentlich stärker, z. T. weil das Substrat die Bodenentwicklung beeinflußt, vor allem aber, weil die Böden unterschiedliches Alter besitzen.

Im Air und Hoggar kommen nur zwei Bodengruppen vor, nämlich lessivierte eisenhaltige und nicht lessivierte mit einem kräftig entwickelten Struktur-B-Horizont. Der Atakor-Braunlehm ist der am schwächsten verwitterte Boden. Eine gewisse Unsicherheit entstand bei der Einordnung in die Soil Taxonomy und FAO-Legende, weil dort die Merkmale so eng und analytisch definiert werden, daß eine Entscheidung oft schwerfiel. Mit der französischen Bezeichnung „fersiallitique" konnte gut der verwitterungschemische Zustand der untersuchten Profile charakterisiert werden, während die CCTA-Gliederung von d'Hoore (1964) noch stark generalisieren muß. Die Unterscheidung in Braun- und Rotlehme war jedoch möglich. Darüber hinaus wird hier allein die detritische Auflage angegeben, was die fossile Natur der Böden unterstreicht. Insgesamt wird der Gelände- und Laborbefund vorwiegend gradueller Entwicklungsunterschiede auch durch die Klassifizierung bestätigt. Die Grundgebirgs-Böden sind von tropischer Provenienz und haben einen ausgeprägten Mineralbildungs-B-Horizont, der mit Ton angereichert sein kann. Der Atakor-Braunlehm von Profil 12 dagegen verdankt seine Entstehung einem mediterran getönten Klima.

Schwieriger gestaltet sich die vergleichende Interpretation der Böden von Mourzouk und Tademait. Die Profile 2a und 6 auf der Dachfläche des Messak zeigen eine gewisse Verwandtschaft zu den Böden auf Kristallin. Doch reicht die Verwitterungsintensität nicht aus, sie entsprechend taxonomisch einzustufen. Es entstand trotzdem noch große Unsicherheit, da das Repertoire der einzelnen Klassifikations-Systeme offenbar nicht ausreicht, Böden mit diesen Merkmalen sicher einzuordnen. Andere Paläosole sind Mischtypen, z. B. hätte der „Sol fersiallitique vertique" von Profil 1 auch „Sol vertique cromique" genannt werden können, doch entspricht gerade die verwitterungschemische Kennzeichnung „fersiallitique" gut dem Bild der Analysenwerte. Deutlich ist die Mehrschichtigkeit in Profil 4 und 5 mit jeweils zwei Paläoböden. Während der liegende in 4, ein „Brown calcareous soil" noch nichts über ein bestimmtes Klima aussagt, wurde bei dem Äquivalent in 5 eine „mediterrane" Entwicklung unterstellt, weil der chemische Umsatz nicht so stark ist wie in den sahelischen „Sols brun rouge subarides". Diesen entsprechen nördlich der Sahara die „Sols marron" mit einem spezifischen Ton-Humus-Komplex. Wegen der geringen Verwitterungsintensität der spätglazial-holozänen Böden bestand generell die Neigung, eher mediterrane Bildungsbedingungen anzunehmen als randtropische mit sommerlichen Regen. Das Vergleichsmaterial ist jedoch viel zu gering, um eine sichere Entscheidung herbeizuführen. Jedenfalls zeichnet sich in Profil 4 und 5 eine Verstärkung der Aridität ab, wenn man die Namen des neolithischen Bodens mit denen des spätglazial-holozänen vergleicht. Am Plateau du Tademait war die Existenz eines B-Horizontes entscheidend für die Klassifizierung der Orthids. Die begründete Annahme etwas feuchterer Bildungsbedingungen als sie durch die Einstufung als Yermosols ausgedrückt würde, rechtfertigt den Namen Xerosol.

Obwohl die Klassifikation der Böden von Mourzouk und Tademait alle Profile einem arid-semiariden Entstehungsmilieu zuweist, sind die Unterschiede noch groß genug, um auf mehrere Entwicklungsstufen zu schließen. Zusammen mit der Reliefposition muß daher auch ein unterschiedliches Alter angenommen werden.

Tabelle 15. Namen der Air- und Hoggar-Böden in verschiedenen Klassifikationen.

	FAO-Unesco 1974	D'HOORE 1964	DUCHAUFOUR & SOUCHIER 1977	Soil Taxonomy 1975
8	-	Desert detritus, not differentiated	-	-
	Ferric Luvisol (?)	Ferruginous tropical soil on crystalline acid rock	Sol rouge fersiallitique tropical	Aridic Paleustalf
9	-	Desert detritus, not differentiated	-	-
	Ferralic Cambisol (?)	Brown soil of arid and semi-arid tropical regions	Sol brun fersiallitique tropical	Typic (?) Ustropept
10	-	Desert detritus, not differentiated	-	-
	Ferric Luvisol (?)	Ferruginous tropical soil on crystalline acid rock	Sol rouge fersiallitique tropical	Aridic Paleustalf
11	Ferralic Cambisol (?)	Brown soil of arid and semi-arid tropical regions	Sol brun fersiallitique tropical	Typic (?) Ustropept
12	Chromic Cambisol	Brown Mediterranean Soil	Sol brun fersiallitique méditerranée	Typic Xerochrept
14	-	Desert detritus, not differentiated	-	-
	Ferric Luvisol (?)	Ferruginous tropical soil on crystalline acid rock	Sol rouge fersiallitique tropical	Aridic Paleustalf (?)
15	-	Desert detritus, not differentiated	-	-
	Ferric Luvisol (?)	Ferruginous tropical soil on crystalline acid rock	Sol rouge fersiallitique tropical	Aridic Paleustalf (?)
16	-	Desert detritus, not differentiated	-	-
	Ferralic Cambisol (?)	Ferruginous tropical soil on crystalline acid rock	Sol rouge fersiallitique tropical	Oxic (?) Ustropept
17		Desert detritus, not differentiated	-	-
	Ferric Cambisol (?)	Ferruginous tropical soil on crystalline acid rock	Sol rouge fersiallitique tropical	Oxic (?) Ustropept

Tabelle 16. Namen der Mourzouk- und Tademait-Böden in verschiedenen Klassifikationen.

	FAO-Unesco 1974	D HOORE 1964	DUCHAUFOUR & SOUCHIER 1977	Soil Taxonomy 1975
1	-	Desert pavement (reg) transported	-	-
	Chromic Vertisol	Lithomorphic vertisol	Sol fersiallitique vertique	Typic Chromoxerert
2	Pellic-chromic Vertisol	Vertisol of topomorphic depression	Sol brun calcaire vertique	Palexerollic Chromo-xerert
3	-	Desert pavement (reg) transported	-	-
	Calcic Xerosol	Brown calcareous soil	Sol brun calcaire	Vertic Calcixeroll
2a	-	Desert pavement (reg) transported	-	-
	Ferralic Cambisol (?)	Reddish-brown soil of arid and semi-arid tropical r.	Sol brun rouge subaride (?)	Duric (?) Cambiorthid
4	-	Desert pavement (reg) transported	-	-
	Calcic Yermosol (?)	Sub-desert soil (?)	Sol brun sierozem (?)	Typic Calciorthid
	Calcic Xerosol	Brown calcareous soil	Sol brun calcaire	Typic (?) Calcixeroll
5	-	Desert pavement (reg) transported	-	-
	Calcic Yermosol (?)	Sub-desert soil (?)	Sol brun sierozem (?)	Typic Calciorthid
	Calcic Xerosol	Reddish-brown soil of arid and semi-arid Mediterr. r.	Sol marron (?)	Typic (?) Calcixeroll
6	-	Desert pavement (reg) transported	-	-
	Ferralic Cambisol (?)	Reddish-brown soil of arid and semi-arid tropical r.	Sol brun rouge subaride (?)	Cambiorthid (?)
7	Yermic Regosol	Weakly developed soil on loose sediments not recently déposited	Sol peu évolue à régime aride (Sol de désert)	Typic Torripsamment
18	-	Desert detritus, not differentiated	-	-
	Calcic Xerosol	Brown calcareous soil	Sol brun calcaire	Typic Calciorthid
19	-	Desert pavement (reg) residual (?)	-	-
	Gypsic Xerosol	Soil containing more than 15 % Gypsum	?	Typic Gypsiorthid
20	-	Desert pavement (reg) residual (?)	-	-
	Calcic Xerosol	Brown calcareous soil	Sol brun sierozem (?)	Lithic Calciorthid

5 Relief und Boden

Nach einigen grundsätzlichen Überlegungen zur Stellung des Bodens im System einer klimatisch gesteuerten, fluvialen Abtragung und Reliefentwicklung sollen neuere Theorien zur Flächenbildung in den Tropen und Subtropen einmal unter bodengeographisch-paläopedologischem Aspekt diskutiert werden. Das bietet sich insofern an, als diese Modellvorstellungen in Afrika erarbeitet wurden und wichtige Erklärungsmöglichkeiten für die Genese der saharischen Abtragungsebenheiten darstellen.

5.1 *Zusammenhang von Klima-, Pedo- und Morphogenese*

Durch seine mittlere Position im Stockwerkbau der Landschaft besitzt der Boden auch eine vermittelnde Funktion, denn in der Pedosphäre durchdringen sich Atmo-, Bio-, Hydro- und Lithosphäre aufs engste und schaffen dadurch einen eigenständigen neuen Naturkörper. Der Boden wird so zu einem hochintegralen Landschaftselement, an dem die Wirkungsanteile und Wirkungsabfolgen o.g. Kausalfaktoren abgelesen werden können. Darüber hinaus wird der Boden infolge seiner Lage in der Landschaft zum Träger und zum Objekt der Abtragung. Damit nimmt er im exogenen Teil des geologischen Gesteinskreislaufes einen hervorragenden Platz ein, denn er stellt in der Regel leichter bewegliches Material zur Verfügung, das den überwiegenden Teil des Stoffumsatzes in der Landschaft ausmacht. Verwitterungs- und Bodendecken bilden auch weithin die unmittelbare Grenze zur Atmosphäre, das Relief. Dieses wiederum übt für andere Landschaftselemente und für den Wasser- und Stofftransport eine steuernde Funktion aus, was so weit gehen kann, daß eine topographisch bedingte Bodenabfolge, eine Catena, entsteht. Generell wird subaerische Reliefbildung größeren Umfangs aber nur stattfinden können, wenn eine geogene und pedogene Gesteinsaufbereitung vorarbeitet oder vorgearbeitet hat.

Die Bedeutung pedologischer Befunde für geomorphologische Überlegungen ergibt sich daraus von selbst. Besonders eine klimatische und klimagenetische Geomorphologie kann auf die Interpretation von Böden nicht verzichten, denn in ihnen liegt eine wichtige, wenn nicht gar die wichtigste Information über die klimatischen Bildungsbedingungen. Wenn ein Boden nämlich in Beziehung zur jeweiligen Oberflächenform gesetzt wird, ist auch über deren Klimabedingtheit eine Aussage möglich. Neben dem Lagebezug nennt H. Riedl (1970, 1973) noch einige Hauptkriterien, die erfüllt sein müssen, bevor eine „bodengeprägte Form" sicher klimatisch eingeordnet werden kann. Die bodentypologische Ansprache beinhaltet die Diagnose chemisch-physikalischer Eigenschaften, welche die Bodendynamik und -genese charakterisieren. Ohne hinreichende Kenntnis spezifischer Einzelmerkmale, Horizontabfolgen u.a.m. sei eine klimageomorphologische Bewertung daher kaum durchzuführen. Auch das Muttergestein muß hinsichtlich seiner geologischen Stellung und seiner petrographischen Zusammensetzung bekannt sein. Eng damit zusammen hängt auch die Frage, ob ein Boden autochthon oder allochthon ist. Im ersten Fall „sind unmittelbare Rückschlüsse auf das Paläoklima zur Zeit der

Entstehung der bodengeprägten Form möglich" (H. Riedl 1970: 254). Aus einem Bodensediment dagegen muß erst auf den autochthonen Bodentyp geschlossen werden. Trotzdem oder gerade deshalb liegt darin eine besondere geomorphologische Information, denn zwischen Bodenbildung und Aufschüttung lief der Prozeß der Abtragung ab. Stockwerkprofile von Boden-Sediment-Serien lassen deshalb besonders gute Schlußfolgerungen auf eine phasenhafte Klima- und Reliefentwicklung zu. Die klimageomorphologische Bewertung von Paläoböden wird abgerundet, wenn die Paläosole mit rezenten Böden korreliert werden (können). Dazu bedarf es der Methode des geographischen Vergleichs.

Nach diesen Grundsätzen wurde in der vorliegenden Arbeit verfahren, wobei die Vergleichsbasis der eigentlichen Kennzeichnung und Klassifizierung der untersuchten Sahara-Böden vorangestellt ist.

5.2 *Klimageomorphologische Modellvorstellungen zur Flächenbildung in den Tropen und Subtropen*

5.2.1 *Die „Doppelten Einebnungsflächen" und tertiären „Reliefgenerationen" Büdels*

In seinem System der Klima-Geomorphologie hebt Büdel (1977: 17, Fig. 9) zwei Zonen des Jetztzeit-Klimas hervor, wo jeweils eine spezifische Gesteinsaufbereitung in hohem Maße geomorphologisch wirksam wird. Es ist einmal die sog. „subpolare Zone exzessiver Talbildung (lebendes Periglazialgebiet)" mit einer tiefgründigen, vorwiegend physikalischen Desintegration des Untergrund-Gesteins durch den „Eisrindeneffekt" (1969), und zum anderen die sog. „randtropische Zone exzessiver Flächenbildung" mit einer mehr oder weniger oberflächenparallelen, chemischen Tiefenverwitterung nach dem Mechanismus der „doppelten Einebnungsflächen" (1957). Innerhalb der zehn „klimageomorphologischen Zonen der Gegenwart (ohne Hochgebirge)" (1977, Fig. 13) stellen die o.g. Formungsmechanismen die „Hauptprägestöcke holozäner Reliefgestaltung" dar (1977: 91—92). Büdel geht davon aus, daß diese beiden Prozesse seit der O.Kreide in einem historischen Nacheinander das fluviale Abtragungsrelief in seinen Grundzügen gestaltet haben (1977: 3, Fig. 1).

Damit wird ein in sich geschlossenes, morphodynamisch begründetes Konzept vorgelegt, das die wichtigsten Abtragungsformen der kontinentalen Kruste, nämlich die Rumpfflächen und die Täler, kausal-klimatisch interpretiert. Es ist das Verdienst von Büdel, versucht zu haben, das Landschaftselement Relief klimageomorphologisch und klimagenetisch in seinen dynamischen Eigenschaften und seiner historischen Komposition zu erklären und darzustellen. Ähnlich wie Kubiena in dem genetischen Bodentyp eine Grundgestalt und eine Norm der Pedosphäre erblickte und daraus ein „natürliches System, eine Systematik" entwickelte, hat Büdel wohl in Fläche und Tal einen immer wiederkehrenden klimagenetischen Grundzug der Reliefsphäre gesehen, auf dem er sein natürliches System der Geomorphologie aufbauen konnte.

Prinzipiell ist bei derartigen Systemen jedoch zu beachten, daß klimatisch und genetisch definierte Begriffe einen stark subjektiven Charakter enthalten, weil die Lösung der Frage, wie eine Form oder ein Boden entstanden ist, entscheidend von den genetischen Vorstellungen und den Ideen des Klassifizierenden abhängt. Außerdem besteht die Gefahr, daß mehr die Klimafaktoren berücksichtigt werden als die objekteigenen Merkmale. Auch aus diesem Grund kehrte sich die Bodenkunde in vielen Ländern von bioklimatisch und pedogenetisch begründeten Systemen ab und bevorzugt heute bodeneigene Merkmale als eine Grundlage der Klassifizierung. Genannt sei der Tonanreicherungshorizont, der „argillic horizon", welcher in fast allen Klimazonen vorkommt und unterschiedliche Rahmenbedingungen aufweist. Es wäre zu fragen, ob nicht auch in einer systematischen Geomorphologie ein oft zu beobachtendes Reliefelement, z.B. die Fußfläche (Pediment), die Rolle eines diagnostischen Merkmales übernehmen könnte.

Für die Entstehung von Rumpfflächen macht Büdel (1957) einen einzigen Formungsmechanismus verantwortlich, den der „Doppelten Einebnungsflächen" in den feuchten Tropen. Kern der Theorie ist die Auffassung, daß die chemische Tiefenverwitterung so mächtig sei, daß die Flüsse nicht in das anstehende Gestein einschneiden könnten und deshalb voll in den flächenbildenden Denudationsvorgang integriert sind. Neben der passiven Transportleistung komme den Flüssen aber noch die Funktion der Vorflut zu, die den Spülvorgang im Verwitterungsmantel nach unten begrenze. Büdel nennt die Kombination von Denudation und Vorflutwirkung später „Nivelation" (1978: 83).

Der hier besonders interessierende bodengeographisch-paläopedologische Aspekt dieser Theorie wirft einige Probleme auf, die im folgenden diskutiert werden sollen.

1. Büdel geht von einer mittleren Mächtigkeit von 6 m aus, mit der der Boden den Untergrund mehr oder weniger oberflächenparallel überzieht und „schneidet". Mächtigkeiten unter 3 m und über 30 m seien selten, doch könne die „Dekompositionssphäre" bis 200 m tief reichen. Neben anderen taxonomischen Bodengruppen wie „Ferrallit", „Fersiallit", „Oxisol", „Luvisol", „Laterit", „Plinthit" und „Tirs" hält Büdel (1977: 99) den Latosol für den „eigentlichen Träger des „Mechanismus der doppelten Einebnungsflächen", der diese Flächen erzeugt". Durch die typologische Ansprache und die Gleichsetzung des Latosols mit dem Rotlehm an vielen Stellen dieser Arbeit entsteht eine große Unschärfe zwischen der räumlichen Fixierung der Flächenbildung auf die feuchten Tropen und der geographischen Verbreitung der o.g. Böden. Danach wäre die Bildung von Rumpfflächen auch in vielen subtropischen und mediterranen Gebieten mit andersartigem Temperatur- und Niederschlagsgang möglich. Ebenso reichte die „exzessive Flächenbildung" bei nur noch 4—6monatiger Regenzeit (1977: 94) schon weit in den Bereich der Trockensavanne, wofür Büdel (S. 109, Photo 16) auch ein instruktives Beispiel zeigt. Daher kontrastiert die Auffassung einer an tiefgründigen feucht-tropischen Zersatz gebundene Flächenbildung mit den tatsächlichen Mächtigkeiten der Saprolithe und Böden in der „Randtropischen Zone exzessiver Flächenbildung". Die ausschließliche Beschränkung einer aktuellen Rumpfflächenbildung auf die feuchten Tropen und ihre Latosole oder Oxysole (Büdel 1981: 56) wird damit inkonsequent.

Darüber hinaus ist die genetische Deutung des Latosols durch Büdel unvereinbar mit den Ergebnissen der tropischen Bodenkunde. Büdel spricht nämlich in den Tropen von „Arbeitsböden", die sich gegenüber den ektropischen „Ortsböden" dadurch auszeichnen sollen, daß sie „in ihrem ganzen Profil ständig Vorgänge der Umlagerung, Verschwemmung und Tonmineralneubildung zeigen" (1977: 96). Deshalb sei der Latosol als ein Arbeitsboden aufzufassen, „d.h. als ein durchlaufendes Produkt ständig neuer Anpassung an diesen Klimabereich, das nach unten ständig wächst, aber ebenso ständig oben abgetragen wird", er sei mehr „ein Phänomen- als ein Objekt-Dasein" (S. 105). Wie in den Abschnitten 2.5 und 2.6 der vorliegenden Arbeit gezeigt wurde, hat gerade die bodenkundliche Durchforschung und Kartierung der wechselfeuchten und immerfeuchten Tropen Afrikas ergeben, daß durchwegs Mehrschichtprofile vorliegen, die durch klimatisch bedingte Wechsel von Bodenbildung und Abtragung zustande kamen. Die resultierende Stratigraphie von Sedimenten und Böden ist dabei nicht nur auf die jüngste (evtl. anthropogene) Abtragungsfläche beschränkt, sondern kennzeichnet auch ältere und jungtertiäre Rumpfflächen.

Es sei vermerkt, daß Büdel m.W. außer einem erstmals 1965 (Bild 2) veröffentlichten Aufschluß-Photo und einer allgemeinen Beschreibung (S. 13—17) in keiner Arbeit den pedologisch-sedimentologisch-hydrologischen Aufbau einer von ihm untersuchten Rumpffläche vorgestellt hat, sondern lediglich aus den morphographischen Gegebenheiten seine genetischen Schlußfolgerungen ableitete.

2. Das o. g. Bild zeigt nach Büdel (1965, Bild 2; 1977: 108—109, Photo 15) ein bis 5 m mächtiges Rotlehm- bzw. Latosolprofil, welches auf einem „Spülpediment“ (seit 1969, Fußnote 3, S. 170: „Spülsockel“) am Fuße eines Inselberges der südindischen Bangalore-Fläche liegt. Es steht repräsentativ für den aktuellen Prozeß der lateralen Ausweitung einer Rumpffläche, die durch die sog. „subkutane Rückwärts-Denudation“ aktiv auf Kosten der höheren Umgebung wächst und mit „Flächenspitzen“, „Dreiecksbuchten“ und „Flächenpässen“ in diese zurückgreift. Trotz des relativ steilen Gesamtgefälles eines „Spülpediments“ von bis 4° werden die zugehörigen Hänge nach Büdel (1965: 30—38; 1971: 48—58; 1978: 88, Fig. 4) dadurch versteilt und passiv zurückgedrängt, daß die Rumpffläche mit ihrem Rotlehm oder Latosol diese Hänge gegen das bestehende Pedimentgefälle aktiv und denudativ unterschneidet. Der zusätzliche Wasserzufluß von den Hängen fördere die „subkutane Rückwärts-Denudation“. Unter starker Betonung des scharf ausgeprägten Knicks zwischen Steilhang und Fläche führt Büdel (1971: 49) als Beweis für die passive Zurückverlegung der Rücklandsteilhänge die Art der pedogenen Bedeckung des „Spülsockels“ und die fehlende Zufuhr ortsfremden Materials vom höheren Hang an. Das bis mehrere hundert Meter breite „Spülpediment“ trage als jüngster (proximaler) Teil einer Rumpffläche ein monogenetisches Rotlehmprofil. Dieses besitze eine mittlere Mächtigkeit von 4—10 m, zeige eine einfache Horizontfolge und sei vornehmlich im Holozän und jüngeren Pleistozän gebildet worden. Es unterscheide sich von einem polygenetischen Typ mit sehr großer Mächtigkeit (bis 30 m), mehrfachem Horizontwechsel, Konkretionen und Krusten, einem Boden, der entweder auf fossilierten Altflächen oder in den distalen, randferneren Teilen aktiver Rumpfflächen auftrete. Die Kennzeichen deuten auf ein sehr hohes Alter (frühes Tertiär?) und auf Klimawechsel hin (Büdel 1965: 13—17). Die geringe oder fehlende Materialzufuhr vom Hang werde dadurch erwiesen, daß dieser weder mit herabgestürztem noch herabgewandertem Material bedeckt sei. Büdel geht dabei allerdings von nacktfelsigen Panzergängen aus, die wahrscheinlich in der Mehrzahl nicht immer frei von Lockerdecken waren, wie er selbst ausführt (1978: 88, Fig. 4), und die auch heute zahlenmäßig nicht überwiegen. Die meisten Inselberge tragen vielmehr eine („Orts“)Bodendecke, in der chemischer Umsatz, Wasser- und Stofftransport stattfinden.

Das haben in beispielhafter Weise Bocquier (1973) und Boulet (1978) an „bodengeprägten“ Inselbergen der afrikanischen Tropen aufgezeigt (vgl. hier Abschnitt 2.4). Nach dem Catena-Prinzip und dem Konzept der „geochemischen Landschaften“ Polynovs wurde geklärt, daß ein oberflächenparalleler Stofftransport im Hangzugwasser zur Abfolge unterschiedlicher Bodengruppen am Inselberg, der Übergangszone und dem Glacis oder Pediment führt. Der Materialtransport betrifft suspendierte und gelöste Komponenten und ist mit einer Stoffabreicherung im Inselberg-Hang verbunden. Dem Gefälle entspechend sind der Wasserzug und die Materialverlagerung dabei vom Hang gegen die Fläche gerichtet. Die verwitterungsbedingte Unterschneidung am Hangfuß wird also allein vom Hang gesteuert! Die Autoren konnten dieses Prinzip des topogenen Substanzverlustes in der Bodendecke von Inselberg-Hängen an allen hygrischen Varianten der afrikanischen Tropen verifizieren. Auch von geomorphologischer Seite wird neuerdings dem Lösungsabtrag in Silikatgesteinen große formbildende Wirksamkeit zugeschrieben (Wirthmann 1983).

Die geochemisch schwer verständliche „subkutane Rückwärts-Denudation“ Büdels erscheint damit in einem anderen Licht.

3. Angesichts der räumlichen Dimensionen, die Rumpfflächen in alten Kristallin-Gesteinen einnehmen, stellt sich die Frage nach dem Alter ihrer Anlage. Wie Wirthmann (1981: 192) bemerkt, hat Büdel seine Theorie der „doppelten Einebnungsflächen“ am (Flach)Relief der

Gondwana-Kontinente entwickelt. Flächen sind also schon Voraussetzung, ehe sie sich weiterbilden können.

Wie die verschiedenen Einebnungsstadien der alpidischen, varistischen, kaledonischen und präkambrischen Orogene zeigen, ist das Alter des Gesteins-Untergrundes und damit die potentiell mögliche Abtragungsdauer von erheblicher geomorphologischer Bedeutung. Es muß Zweifel erwecken, ob die „Geomorphologische Ära" Büdels (1977: 3, Fig. 1) zeitlich überhaupt ausreichte, dem Gondwana-Untergrund von der O.Kreide bis heute das morphologische Antlitz zu verleihen, das er besitzt. Die über hundert Meter tief verwitterte (prä)kambrische Rumpffläche der Sahara besaß ebenfalls schon Inselberge, die in die heutige Landoberfläche integriert wurden. Außerdem sind die saharischen Beckenregionen mit flachlagernden Sedimentgesteinen verfüllt und bilden damit bereits eine geologische Ausgangsfläche für die nachfolgende, mögliche planparallele Tieferlegung. Die Fläche mußte nicht erst neu gebildet werden. Oft ist die Unterscheidung zwischen einer durchgehenden „Schnittfläche" und einer schichtangepaßten Abtragungsfläche sehr schwierig, wie z.B. am Plateau du Tademait. Noch schwieriger gestaltet sich m.E. in den nordafrikanischen Tafelländern der Nachweis, auf welche Weise und unter welchem Klima eine Fläche tiefergelegt wurde.

4. Büdel (1977: 143—144) geht darin schon so weit, daß er die fossilen Rumpfflächen selbst „als Zeugen fossilen feuchttropischen Klimas" interpretiert. Er hält die Formen sogar für ein viel sichereres Indiz, als z.B. die bewährten paläontologischen Klimaindikatoren. Andererseits hebt er die roten Paläoböden der Sahara als besonders beweiskräftige Zeugen für ein langanhaltendes feuchttropisches Klima mehrfach hervor (S. 157—183). „Rotlehme" dienen auch in höheren Breiten als Beweis für dieses Klima und zur Abtrennung von tertiären „Reliefgenerationen". Aus bodengeographischer Sicht fällt dabei auf, daß Büdel (1977: 248—265) die verbreiteten Rotlehme auf den Meseten Algeriens, Marokkos und Spaniens mit keinem Wort in Beziehung zur Genese dieser Rumpfflächen setzt. Insgesamt hat man den Eindruck, daß in der „Tropoiden Alterde" alle roten Böden, ungeachtet ihrer geographischen Verbreitung und ihrer unterschiedlichen Entstehungsbedingungen subsumiert werden, um ein langwährendes feuchttropisches Tertiärklima zu belegen (S. 3, Fig. 1).

5. „Der Paläoklimatologe kann solchen pauschalen Schlußfolgerungen nicht immer folgen". Mit diesen Worten umreißt Schwarzbach (1974: 123) das Problem, welches entsteht, wenn man „tropische" Rumpfflächen des Tertiärs mit den Klimazeugen aus diesem Zeitraum korrelieren will. Intensive paläoklimatologische Untersuchungen am rheinischen Tertiär haben unter Auswertung aller vorhandenen anorganischen und biologischen Klimaindikatoren gezeigt, daß die Temperaturkurve seit dem Eozän ± gleichmäßig absank, und Klimaschwankungen vorwiegend durch aride Perioden ausgezeichnet waren (Schwarzbach 1968). Auch nach neuesten Befunden (Ehrlichmann & Dongus 1981) entsprach das Tertiärklima Süddeutschlands eher warmgemäßigten und subtropisch-feuchten Verhältnissen.

Geomorphogenetisch erscheinen vor allem die trockenen Perioden bedeutsam, weil jetzt die zuvor gebildeten Verwitterungs- und Bodendecken ausgeräumt oder reduziert werden konnten. Büdel deutet einen — bodenstratigraphisch nachweisbaren — tertiärzeitlichen Klimawechsel in Indien zwar einmal an (1965: 17), verfolgt diese Beobachtung aber nicht weiter und setzt sie geomorphologisch nicht um. Vielmehr hält er an der Gleichzeitigkeit von flächenhafter Tiefenverwitterung (im Mittel 6 m) und der flächenhaften Abspülung, eben den „doppelten Einebnungsflächen" fest, weshalb Bakker sich zu folgender Bemerkung veranlaßt sieht (1966: 55, Anmerkung 4): „Büdels Theorie der doppelten Einebnungsflächen (1957) würde durch eine stärkere Betonung solcher Klimaänderungen wesentlich bereichert werden".

Es erhebt sich die Frage, ob eine junge Disziplin wie die Klimagenetische Geomorphologie von vornherein und gänzlich auf bewährte Klimazeugen verzichten und eine — klimatisch noch zu erklärende oder noch nicht befriedigend erklärte — Form selbst als wichtigsten Klimaindikator für ihre Entstehung verwenden darf. Ebenso bedenklich erscheint es mir, wenn man roten Paläoböden pauschal den Status einer feucht-tropischen Bildung auferlegt, ohne die in ihnen vorhandene Klimadifferenzierung auch klimagenetisch-geomorphologisch zu nutzen. Es entsteht m.E. die große Gefahr der sehr einfachen Assoziation: Rotlehm = feucht-tropisches Tertiärklima = Rumpfflächenbildung i.S. der „doppelten Einebnungsflächen".

5.2.1.1 *Rotlehm — Latosol — Laterit*

Wegen des potentiellen paläoklimatischen Indikatorwertes roter Böden für klimagenetisch-geomorphologische Fragestellungen sollen im folgenden die wichtigsten Bildungen noch einmal kurz anhand der Literatur charakterisiert und einige Beispiele aus dem Tibesti-Gebirge diskutiert werden.

Rotlehm

Der Name ist schon lange in Gebrauch, aber heute bei der Bodenansprache und -klassifikation nicht mehr üblich. Außer in wenigen osteuropäischen Ländern (UdSSR, Ungarn) findet er als taxonomische Einheit m.W. nur in Deutschland Verwendung. Innerhalb der Klasse der Plastosole bezeichnet man hier die fossilen oder reliktischen roten Paläoböden auf Silikatgestein mit ausgeprägtem „Lehmgefüge" als Rotlehm bzw. Rotplastosol. Für die Entstehung der Plastosole werden tropische und subtropische Bildungsklimate des Tertiärs und Mesozoikums verantwortlich gemacht (Mückenhausen 1977: 121—124).Neuerdings hebt die „Bodenkundliche Kartieranleitung" (Arbeitsgruppe Bodenkunde 1982: 225) die Plastosole (Fersiallite) von den jüngeren und rezenten, weniger stark verwitterten Böden auch durch eine erweiterte Horizont-Nomenklatur ab. Danach besitzen die plastischen, kaolinitreichen Fersiallite ein Ah-Bj-(Cv-)C-Profil.

Der Rotlehm-Begriff wird im wesentlichen durch das Gefüge definiert. Nach Kubiena (1948: 82) sind Rotlehme „hochplastische, leicht verschlämmende, stark erodierbare, im trockenen Zustand verhärtende und stark zu Schollenbildung neigende Böden". Auf mikromorphologischer Basis beschrieb er bereits 1943 solche Vorkommen aus den Tropen Afrikas und Indiens sowie aus den Subtropen der südlichen USA. Die Grundform der stärker verwitterten Tropen- und Subtropenböden sei dabei der Braunlehm, welcher morphologisch und stofflich durch das sog. „Braunlehm-Gefügeplasma" gekennzeichnet wird. Damit ist in erster Linie die durch Kieselsäure-Sole verursachte, feindisperse, homogene Verteilung der amorphen Fe-Oxide innerhalb der silikatischen Matrix gemeint. Durch den Prozeß der Rubefizierung können diese peptisierten Fe-Oxide „in Form von feinsten wasserarmen Kriställchen ausgeschieden werden" (Kubiena 1956: 247). Wegen der gleichmäßigen Verteilung der stark färbenden Hämatite ist rubefiziertes Material im Gegensatz zu lateritisiertem homogen gefärbt. Die Transformation der Braunlehme läuft dabei über „Rubefizierte Braunlehme" zu den eigentlichen „Rotlehmen" (Schmidt-Lorenz 1971: 60—61). Dies geschehe in Gebieten mit ausgeprägt wechselfeuchten Klimaten und gelte prinzipiell auch für die Bildung einer Terra rossa (Kalkstein-Rotlehm) aus einer Terra fusca (Kalkstein-Braunlehm), welche Kubiena (1953: 248—264) als eigene „Terrae calxis"-Klasse von der Klasse der „Bolusartigen Silikatböden (Plastosols)" abtrennt (S. 265—277). Rotlehme können — mit den in Abschnitt 3.3.4 beschriebenen — Formen der „Weißhorizont"- und „Iwatoka-Variante", über den Prozeß der sog. „roten Vererdung" zu (noch teilplastischen) „vererdeten Rotlehmen" und schließlich zu „Roterden" transformieren. In winterkalten Regionen „verbraunt" ein Rotlehm, unter aridem Klima kommt es zur „Verstaubung".

Unter bodengeographischen und paläoklimatologischen Gesichtspunkten bleibt festzuhalten, daß das Verbreitungsgebiet der Rotlehme nicht nur die Tropen, sondern auch einen Großteil der feuchten Subtropen, nämlich die Ostseiten des nordamerikanischen und asiatischen Kontinents umfaßt. Als Bildungsräume kommen das europäische Mittelmeergebiet und die Regionen mit einem mediterranen Klima hinzu (vgl. Skowronek 1978, 1979, 1983). Auf Carbonatgestein gelingt die Rubefizierung oft schon „in statu solvendi", wenn bestimmte lithologische Voraussetzungen gegeben sind (Meyer 1979). Holozäne Kalkstein-Rotlehme in Mitteleuropa werden diskutiert (Gebhardt et al. 1969). Selbst wenn man davon ausgeht, daß viele Rotlehme nicht rezent sind, so muß deshalb nicht gleich ein (wechsel)feucht-tropisches Bildungsklima gefordert werden. In Mitteleuropa würde die Annahme eines subtropisch-feuchten und eines mediterranen Tertiärklimas viel eher mit den anderen paläoklimatischen Zeugnissen zu vereinbaren sein als ein humid-tropisches. Die saharischen Rotlehme auf Silikatgestein entsprechen einer relativ trockenen Variante der Tropenböden.

Latosol

Nach Cline (1975) wurde der Begriff erstmals 1947 geprägt. Kellog (1949, 1950) grenzte den Latosol gegen andere Tropenböden ab. Heute ist der Name nur noch wenig in Gebrauch.

In die deutsche Systematik hat Kubiena (1953: 278) mit der Klasse der „Latosols" den Bodentyp „(Lateritische) Roterde" eingeführt und damit eine rotbraune bis rote, tropische Bildung mit lockerem Gefüge, geringer bis völlig fehlender Plastizität („Erde") beschrieben, die sehr geringe Kieselsäure-, aber hohe Aluminiumoxid- und Eisenoxid-Gehalte aufweist. Genetisch seien die lateritischen Roterden aus rotlehmartigen Vorstadien entstanden, wobei vor allem die Fe-Verbindungen sehr wanderungsfähig gewesen sein mußten (Kubiena 1950: 306). Auch die neuere Bodengliederung führt die Latosole als eigene Klasse mit den Typen Roterde (Rotlatosol) und Gelberde (Gelblatosol). Sie sind tertiären Alters oder noch älter. In ihrem Hauptverbreitungsgebiet, dem Vogelsberg und dem Westerwald müssen sie von den vulkanogenen Edaphoiden unterschieden werden (Mückenhausen 1977: 124—126). Die neueste bodenkundliche Kartieranleitung weist zusätzlich noch einen „Plinthitlatosol (lateritischer Latosol, Laterit)" in der Klasse der „Latosole (Ferrallite)" aus (Arbeitsgruppe Bodenkunde 1982: 226—227).

In der tropischen Bodenkunde setzt man heute die Latosole weitgehend mit den Sols ferrallitiques der französischen Nomenklatur, den Ferralsols der FAO-Legende und den Oxisols der Soil Taxonomy gleich. Letztere schließen mit den Plinthiten auch die Laterite ein. Nach Schmidt-Lorenz (1971: 51—56) entwickelten sich die Latosole „als typische Waldböden der Feuchttropen auf alten Landoberflächen und deren Nachbarregionen, soweit sie vorverwittertes Material führen". Weltweit gesehen seien sie auf den Tropenbereich mit mehr als 1200 mm Jahresniederschlag und maximal 6 Monaten Trockenzeit konzentriert. Gemeinsam sei ihnen die intensive Verwitterung der Pyrominerale und die Tiefgründigkeit von mindestens 2,5 m, oft aber bis 20 m und mehr. U. a. habe „die Inkonstanz der bioklimatischen Bildungsbedingungen während der langen Dauer der Verwitterung und Bodenbildung, insbesondere durch Veränderung der Hydrologie innerhalb der Landschaft und durch erosive Materialumlagerungen" eine kontinuierliche Entwicklung der tiefgründigen Böden verhindert.

Auf eine langwährende polyzyklische Relief- und Bodenentwicklung in Zentral- und Süd-Afrika macht auch Chatelin (1967) aufmerksam. Ebenso ist nach Untersuchungen in Süd-Indien die lateritische Roterde aus biotitischem Granitgneis nordöstlich Bangalore reliktisch und von der Zertalung und Erosion dann verschont geblieben, wenn sie in flachen Senken alter Landoberflächen liegt (Blume & Röper 1974).

Analytische Kennzeichen der Mineralbildungs-B-Horizonte, wie der pH-Wert (normalerweise zwischen 4—6), die Basensättigung, der Kaolinit- und Gibbsit-Gehalt und das SiO_2/Al_2O_3-Molekularverhältnis (immer unter 2) dienen zur weiteren Untergliederung der Latosole. Damit sind die wesentlichen Kriterien genannt, mit denen Mohr et al. (1972: 231—249) zahlreiche „Oxisols without plinthite" beschreiben. Auch Young (1976: 132—153) legt analytische Merkmale für eine Gliederung der allerdings weiter gefaßten Bodengruppe der Latosole zugrunde. Verglichen damit sind die saharischen Rotlehme des Air- und Hoggar-Gebirges wesentlich geringmächtiger und wesentlich weniger verwittert. Auf keinen der dort untersuchten Paläoböden trifft danach die Benennung Latosol zu.

Laterit

Seit der Einführung dieser Bezeichnung durch Buchanan im Jahre 1807 für an der Luft aushärtende, ton- und oxidreiche Verwitterungsprodukte Süd-Indiens herrscht bis heute immer noch kein Konsens über die Laterit-Genese.

Kubiena hielt den Prozeß der Laterisierung für „eine Art regionaler Diagenese, von der in erster Linie Unterböden, Untergrundschichten und Sedimentmassen von Braunlehm- oder Rotlehmcharakter, vorzugsweise bei guter, gleichmäßiger und anhaltender Durchfeuchtung befallen werden" (1956: 247). Die starke Stoffanreicherung bestehe vor allem in der Konkretionierung amorphen Eisenoxids und der fleckenförmigen Kristallisation von Goethit und Hämatit (1964: 80—82). Ein späteres Entwicklungsschema (1970: 107, Tab. 5, u. S. 110) zeigt, daß der Laterit letztlich aus der Grundform tropischer Böden, dem Braunlehm, abzuleiten sei.

Schmidt-Lorenz (1974) beantwortet die zentrale Frage nach der relativen oder absoluten Oxidakkumulation damit, daß er die Laterisierung als einen „Sonderfall der Ferrallitisierung" erklärt. Die sekundäre ferrallitische Relativanreicherung setze ein spezifisches „laterisierbares" Verwitterungsmaterial voraus, nämlich einen Mindestgehalt „an kaolinitischen Tonmineralen mit absorbiertem amorphen Fe(III)-Hydroxid" (S. 73). Verwitterbare Pyrosilikate dürften darin praktisch nicht mehr enthalten sein. Der Laterisierungsprozeß selbst zeige zwei Grundrichtungen. Einmal bestehe die — offenbar typischere — Tendenz zur einseitigen Anreicherung von Fe-Oxiden, besonders von Hämatit, verbunden mit Kieselsäure- und Aluminiumverlust. Im anderen Fall werden SiO_2 einseitig exportiert und Fe-Oxide und Gibbsit („bauxitisch") akkumuliert. In situ gebildete Laterite seien dabei nicht an einem bestimmten Profilgrundaufbau oder an eine bestimmte Horizont-/Zonenkombination gebunden (S. 71). „Der Laterisierungsgrad ist gleichzusetzen mit dem Ausmaß der relativen Anreicherung der lateritischen Fe- und Al-Oxide bzw. mit dem Ausmaß des Kieselsäureverlustes bezogen auf das jeweilige (nicht mehr vorhandene!) Ursprungsmaterial" (S. 74). Die entsprechenden mikroskopischen Laterit-Merkmale gestatten u. a. eine Abgrenzung von Oxidakkumulationen anderer Genese, wie z. B. der Vergleyung, Pseudovergleyung oder Rubefizierung (s. Schmidt-Lorenz 1974a).

Die tropische Bodenkunde gliedert die mächtigen Laterit-Profile traditionell von oben nach unten in Zonen: I = Soil, II = Plinthite (Ironstone crust), III = Mottled zone, IV = Pallid zone, V = Weathering rock (Saprolith) und VI = Parent rock (z. B. Prescott & Pendleton 1952: 7, Fig. 1; Sivarajasingham et al. 1962: 24—26; Chatelin 1972; Mohr et al. 1972: 219, Fig. II.24; Young 1976: 159, Fig. 8).

Hinsichtlich der bioklimatischen Voraussetzungen für eine Laterit-Entstehung differieren die Auffassungen z. T. erheblich. Nach Schmidt-Lorenz (1971: 64) erfolgt rezente Laterisierung in tropischen Feucht- und Wechselklimaten, am stärksten offenbar in tropischen Monsunländern. Die meisten Vorkommen auf alten Landoberflächen stehen in keiner Beziehung zum heutigen Milieu. Mohr et al. (1972: 220—223) knüpfen die Bildung der „Oxisols with plinthite" eng an einen schwankenden Grundwasserspiegel in Gebieten mit hohen Temperaturen, aber ungleicher Niederschlagsverteilung. Durch Degradation eines ursprünglich tropischen Regenwaldes komme es zur Plinthit-Entstehung. Young (1976: 157) macht in Anlehnung an die Verbreitung der Laterite eine relativ weite Spanne tropisch-subtropischer Klimate für ihre Bildung verantwortlich.

Alle Autoren heben die enge Bindung der Laterite an bestimmte topographische Gegebenheiten hervor. Stellvertretend sei die Arbeit von McFarlane (1976) genannt, der die bisherigen Konzepte diskutiert und in beispielhafter Weise Lateritisierung und Denudation ugandischer Abtragungsflächen darstellt. Danach wäre zwischen Lateriten in situ, Grundwasser-Lateriten und Absolutanreicherungen am Hangfuß zu unterscheiden.

Die Verbreitung von Laterit-Böden in Afrika ist wiederholt kartiert worden. Eine Karte

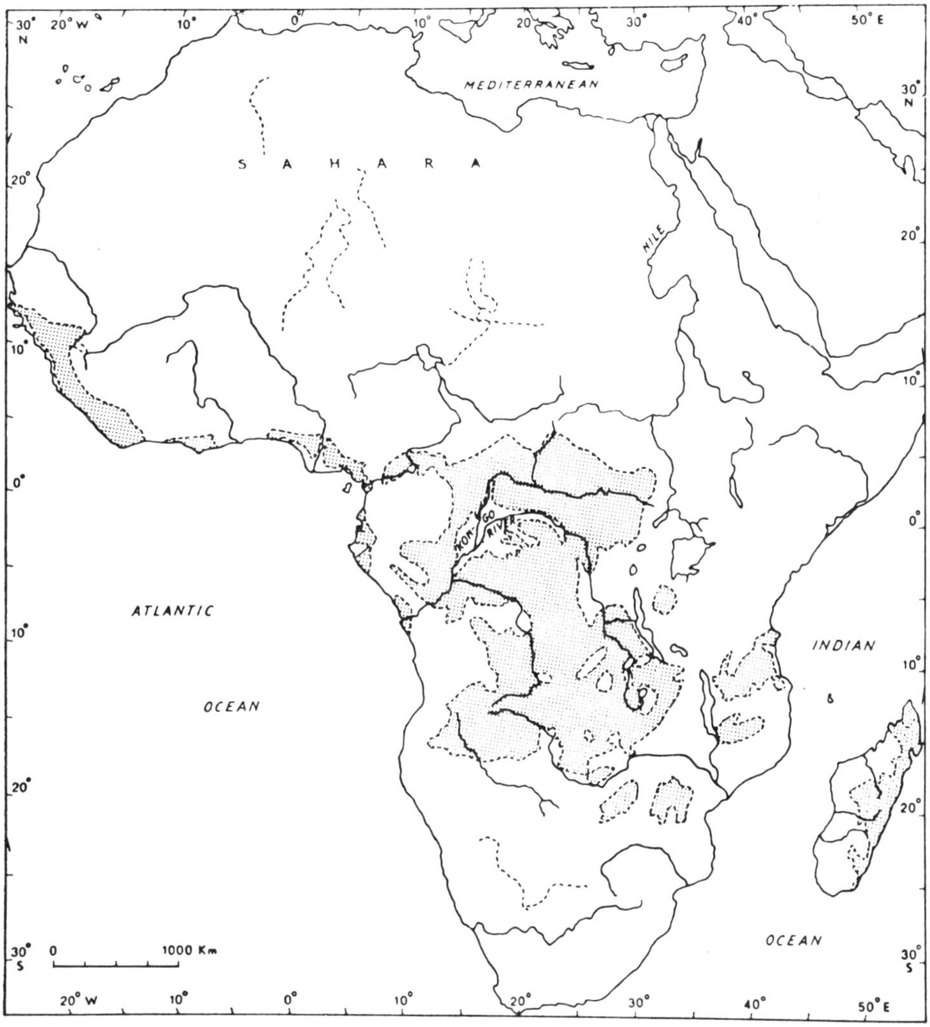

Fig. 28. Laterit-Böden in Afrika (aus Mohr et al. 1972).

von Mohr et al. (1972: 200, Fig. II.21) wurde in die vorliegende Arbeit unverändert übernommen (s. Fig. 28). Der Verhandlungsband des „International Seminar on Lateritisation Processes" vom 11.—14. Dezember 1979 in Trivandrum, Indien, enthält auch mehrere Aufsätze über afrikanische Laterite, wovon der Beitrag von Bardossy besonders instruktiv ist, weil darin die erdgeschichtliche Laterit-Entwicklung kartographisch festgehalten und paläoökologisch ausgewertet wird. In Anlehnung an Frakes & Kemp (1972) und unter Berücksichtigung der ehemaligen Gradnetzlage der Gondwana-Kontinente rekonstruiert der Autor für das west- und nordsaharische Eozän und M. Oligozän ein trockenes Paläoklima.

5.2.1.2 *Lateritische Böden und Eisenkrusten*

Diese Bildungen besitzen in Afrika weite Verbreitung und unterscheiden sich hinsichtlich ihrer Bildungsdynamik, Zusammensetzung, Horizontkombination, Entwicklungsgeschwindigkeit und ihrer klimazonalen Rahmenbedingungen (Schmidt-Lorenz 1971: 61—62).

Während Prescott & Pendleton (1952: 35—42) unter lateritischen Böden im wesentlichen siallitische und allitische „Red loams" und „Red earths" verstehen, zählt man heute mehrere taxonomische Bodengruppen dazu. Mohr et al. (1972: 256—268) unterscheiden sog. „Grey brown Lateritic Soils" von „Reddish-brown Lateritic Soils", die auf die US-amerikanischen Ordnungen der Oxisols, Ultisols und Alfisols aufgeteilt werden könnten.

Pedogenetische Eisenkonkretionen und -krusten werden in Westafrika aktuell erst südlich des 16. Breitengrades gebildet (Maignien 1958: 14, Carte I). Rezente und fossile solche Vorkommen spielen für die Landwirtschaft z. T. eine bedeutende Rolle (Ahn 1970: 101). Produkte der Pedogenese sind jedoch von den Bildungen zu unterscheiden, die in arideren Gebieten auf andere Weise zustande kommen können (vgl. Abschnitt 2.3).

Wegen der Formenvielfalt und großen Heterogenität eignen sich lateritische Böden und Eisenkrusten nur dann für weitreichende paläoklimatische Schlußfolgerungen, wenn ihre Genese und ihre klimatischen Entstehungsursachen geklärt sind.

5.2.1.3 *Paläoböden im Tibesti-Gebirge*

Vom Institut für Physische Geographie der Freien Universität Berlin und dessen Forschungsstation Bardai ausgehende Arbeiten mit geomorphologischer Fragestellung bezogen auch Bodenuntersuchungen mit ein. Wegen der strukturellen und vulkangeschichtlichen Ähnlichkeit des Tibesti mit dem Hoggar-Gebirge werden die fossilen Verwitterungsbildungen oft miteinander parallelisiert. Busche (1982: 76—87) schließt vor allem aus den Befunden im Tibesti-Gebirge, daß während des Tertiärs ein feucht-tropisches Klima mit Tiefenverwitterung und daran gekoppelter Flächenbildung herrschte.

Da aufgrund eigener Arbeiten und der bodenstratigraphischen Auswertung bereits vorhandener Untersuchungsergebnisse das Hoggar ein davon abweichendes Tertiärklima besessen haben muß, empfiehlt sich ein erneuter Vergleich mit den Tibesti-Böden. Eine klimageomorphologische Bewertung dieser Paläosole kann allerdings nur anhand der Literatur durchgeführt werden, weil Verf. das Tibesti-Gebirge aus eigener Anschauung nicht kennt.

Vulkanologisch und stratigraphisch gliedert Vincent (1963: 41, Fig. 12) die Ergußgesteine in eine „série noire" (SN 1—4) und eine „série claire" (SC I—III). Diese überlagern verwittertes Präkambrium (Tibestien I u. II) sowie paläo-mesozoische Deckgesteine. Die „zone d'altération" auf dem präkambrischen Untergrund taucht mit differentieller Verwitterungstiefe unter das Paläozoikum ab, ist zumindest hier also älter als das Hangende (S. 26, Fig. 3). Das verwitterte Material ist kaolinisiert und rubefiziert. Die ältesten Basalte (SN 1) werden in das O. Eozän (post-lutetisch) datiert. Die unteren Trappdecken dieser Serie enthalten eine — im Enneri Ogourtou aufgeschlossene — Lage eines undurchlässigen, roten, tonhaltigen und harten Gesteins. Vincent (1963: 50—51) spricht von einem „niveau latéritique probable". Weiterführende Untersuchungen liegen nicht vor, Parallelen zum Laterit Bordets (1952) im Atakor werden angedeutet.

Zwei K/Ar-Datierungen an Basalten: 10,2 ± 0,6 und 326 ± 6 MA zeigen, daß vulkanische Förderung auch im Karbon stattgefunden hat (Jäkel 1982). Der paläozoische Subvulkanismus metamorphosierte dabei den sog. „Bardai-Sandstein" durch schichtparallele Injektionen zu quarzitischen Sills, welche heute exhumiert sind und als abtragungsresistente Gesteinsflächen östlich und südlich Bardai anstehen.

Was den pedologisch-geomorphologischen Zustand der präbasaltischen Landschaft betrifft, so wird nach Kaiser (1972: n.S. 12, Fig. 2) der präkambrische und Deckgebirgs-Untergrund von einer alttertiären Rumpffläche überzogen. Während diese Abtragungsfläche im Kristallin oft viele Zehner von Metern tief „allitisch" kaolinisiert sei (S. 20—21, Abb. 2), trage sie in den paläozoischen Sandsteinen „fast ausschließlich rote lateritische Krustenbildungen". Trotz der erheblichen geochemischen Unterschiede sieht Kaiser (1972: 11) in den beiden Vorkommen zeitgleiche (alt- bis mitteltertiäre) Bildungen eines (wechsel)feucht-tropischen Klimas. Die wesentlich jüngeren quartären Paläoböden werden bis ca. 3 m mächtig und ähneln dem mediterranen „Ferretto" und der „Terra rossa" (Kaiser 1972a: 61—62). Der Autor zieht alle paläoklimatischen Schlußfolgerungen, also auch für das Tertiär, allein aus dem Geländebefund.

Die Entstehung von Felsburgen ist nach Klaer (1970: 73) „kryptogen" auf „der unteren von Büdels (1957) doppelter Einebnungsfläche" erfolgt, während Mensching (1970b) für die Sahara generell wesentlich trockenere (semiarid-aride) Bedingungen geltend macht.

Geomorphologische Untersuchungen von Hagedorn (1971) beinhalten auch Angaben zum Boden (S. 36—39). Neben Wüstenrohböden wurden „an drei Stellen Braunerderelikte gefunden, die den aus dem Hoggar von Kubiena (1965) untersuchten äußerlich sehr ähnlich sind". Rote Bodenrelikte werden aufgrund ihrer Farbe, des wachsartigen Aussehens und des dichten Gefüges tropischen Rotlehmen der Feuchtsavanne gleichgestellt und als Latosole bezeichnet, die heute Reste der ehemaligen Verwitterungs-Basisfläche i.S. Büdels (1957) darstellen (S. 148, Abb. 22 u. 23). Andere „lateritische oder ferrallitische" Bodenreste seien Pisolithe oder Eisenkrusten. Das Alter der lateritischen Bildungen sei vorwiegend spättertiär, ein „zellular strukturierter Laterit bei Zouar" könne pluvialzeitlich sein.

In einer Untersuchung zur Pediment-Entwicklung kommt Busche (1973: 48) zu dem Ergebnis, „daß die Pedimente des Tibesti — und mit großer Wahrscheinlichkeit die Pedimente des warm-ariden Raumes überhaupt — unter einem Klima mit intensiver chemischer Verwitterung angelegt worden sind". Sie leiten sich genetisch aus dem „Spülsockel" Büdels ab und seien unter wechselfeucht-tropischen Klimabedingungen des Neogens und Ältestpleistozäns entstanden (S. 85). Damit lehnt Busche (vgl. a. 1972) den herkömmlichen Begriffsinhalt des Pediments ab, wonach die geschlossene Hangrückverlegung unter semiariden bis ariden Verhältnisen letztlich zur Ausbildung einer Fußfläche führe. Busche (1973: 37—38) zieht für die Kennzeichnung des Verwitterungszustandes der Ausgangs-Pediplain (= Schieferrumpffläche) des Tibesti Geländebeobachtungen heran. Wegen der schlechten Erhaltung der jüngeren Flächenreste und fehlender korrelater Sedimente könne über die klimatischen Verhältnisse der sukzessiven Pedimenttieferschaltung keine Aussage gemacht werden. Für die jüngsten Pedimente führt Busche (1973: 42—48) dann zahlreiche Verwitterungsspuren an und deutet diese als unter wechselfeucht-tropischem Klima entstanden. Geomorphologische und paläoklimatische Parallelen bestünden zum Hoggar-Gebirge und dem Südwesten der USA. Wie sehr Busche ein feucht-tropisches Klima bis an den Übergang zum semiariden Pleistozän favorisiert, zeigen einige Tonmineralanalysen aus einem rotbraun verwitterten (altpleistozänen ?) Fanglomerat bei Yebbi Bou (1973:

62—66): in dem wahrscheinlich polyzyklischen, autochthonen Boden werden relativ hohe Kaolinit-Gehalte (90 bzw. 50 %) an und in Basalt-Bruchstücken o. g. Klimabedingungen zugeschrieben.

Auf der Serir Tibesti liegen nach Pachur (1974) verschieden alte fluviale und limnische Sedimente. Von besonderem paläoklimatischen Interesse sind die „ältesten" (rotverwitterten) Alluvionen am Djebel Nero und östlich davon (S. 23—25 u. Fig. 2), weil sie sich in ihrer Zusammensetzung stark von den jüngeren Bildungen unterscheiden. Die Illit-Montmorillonit-Paragenese des Djebel Nero-Profils weicht außerdem von der Kaolinit-Attapulgit-Vergesellschaftung eines (nicht lateritischen) tertiären, entkalkten und erdigen Rotlehms auf eozänem Kalksandstein des Graret Tebu ab, welchen Meckelein (1959: 95 u. 129, Abb. 74) erstmals beschrieb, welchen Kubiena, Sindowski (1959: 164—165) und Bakker (1966: 53—54) analytisch untersuchten, und welchen letzterer Autor (Bakker) als prä-Miozän (= präbasaltisch im Hoggar) datierte. Da die Roterde-Verwitterung der „ältesten" Akkumulation mangels Zeitmarken altersmäßig zwischen das „Post-Obereozän" und die Ablagerung der „älteren", spätpleistozänen Alluvialdecke eingestuft werden muß, ist eine Parallelisierung mit anderen saharischen Vorkommen kaum möglich. Wenn jedoch die paläoklimatische Zuordnung Pachurs (S. 51), nämlich mindestens 200 mm Jahresniederschlag, zutrifft, dann könnte die Djebel Nero-Roterde evtl. mit den jungtertiären, mineralogisch ähnlich zusammengesetzten „Sols brun-rouges subarides" im Atakor zeitlich korrespondieren (vgl. Dutil 1971). Sie würde damit evtl. jünger sein als der kaolinitische Graret Tebu-Rotlehm, wobei zu beachten ist, daß die Tonmineralgarnitur seines Ausgangsgesteins nicht bekannt ist. Immerhin besitzt die Rotlehm-Probe (Nr. 163) acht Korn-Prozent metamorpher (instabiler) Schwerminerale, die auch im eozänen Kalksandstein vorkommen sollen (Sindowski 1959: 163—165). Insgesamt können nach Pachur (1974: 40) zu den klimatischen Bildungsbedingungen des prä-alluvialen (Rumpfflächen)Reliefs im Bereich der Serir Tibesti keine Aussagen gemacht werden. Die Vergrusungshorizonte der anstehenden Granite enthalten Kaolinit, Illit und Montmorillonit. „Ein Hinweis auf eine allitische Verwitterung des Gesteins konnte nicht erbracht werden". Für eine feuchtzeitliche (pleistozäne) „lateritische Verwitterung im Becken Zouar" reichten schätzungsweise 400—500 mm Jahresniederschlag aus (S. 43).

Bei der genetischen Interpretation der Sandschwemmebenen in der östlichen Zentral-Sahara geht Briem (1977: 82, Tab.) von einer jungtertiären rotlehmbedeckten und tief vergrusten Rumpffläche aus, die unter wechselfeucht-tropischem Klima gebildet wurde. Unter den trockeneren Bedingungen des Quartärs wurde auf diese Rumpffläche fluvial und äolisch akkumuliert, aber auch geringfügig abgetragen. Diese morphodynamischen Vorgänge beinhalten die „traditionale Weiterbildung" der einst unter feucht-tropischen Verhältnissen entstandenen Rumpffläche und führten zu den „Sandschwemmebenen" i. S. Büdels (1952) als einer dem ariden Klima angepaßten (Folge)Form. 70 Tonmineralanalysen an Sedimenten der Sandschwemmebenen und an Sedimentgesteinen erbrachten nach Briem (1977: 65—68) aber nur eine geringe paläoklimatische Aussage, weil die quartären Lockersedimente viel umgelagertes Material aus dem Anstehenden enthalten. Obwohl dieses z. T. ausschließlich Kaolinit enthält (S. 66, Fig. 18, Teil 1, Probennr. 1—4) macht Briem für die Existenz dieses Minerals in den rezenten Sedimenten ein ehemals feuchteres Bildungsklima (?) verantwortlich. Andererseits sei wegen der langanhaltenden Feuchtigkeit im Feinmaterial und der hohen Bodentemperaturen „wenn auch nur episodisch, mit einer sehr großen chemischen Verwitterungsintensität zu rechnen" (S. 68).

In seiner geomorphologischen Übersichtskarte 1 : 200 000 des südlichen Tibesti-Vorlandes weist Ergenzinger (1978) auf paläozoischen Sandsteinen bis ungefähr 19° 50′ nördlicher Breite große Gebiete als „Spülfläche mit Latosoldecke" (= Basisspülfläche) aus. Südlich 19° existiert in geringerem Umfang auch eine „Spülfläche mit Lateritdecke" (= Krustenspülfläche). Letztere ist die älteste Spülfläche im Vorland, sie liegt höher als die Basisspülfläche (S. 32, Fig. 15) und besitzt mächtige lateritische Verwitterungsprofile (S. 31, Fig. 14). Ihre Anlage sei kreidezeitlich, eine Fossilierung (?) der ältesten Teile erfolgte wahrscheinlich im post-Eozän. Auf S. 42, Tab. 6, nimmt Ergenzinger „Lateritkrustenbildung" bis an die Grenze zum Quartär an. Danach tiefte sich die latosolbedeckte Basisspülfläche erst im Villafranca und im Mittelpleistozän ein. Die Klassifizierung der Böden auf der Krusten- und Basisspülfläche nimmt Ergenzinger (1978: 29—32) ohne weiterführende Untersuchungen vor. Die „Latosole" (vgl. a. S. 30, Fig. 13) beschreibt er als „rote Lehme", die mit dem sog. „Red Desert Soil" vergleichbar seien. Bei der genetischen Deutung lehnt sich Ergenzinger (1978: 29) an die Literatur, u.a. an die Auffassung, daß der „Red Desert Soil" in Australien ein „modifizierter Latosol" sei. Auch der Charakter eines in situ-Laterits auf der Krustenspülfläche erscheint m.E. nicht sicher, denn Ergenzinger selbst macht einen ehemals hohen Grundwasserstand und eine allochthone Materialzufuhr für die Bildung der „lateritischen Verwitterungsdecke" verantwortlich (S. 32). Nach pedostratigraphischen Befunden im Tchad durch Pias (1970: 292 u. 1970a: 56) hat ferrallitische Bodenbildung im Spätglazial-Holozän und im Mio-Pliozän auch nur südlich des 14. Breitengrades stattgefunden.

Die Arbeit von Molle (1979) befaßt sich mit der jungtertiären und quartären Reliefentwicklung zweier weit auseinander liegender Gebiete in Nordafrika: dem Tibesti-Gebirge und Tunesien. Auf bodenkundlich-sedimentologischer Grundlage und mit ^{14}C-Datierungen wird die vorzeitliche, klimagesteuerte Morphodynamik beschrieben. Sowohl für das Tibesti und den Atakor einerseits als auch für Tunesien und den nördlichen Randbereich der Sahara andererseits deuten sich Möglichkeiten der Parallelisierung an.

Zusammenfassung

Die zweifellos vorhandenen Paläoböden des Tibesti-Gebirges sind schon länger bekannt und von den Bearbeitern fast immer in einem klimageomorphologischen Zusammenhang vorgestellt worden. Angesichts der stark diskutierten Frage, ob in den saharischen Wüstengebieten die Landformung mehr unter semiarid-ariden oder unter semihumid-humiden Klimaten erfolgte, erscheint die klimagenetische Deutung der Paläoböden auch von höchster Wichtigkeit. Wenn die Entscheidung meistens ausschließlich zugunsten einer (wechsel)feuchttropischen Reliefgenese ausfiel, so liegt das m.E. daran, daß die paläoklimatische Bewertung der Vorzeitböden pauschal vorgenommen wurde.

Auffällig ist vor allem die manchmal allzu unbekümmerte und willkürliche Verwendung feststehender, taxonomischer Begriffe wie Rotlehm, Latosol, Laterit und Lateritische Böden für Bildungen, die lediglich eine rote Farbe und ein dichtes Gefüge besitzen. Und was die genetische Interpretation des „Red Desert Soil" auf Sandsteinen betrifft, so ist nicht erst seit den Untersuchungen von Singer & Amiel (1974) oder Atkinson & Waugh (1979) äußerste Sorgfalt geboten, die Amerikaner selbst haben bei der Definition der Great Soil Group diesem zonalen Boden einen eigenen ariden Status eingeräumt (Thorp & Smith 1949: 118, Tab. 1).

Wie in den Abschnitten 5.2.1.1 und 5.2.1.2 gezeigt wurde, ist zur weiteren Abgrenzung der Böden ein Mindestmaß an chemisch-mineralogischen und mikromorphologischen Analysen nötig, um die Klimadifferenzierungen zu erkennen, welche in unterschiedlicher Weise und in einer bestimmten Abfolge verwitterungswirksam und bodenbildend waren. Es wird m.E. in Zukunft nicht mehr genügen, z.B. die Geländebeobachtung eines „Laterits" (Kaiser 1972a: 78—79, Abb. 37; Busche 1973, Abb. 18; Ergenzinger 1978: 31, Fig. 14 u. Abb. 24) ohne Eichung an einem gut untersuchten Standard-Profil dieser Region gleichzusetzen mit der gesicherten Erkenntnis einer (wechsel)feucht-tropischen Genese. Die Zuordnung des Zouar-Laterits zu einem pleistozän-feuchtzeitlichen Jahresniederschlag von 400—500 mm durch Pachur (1974: 43) würde ja gerade ein semiarides Klima und ein „aridic soil moisture regime" belegen, wie es in der Fig. 3 der vorliegenden Arbeit mit den Stationen Niamey, Agadez und Ndjemena angezeigt wird.

Nach Buringh (1979: 108) korrespondiert der ältere Bodenname „Groundwater Laterites" auch mit den „Plinthic Luvisols" der neueren FAO-Nomenklatur. Diese wiederum werden teilweise mit den australischen „Lateritic Podzolic soils" und den US-amerikanischen „Plinthustalfs" und „Plinthoxeralfs" parallelisiert (FAO-Unesco 1974: 18).

Jungpliozäne „Aridic Paleustalfs" des Air- und Hoggar-Gebirges wurden in den Profilen 8, 10, 14 und 15 erkannt und einem semiariden Klima zugeordnet. Im östlichen Air hat man außerdem metermächtige, alt- bis mittelholozäne „encroûtements ferrugineux" gefunden (A. Durand et al. 1983), die möglicherweise mit dem Zouar-Laterit zeitlich korrelieren.

Die paläoklimatische Bewertung der Tibesti-Böden als Bildungen eines wesentlich trockeneren, eines semiarid-randtropischen Klimas mit Jahresniederschlägen um 500 mm ermöglicht auch den zwanglosen bodengeographisch-paläopedologischen Übergang zu den südlich anschließenden Bodenlandschaften des Tchad. Hier legt Pias (1970a) eine pedologische Karte im Maßstab 1 : 1 000 000 vor, die stärker entwickelte Böden wie die „Sols ferrugineux tropicaux" südlich 14° nördlicher Breite und „sur matériau rouge ferrallitique ancien sableux à sablo-argileux" erst ab ungefähr 12° Nord ausweist. Bodenstratigraphische Untersuchungen ergaben, daß die pliozäne „1ère surface ferrallitique" mit humid- bis semihumid-tropischen, tiefgründigen (10 m !) Ferralliten etwa parallel dem 12. Breitengrad in Resten nachzuweisen ist (Pias 1970: 285), während die spätglazial-holozäne „2ème surface ferrallitique plusieurs fois rajeunie" bei 9° Nord und 1000 bis 1300 mm aktuellen Jahresniederschlags vorkommt (S. 286). Im Vergleich mit der typologischen und zeitlichen Einstufung der vom Verf. untersuchten Sahara-Böden ergibt sich daraus für das Jungtertiär und Quartär eine hygrisch-graduelle Abstufung von den humiden Tropen bis zur südlichen Zentral-Sahara. Danach herrschte hier im genannten Zeitraum ein semiarides bis arides Klima.

Schwer zu beurteilen ist allerdings die tiefgründige Verwitterung, welche im Tibesti und Hoggar stellenweise auf den präkambrischen Sockelgesteinen nachzuweisen ist, und welche unter den ältesten Deckgesteinen auch im Tibesti-Gebirge präpaläozoisches Alter besitzt. Es bleibt zu fragen, ob dieses uralte geogene und/oder pedogene Vermächtnis die nachfolgende Landformung nicht noch lange Zeit (steuernd) beeinflußte und trug. Immerhin wurden an einigen Stellen nachweislich über 100 m mächtige Zersatzdecken bereitgestellt, die nach Abdeckung evtl. vorhandener Sedimentgesteine wieder aufgenommen, weitergebildet und abgetragen werden konnten. Auf die prinzipiellen Schwierigkeiten, einen (polyzyklischen) Saprolith zeitlich und genetisch richtig zu deuten, wurde bereits bei der Interpretation der Hoggar-Böden (Profil 14, 15, 16 u. 17) hingewiesen.

5.2.2 *Zwei-Zyklen-Theorie von Ollier*

Ausgangspunkt dieser Überlegungen war die Beobachtung, daß in Uganda die heutigen Oberflächenböden auf einem vor-verwitterten Material entwickelt sind (Ollier 1959). Aus der Variabilität der Bodenprofile und den Bodencatenen sowie aus dem darunter befindlichen Tiefenzersatz könne die Schlußfolgerung abgeleitet werden, daß die Tiefenverwitterung („first cycle") zeitlich vor der rezenten Bodenbildung („present cycle") Platz nahm. Nach der instruktiven Fig. 2 auf S. 138 von Ollier liegt zwischen den beiden Zyklen eine Phase starker Abtragung, die den präexistenten, flächig entwickelten Verwitterungsmantel zerschnitt und größtenteils ausräumte, und die die Landschaft zu Pedimenten und Inselbergen umformte. Von dieser neuen reliefierten Oberfläche aus setzte die rezente Bodenbildung ein und führte an den Hängen zur Ausbildung von Catenen (Radwanski & Ollier 1959).

Die Darstellung von Ollier (1959: 138, Fig. 2) zeigt, daß durch die differentielle Tiefenverwitterung sehr große Unebenheiten auf dem festen Untergrund entstehen, während die Oberfläche des Verwitterungsmantels sehr flach bleibt. Erst die (erosive) Exhumierung legt das kryptogene Inselberg-Rumpfflächen-Relief frei. Mit dieser Zwei-Zyklen-Theorie tritt Ollier auch der Auffassung entgegen, wonach die Abtragungsphase begleitet sei von einer gleichzeitigen Tieferlegung der Verwitterungsfront, durch welche die relativen Höhenunterschiede zwischen Inselberg und Rumpffläche ständig größer würden (1969: 198—212). Bei einer langwährenden, kontinuierlichen Tiefenverwitterung auf Kristallin-Gesteinen könne im ersten Akt („first cycle") durchaus eine Zersatz-Mächtigkeit von 100 bis 300 Metern auftreten, in vererzten Partien stellenweise noch mehr (S. 120—134).

Die zeichnerische Darstellung der Verwitterungs- und Reliefgeschichte in Uganda von Ollier (1959: 138, Fig. 2) ist im Prinzip identisch mit einem geologisch-geomorphologischen Profil, das Barbier (1967: 20, Fig. 3) im Hoggar-Gebirge von den Tassili N'Ajjer und dem präkambrischen Grundgebirge bei Djanet zeichnet. Daher wurden beide Darstellungen zum Vergleich in die Fig. 29 übernommen.

Es bestehen lediglich Unterschiede in der zeitlichen Einordnung des Tiefenzersatzes. Während Ollier von einer früh- bis mitteltertiären „Gondwana Surface" ausgeht — er legt dabei entgegen der üblichen Morphochronologie (vgl. zuletzt Buckle 1978: 138, Fig. 7.1) die Gondwana-Abtragungsfläche nicht in den Jura und die Afrikanische Landoberfläche nicht in das Alt- und Mitteltertiär —, ist in der Sahara die (prä)kambrische Rumpffläche tief verwittert. Diese taucht diskordant mit einem differentiellen und oberflächlich rubefizierten Tiefenzersatz unter die kambro-ordovizischen Sandsteine ab und wird hier konserviert. Im deckgebirgsfreien Basement ist der präkambrische Saprolith noch nicht völlig ausgeräumt, er bildet im Verein mit exhumierten, mehrere hundert Meter hohen Granit-Inselbergen weithin die Landoberfläche um Djanet. Analoge Beobachtungen machte Barbier auch in anderen Ländern des Gondwana-Kontinents (Brasilien, Sudan, Madagaskar). Thienhaus (1964) beschreibt ebenfalls präkambrische Verwitterungsprofile aus Indien und Afrika.

Angesichts der räumlichen Dimensionen stellt sich unwillkürlich die Frage nach dem Erbe, das der präkambrische Untergrund möglicherweise in der heutigen Landschaft hinterließ. Unabhängig von der Klimazone, in der einzelne Gondwana-Länder heute liegen, ist ja immer wieder ein gewisses Grundmuster von Flächen, Rumpfstufen und Inselbergen auf dem altkristallinen Unterbau erkennbar. Der Geomorphologe Wirthmann vertritt sogar die Meinung, daß das „typische Tropenrelief" deutlicher mit diesem Untergrund korreliert ist als mit tropischen Klimaten (1983: 167—169).

Im Hoggar-Gebirge wird die „pédiplaine infratassilienne" von Beuf et al. (1971: 25—49) ausführlich beschrieben und klimagenetisch gedeutet. Danach standen vor der endgültigen Fossilierung durch die paläozoischen Sedimente ungefähr 200 Millionen Jahre (750—540 MA) für die Verwitterung und Abtragung zu dieser Fläche zur Verfügung. Der unterschiedlich tief reichende Zersatz ist unter den südlichen Tassili Ouan Ahaggar überwiegend kaolinitisch, unter dem Mouydir und Ahnet dagegen illitisch ausgebildet. Die Autoren schließen auf eine leichte Neigung der Fläche nach Norden, so daß in den höheren (terrestrischen ?) Bereichen unter humiden (tropischen ?) Verhältnissen und präkambrischer Vegetation (?) bei guter Drainage Kaolinit entstehen konnte. Korrelate Sedimente der letzten präpaläozoischen Abtragung enthalten neben Bruchstücken von Eisenkrusten u. a. m. auch Komponenten, die äolisch zu Dreikantern geformt sind. Damit kündigt sich ein semiarid-arides Klima an, welches die Abtragung zur „pédiplaine infratassilienne" verursachte.

Mit diesen Ausführungen soll nicht einer exhumierten (prä)kambrischen Rumpffläche im gesamten Hoggar das Wort geredet werden, doch wird man nicht an der Frage vorbeikommen,

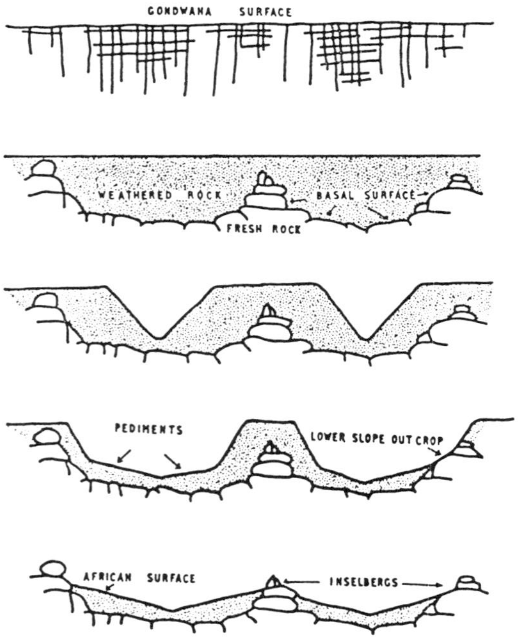

FIG. 2.

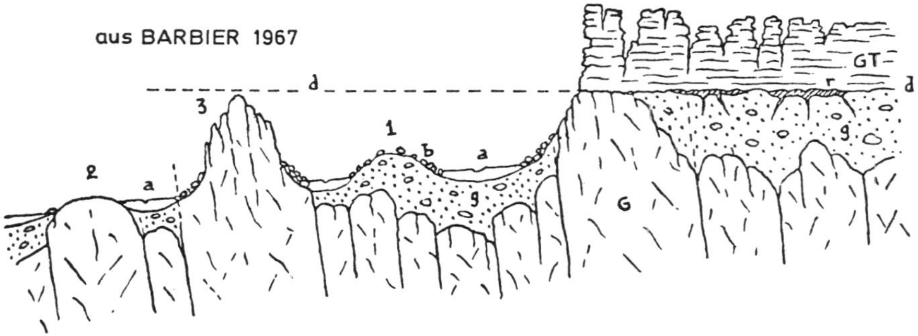

Fig. 3. — Coupe géologique schématique de la bordure du Tassili N'Ajjer près de Djanet.

G, substratum granitique ; g, granite altéré et gore ; r, zone rubéfiée ; b, « boules » résiduelles ; G T, grès du Tassili ; d, discordance.

On remarquera, à droite, que la discordance des grès se fait tantôt sur des granites sains, tantôt sur des granites altérés attestant l'ancienneté des phénomènes d'altération qui ont atteint ceux-ci ; à gauche, après l'ablation récente des grès (rajeunissement probablement essentiellement quaternaire du relief), les zones altérées sont en grande partie éliminées pour faire place à de larges talwegs encombrés d'alluvions (a) avec néanmoins quelques collines résiduelles (1) ; ailleurs, au contraire, les zones saines du granite ainsi dégagées émergent soit sous forme de coupoles surbaissées (2), soit sous forme de « pains de sucre » plus ou moins aigus (3).

Fig. 29. Zwei-Zyklen-Theorie und Reliefgeschichte in Uganda (aus Ollier 1959) und ein geologisch-geomorphologisches Profil bei den Tassili N'Ajjer im Hoggar-Gebirge (aus Barbier 1967).

wieviel von dieser Fläche nach ihrer Abdeckung und Exhumierung eigentlich noch abgetragen wurde. Immerhin existieren vor den Tassili noch Reste dieser tiefverwitterten Rumpffläche. Auch weiter gegen das Hoggar-Massiv werden präkambrische Inselberge diskutiert (Blaise 1967). Pedimente aus dieser Zeit sollen anderenorts vorkommen (G. Williams 1969).

Der Wechsel von Überdeckung und verschiedenartiger Abtragung während des Paläozoikums und Mesozoikums hat sicher eine weiterführende Formung in den zentralen Teilen bewirkt, so daß heute unterschiedlich alte Teilstücke eine polygenetische Hoggar-Rumpffläche aufbauen (vgl. a. Abschnitt 3.3.1). Der Anteil des Tertiärs und Quartärs ist hier ohne datierbare Flächenstücke und weit zurückreichende Klimazeugen aber nur schwer zu fassen. Die verbreitete Meinung einer starken, flächenhaften Abtragung unter einem verwitterungsintensiven, feucht-tropischen Tertiärklima ist m.W. nirgends mit Zahlenangaben konkretisiert worden. Angesichts der weitflächig aufgedeckten, fluvialen, glazialen, periglazialen und marinen Paläoreliefs in den paläozoischen Sedimentgesteinen (vgl. Beuf et al. 1971) wird man sich auch fragen müssen, ob in der zentralen Sahara nicht schon sehr lange Zeit ein relativ trockenes Klima herrschte, in dem feuchte Perioden — wenn überhaupt — nur untergeordnet und morphologisch wenig wirksam waren. Die genannten, auf weiten Flächen exhumierten Paläoformen wie z.B. Täler, Moränen, Pingos, Brandungsplattformen u.a.m. stellen doch eine extreme Anpassung des heutigen Reliefs an die vorgegebenen Strukturen dar. Dies ist unvereinbar mit der Annahme eines mächtigen, alles kappenden und schneidenden, feucht-tropischen Verwitterungsmantels, der in Resten noch vorhanden sein soll, was implizieren würde, daß das zugehörige „bodengeprägte" Relief auch noch unversehrt überkommen ist. Das bedeutet nicht, daß während des Tertiärs nicht abgetragen wurde. Durch die pedogene Gesteinsaufbereitung, wie sie in den untersuchten Sahara-Böden vorgestellt wurde, konnte über den genannten Zeitraum der Abtragung wahrscheinlich insgesamt mehr Material zugeführt werden als durch eine einmalige feucht-tropische Verwitterung mit kurzer Wirkungsdauer.

Präkambrische Dimensionen wurden sicher niemals mehr erreicht.

5.2.3 *Hangpedimentation und Klimawechsel nach Rohdenburg*

Mit dem Begriff des Pediments verband man lange Zeit den Prozeß der seitlichen Ausdehnung von Talböden in den subtropischen Trockengebieten. In die Geomorphologie der feuchten Tropen Afrikas fand er u.a. durch Ruhe (1956) und durch Fölster (1964) Eingang.

Rohdenburg (1969: 79—96) unterscheidet bei den Pedimentationsvorgängen zwischen der Bildung von „Talbodenpedimenten" und von „Hangpedimenten". Während erstere im Talbodenbereich durch Seitenerosion der Gerinne entstehen, besteht der Prozeß der Hangpedimentation in dem raschen Zurückweichen sehr niedriger Stufen bei sehr kleinem Zerschneidungsbereich in tief verwittertem oder schon primär leicht aufbereitbarem Gestein. Durch Verwachsung der entstehenden Fußflächen kam es in den wechselfeuchten Tropen Westafrikas zur Ausbildung einer Pediplain, einer flachwelligen Rumpffläche. Rumpf- und Schichtstufen stellen überwiegend gesteinsbedingte Sammelstufen dar, „in denen sich die Tieferschaltungsschritte mehrerer Hangpedimentations-Phasen addiert haben" (S. 61). Die Tieferschaltung sei wegen der größeren Abtragungsresistenz in Schichtgesteinen nur geringer als in der Basis-Pediplain, so daß hochgelegenes und tiefgelegenes Flachrelief gleichaltrig sind.

Die Stratigraphie des Bodenaufbaus in den Pedimenten zeigt, daß über dem verwitterten Anstehenden eine allochthone, mehrschichtige Sedimentdecke aus Steinsohle, Schutt und lehmig-sandigem Feinmaterial liegt (Rohdenburg 1969: 121, Abb. 68). Daraus könne ein Wechsel von Bodenbildung und Abtragung abgeleitet werden, welche letztlich wieder mit unterschiedlichen landschaftsökologischen Grundzuständen korrelieren: Pedogenese erfolgte auf stabilen

Landoberflächen und bei geschlossener Vegetation, Pedimentation dagegen in trockeneren Phasen mit erhöhtem Oberflächenabfluß bei stärkerer Akzentuierung der Niederschlagsverteilung und lockerer Vegetation. Die Pedimentationsphasen seien klimatisch ausgelöst worden. Schwache Hangpedimentation finde heute nur im Halbwüstenbereich (Air-Plateau) statt, während die Rumpfflächen in den wechselfeuchten Tropen Westafrikas Reliktformen darstellen.

Mit den Begriffen der „morphodynamischen Aktivitäts- und Stabilitätszeiten" tritt Rohdenburg (1970) auch dem klassischen Konzept der Pluvial- und Interpluvialzeiten entgegen, wonach in den Subtropen und Tropen eine pluvialzeitliche Niederschlagsvermehrung generell auch zu stärkerer Oberflächenabspülung geführt habe. Vielmehr zeigten die pedologischen und sedimentologischen Klimazeugen ein deutliches Alternieren von Zeiten mit Hangformung mit solchen von Abtragungsruhe. „In Akkumulationsstandorten sind deshalb in Sedimente eingeschaltete gut entwickelte *Böden die besten Indikatoren für vorzeitliche Stabilitätszeiten*" (S. 88). Andererseits könne die vorzeitliche Geomorphodynamik nicht aktualistisch gedeutet werden, weil in den feuchteren Gebieten heute die Vegetation einer starken Abtragung entgegenwirke, in den Trockenräumen mit viel geringerem Bodenschutz dagegen nicht genügend morphodynamisch wirksame Niederschläge fallen.

Morphodynamisch wirksame Klimazyklen ließen sich an reich gegliederten Profilen des westlichen Mittelmeergebietes nachweisen (Rohdenburg & Sabelberg 1973). Boden-Sediment-Serien mit über 30 fossilen Böden reichen auf Mallorca bis in das Altquartär. Möglicherweise ist auch das jüngere Pliozän durch derartige Klimazyklen gekennzeichnet, wenn man die Schwemmfächerprofile bei Cabo Roig (Alicante) und nördlich Granada zeitlich in diese Stufe stellte (s. Mapa Geológico de España 1 : 50 000, Nr. 935 Torrevieja und Nr. 1009 Granada).

Inwieweit eine Übertragung dieser Ergebnisse auf die ariden Gebiete Nord- und Westafrikas möglich ist, diskutieren Rohdenburg & Sabelberg ebenfalls (1973: 141—144). Danach unterscheide sich die zentrale Sahara in einem Punkt deutlich von den humideren Regionen mit alternierenden Stabilitäts- und Aktivitätszuständen: in der Wüste werde der Stabilitätszustand weitgehend von dem der „Teilaktivität" ersetzt, die zwar eine merkliche Geomorphodynamik, aber keine Neuformung bewirke. Bodenbildung korrespondiere hier nur mit den Zeiten maximaler Stabilität und mit „der größten bodenklimatischen Humidität in den benachbarten humiden Gebieten". Im Sinne einer Parallelitätshypothese resultiere für die Sahara die gleiche Häufigkeit von (morphodynamisch wirksamen ?) Klimaschwankungen wie außerhalb der Wüste.

Für das Pliozän und das Quartär der Sahara hat Büdel — dem traditionellen Pluvial-Konzept folgend — bereits 1963 (S. 165, Abb. 1) ein sehr differenziertes klimageschichtliches Bild entworfen. Sieht man einmal von dem feucht-tropischen Einheitscharakter der pliozänen Rotlehm-Verwitterung und der gleichzeitigen Flächenbildung auf dieser „Tropoiden Alterde" ab und setzte man die quartären „Pluviale" überwiegend mit den Warmzeiten gleich, dann könnte die Forderung nach einem Alternieren von Bodenbildung und Abtragung erfüllt werden, wenn in den Trockenzeiten so viel Niederschläge fielen, daß auch abgetragen werden konnte. Für das gesamte Quartär scheint ein solcher Wechsel nur im Atakor nachweisbar, die Hänge, Glacis und Ebenen in den tieferen Grundgebirgslagen des Hoggar und Air tragen dagegen Böden, die stärker verwittert sind und die sich typologisch von den pleistozänen und holozänen Bildungen unterscheiden. Weil es keine stratigraphische Methode gibt, die stärker entwickelten Grundgebirgs-Rotlehme zeitlich genauer einzustufen, bleibt m. E. nur die Möglichkeit, den unterschiedlichen Entwicklungsgrad für eine relative Altersangabe zu nutzen. Danach hätten die „bodengeprägten" Formen im Grundgebirge des Hoggar und Air ihre Bodendecke seit dem Pliozän nur in Perioden der „Teilaktivität" reduziert oder verloren. Das schließt nicht aus, daß an topographisch begünstigten Stellen (Täler, Seen, bestimmte Unterhangpositionen) auch im Tiefland (evtl. mehrfach) quartäre Bodenbildung stattfand. Die zentrale Sahara insgesamt dürfte aber weder im Pliozän noch im Pleistozän von einer zusammenhängenden Bodendecke überzogen gewesen sein.

Darin liegt m. E. die große Schwierigkeit bei der klimagenetischen Interpretation von Landoberflächen in der Sahara begründet, weil in vorverwittertem oder aber wenig resistentem Material schon abgetragen werden kann, während andere Gesteinsoberflächen unversehrt bleiben, und weil andererseits Bodenbildung nur regional oder lokal auftritt, während anderswo Gesteinsaufbereitung nur in geringem Maße oder gar nicht stattfindet. Auch könnte bloße Gesteinsverwitterung ohne weiterführende Bodenbildung bei ± gleichzeitiger Abtragung ebenfalls zu einer Reliefferniedrigung führen, wenn man entsprechende Zeiträume, etwa das Jungtertiär und Quartär, dafür veranschlagt. Rohdenburg selbst zeigt 1977 mehrere Beispiele aus Trockengebieten Nordafrikas, wo holozäne Flächenbildung (Pedimentation) in leichter abtragbaren Gesteinen eine Tieferlegung der aktiven Oberfläche um mehrere Meter bewirkt hat. Auch einige „Granitgrusareale" des Hoggar und Air sind im Gegensatz zu den grobschuttbedeckten „teilaktiven" Fußflächen „vollaktiv", d. h. auf ihnen sei Weiter- und Neubildung von Abtragungsfußflächen möglich. Rohdenburg (1977: 88) sieht in den fossilen schwarzen Böden des nördlichen Hoggar-Vorlandes (S. 86, Photo 19) ein vergleichbares Äquivalent zu der neolithischen (mittelholozänen) Schwarzerde Süd-Marokkos und in den rotbraunen Grundgebirgs-Böden des Hoggar und Air (S. 87, Photo 20 u. 21) gewisse Ähnlichkeiten zu dem jüngsten roten Boden aus dem Ältestrharbien Marokkos.

Der nach objekteigenen und prozessualen Kriterien definierte Vorgang der Pedimentation (Rohdenburg 1971: 287—291) stellt ein geeignetes Modell für die genetische Erklärung von Abtragungsflächen in der zentralen Sahara dar, wenn man gleichzeitig beachtet, daß die Landoberflächen z. T. ein sehr unterschiedliches Alter besitzen, und daß die Pedimentation nicht überall in derselben Weise wirksam sein konnte. Vor allem würde die Anwendung des Begriffs der Abtragungsfußfläche (Pediment) den tatsächlichen Böschungsverhältnissen um Inselberge und Schichtstufen gerecht. Auch müßte die — der positiven paläoklimatischen Beweise entbehrende — Annahme einer Verschiebung der feuchten Tropenzone bis in die nördliche Sahara und bis in das Pliozän das Pediment dann nicht mehr rein klimatisch-faktorell deuten (Busche 1972).

Die untersuchten Sahara-Böden stellten damit in der Reliefentwicklung Zeiten „maximaler Stabilität" mit seit dem Jungtertiär abnehmender Verwitterungsintensität dar. Bei dem aktualistischen bodengeographischen Vergleich ergibt sich für die Bildung der saharischen Paläosole ein Niederschlagsvolumen von etwa 800 mm im Miozän bis zu ca. 200 mm im Spätglazial-Holozän. Wenn die Abtragungsphasen mit zwischengeschalteten Trockenphasen korrespondieren, könnte i. S. von Rohdenburg (1982: 113, Tab. 3) die Flächenbildung der zentralen Sahara dem „warm-ariden Typ" entprechen und von dem „wechselfeucht-tropischen" bzw. „immerfeucht-tropischen" Typ abgegrenzt werden.

5.2.4 *„Arid-morphodynamisches System" und „Morphogenetische Sequenzen" Menschings*

Für eine, seit dem Alttertiär vorherrschende, arid-semiaride Geomorphodynamik in der zentralen Sahara tritt Mensching ein. Auch die jüngste Arbeit (Mensching 1983) zeigt schon im Titel, daß grundlegende Erkenntnisse zu diesem spezifischen Prozeßgefüge am Nord- und Südrand der Sahara gewonnen wurden. Aber auch zahlreiche Befunde in der Wüste selbst (1970, 1970a, 1970c, 1974, 1976, 1979a, 1980a) bilden die Basis für die Auffassung, daß die heutige Reliefgestalt der Sahara Ausdruck einer vielgliedrigen Entwicklungsreihe ist, in der feuchtere Klimaperioden durchaus einen morphogenetischen Stellenwert haben können, in der aber letztlich doch die arid-morphodynamischen Abtragungsvorgänge dominierten, weil das jungtertiäre und quartäre Paläoklima durch sehr häufige Trockenheit ausgezeichnet war.

Mensching (1983) geht bei seinen Überlegungen von einem Zonalitätsprinzip aus, wonach heute die klimagesteuerten morphodynamischen Prozesse im randtropisch-semiariden Bereich zur Flächenweiterbildung, im mediterran-ariden mehr zur Flächenerhaltung tendieren. Diese Feststellungen geben einen wichtigen Hinweis auf die Möglichkeit, daß bei einer Ausweitung der sahelischen Übergangszone in den saharischen Bereich hier während des Jungtertiärs und Quartärs die gleichen geomorphologischen Vorgänge wirkten, weshalb Mensching (1970: 22, Fig. 4) mit diesem Grenzsaum auch seine „Arid-morphodynamische Zone" der Gegenwart beginnen läßt und diese gegen eine „Tropisch-humid-morphodynamische Zone" im Süden abtrennt. Innerhalb des „arid-morphodynamischen Abtragungssystems", wozu auch der mediterran-aride Raum mit höherer Schuttproduktion gehört, seien die Unterschiede der Verwitterung, Bodenbildung und Abtragung nur graduell wirksam, so daß das System als Ganzes einen eigenen klimageomorphologischen und klimagenetischen Status beanspruchen könne. Denn unter Berücksichtigung der Tatsache, daß das Entstehungsalter der Rumpffläche im präkambrischen Grundgebirge teilweise bis vor die Kreide zu datieren ist, andererseits aber im Jungtertiär und Quartär semiaride bis aride Klimaphasen vorherrschten, müsse die „heutige Rumpffläche" unter trockeneren Bedingungen geprägt worden sein.

Belege dafür liefert Mensching (1978) aus der ariden bis semiariden randtropischen Übergangszone zwischen Dornsavanne und Wüste in der Republik Sudan, wo an der Reliefkonfiguration: Inselberg, Pediment und Rumpffläche wichtige Unterschiede zum morphodynamischen Prozeßgefüge der tropisch-humiden Zone aufgezeigt werden konnten. Danach begann die „morphogenetische Sequenz" der Basement-Rumpffläche mit der Exhumierung einer präkretazischen Altfläche. Durch epirogenetische Hebungen während des Tertiärs erhält die flächenhafte Abtragung wichtige Impulse. Spuren einer feucht-tropischen Tiefenverwitterung wurden auch bei umfassenden geologischen Kartierungen nicht gefunden, so daß auf semiaride bis aride Klimaverhältnisse, natürlich mit einem gewissen hygrischen Schwankungsbereich, geschlossen werden darf. Da heute in einem engmaschigen Rinnen- und Runsensystem auf den Pedimentflächen Schutt transportiert werde und die distalen Bereiche zu einer Pediplane zusammenwachsen, könne die Rumpffläche nicht nur als ein Relikt aus humid-tropischer Zeit gedeutet werden, das jetzt lediglich der sog. „traditionalen Weiterbildung" i. S. Büdels unterliege. Auch der rechtwinklige Knick, mit dem das Pediment an den Inselberg stößt, sei kein „Primärknick" im Anstehenden, sondern durch Ablagerungen hervorgerufen („Sekundärknick"), die vorwiegend in einem (feuchtigkeitsbedingten) Vergrusungsprozeß am Hangfuß entstehen. Damit seien die semiariden bis ariden Randtropen des Sudan bei gleichzeitiger Verwitterung und Abtragung für die Weiterbildung des Inselbergreliefs und seiner Pedimente besonders günstig. Klimagenetisch (paläoklimatisch) hätten die nur graduellen Humiditätsschwankungen des Tertiärs und Quartärs einen entscheidenden Anteil am Verlauf dieser „morphogenetischen Sequenz". Die Beteiligung einer tropischen Tiefenverwitterung mit Latosolen sei daher nicht erforderlich.

Auch das Tafelrelief der Hammada sei Ausdruck einer Landformung unter arid-morphodynamischen Bedingungen. Mensching (1970a, 1974, 1976) diskutiert speziell am Plateau du Tademait, daß das Zusammenwirken von Tektonik („Geodynamischer Impuls"), einer Ausgangshochfläche („Initialfläche") und einer detaillierten Anpassung des Abtragungssystems an das Gestein („Strukturorientierung") diesen Relieftyp prägte. Da lineare und flächenhafte Abtragung gleichzeitig stattfinde und auch noch eine Weiterentwicklung zu beobachten sei, könnten Flächen und Gerinnebetten nur schwer mit bestimmten Klimaphasen korreliert werden.

In dem Formenelement der Wadis sieht Mensching (1979) ebenfalls eine „morphogenetische Sequenz" über einen längeren Entwicklungszeitraum vom Tertiär bis heute. Was die „Wadi-Terrassen als Klimazeugen" betrifft, entstehen besondere Probleme bei ihrer klimageomorphologischen Interpretation. Abgesehen von dem eindeutigen Zusammenhang der Glacis-Terrassen in Wüstenrandgebieten und Klimaschwankungen im Gebirge selbst, können die Akkumulationen des ariden Raumes nicht mehr so einfach den klassischen „Pluvialen“ bzw. „Interpluvialen“ des Quartärs zugeordnet werden, zumal auch ältere Kaltzeitspuren fast völlig fehlen. Auch könnten die für die Terrassenschüttungen erforderlichen Feuchtphasen keine „Stabilitätszeiten“ mit Bodenbildung i. S. Rohdenburgs (1970) repräsentieren, da eine stabilisierende Vegetationsdecke ja die Hangabtragung weitgehend unterbunden hätte. Daher könne die Akkumulationstätigkeit in den Wadis „nur mit einer phasenhaften Intensivierung von episodischen Starkregen gleichgesetzt werden“ (Mensching 1979: 558). In Anlehnung an Beobachtungen in den Randzonen, z. B. bei der Hochwasserkatastrophe 1969 in Tunesien, müßten solche „Pluviale“ in der Sahara als „klimatische Unfälle“ aufgefaßt werden, welche die arid-morphodynamische Sequenz der Wadibildung modifizieren.

Das „Arid-morphodynamische System“ Menschings bietet auch für die klimagenetisch-geomorphologische Deutung der untersuchten Sahara-Böden Erklärungsansätze, weil es

- die z. T. sehr alte Anlage des Sockelreliefs (evtl. mit Pedimenten) und anderer Abtragungsflächen berücksichtigt
- versucht, die tertiäre und quartäre Klimageschichte geomorphogenetisch umzusetzen
- die „Strukturorientierung“ einer langwährenden Abtragung miteinbezieht und
- auf beobachtbaren morphodynamischen Prozessen in den Randzonen und der Wüste beruht.

Wie aus den Erörterungen in der vorliegenden Arbeit hervorgeht, hat das unbekannte Alter der Landoberfläche, auf der das jeweilige Untersuchungsprofil liegt, immer wieder Schwierigkeiten für die Bodendatierung mit sich gebracht. Mitunter hatte Verf. sogar den Eindruck, daß noch ein präkambrisches Erbe in dem Inselberg-Pediment-Rumpfflächen-Relief existiert. Wegen Mangels an geeigneten Zeitmarken besteht auch weiterhin Unsicherheit über das Alter einzelner Böden, und damit auch über das der zugehörigen Reliefelemente. Erst die im Atakor konservierte Bodenabfolge läßt eine relativ genaue Alterseinstufung bestimmter taxonomischer Bodengruppen und damit auch ihrer klimatischen Bildungsbedingungen zu. Die auf der Basis von aussagekräftigen Bodenanalysen erstellte Klimastratigraphie bestätigt die Auffassung, daß seit dem Alttertiär keine feucht-tropische Verwitterung und Bodenbildung mehr stattgefunden hat. Wahrscheinlich stellen die fossilen Tertiärböden wirklich Zeiten echter „Stabilität“ dar. Doch dürften auch wesentlich schwächer entwickelte (Initial)Böden vorhanden gewesen sein, die unter semiarid-ariden Bedingungen mit interferierender Bodenbildung und Abtragung wieder ausgeräumt wurden. Außerdem muß man in Betracht ziehen, daß die ausgedehnten Ebenheiten mit ihrer spezifischen Hydrologie selbst bei höheren, verwitterungswirksamen Niederschlägen nicht überall eine (geschlossene) Bodendecke besessen haben müssen, von regionalen Klimaunterschieden in der zentralen Sahara einmal ganz abgesehen. Dadurch kam es zu einer räumlichen und zeitlichen Intensitätsauslese der Bodenbildung, was prinzipiell dann auch für ihre Abtragung gilt. Auch unter diesem Aspekt ist das „Arid-morphodynamische System“ i. S. einer ständigen, aber räumlich und zeitlich differenzierten Weiterentwicklung der Landoberflächen eine wertvolle Hilfe.

Die „Strukturorientierung“ ist in den Böden unverkennbar, besonders auf klastischen Sedimentgesteinen. Diese weisen z. T. erhebliche Unterschiede in ihrer Aufbereitbarkeit auf, wenn man z. B. den dichten quarzitischen Messak-Sandstein oder einige Karbon- bzw. Kreide-Kalke mit den Mergeln, Silt- und Tonsteinen vergleicht. Es ist nicht auszuschließen, daß der sterile, aber sehr harte Messak-Sandstein niemals tiefgründige Lockerdecken trug, was eine nur geringfügige Erniedrigung beinhaltet, welche in den unterlagernden Tilemsin-Schichten sehr viel schneller und intensiver erfolgte, so daß jetzt eine polygenetische Dachfläche und eine monogenetische Vorlandfläche nebeneinander existieren. Auch die Verwitterungsunterschiede zwischen Basement und Basalt sind eklatant.

Schließlich zeigt das Studium der Verwitterungs- und Bodenbildungen in den Trockenen Subtropen und Randtropen, daß hier mögliche Vergleichsböden für die meisten saharischen Vorkommen gesucht werden müssen. Wenn man bei der klimagenetischen Deutung der saharischen Oberflächenformen mit einer Verschiebung der Klimazonen arbeiten will, dann ist es nötig, auch diese Randzonen mit ihren teilweise hohen, aber doch sehr variablen Niederschlägen zu berücksichtigen. Ihre stärker entwickelten Böden (Inceptisols, Alfisols) findet man als Relikte in der Wüste, wo sie den landschaftsökologischen Zustand vor einer nachfolgenden Abtragung repräsentieren. Dagegen korrespondieren die schwächer ausgebildeten Böden (Aridisols, Entisols, Mollisols) sehr wahrscheinlich nicht mit ausgeprägten „Stabilitätszeiten", sondern stellen kurzlebige und potentiell nur wenig weiterentwickelbare Gebilde dar, die von einer (fast) gleichzeitigen Abtragung ausgeräumt werden (können). Auf diese Weise verschmelzen Verwitterung, Bodenbildung und Abtragung zeitlich zu einer morphogenetischen Einheit. Daher wird man historisch und klimagenetisch fixierbare „Reliefgenerationen" und Böden vorzugsweise in den längerfristig humiden Gebieten mit ausgeprägten Klimawechseln finden.

6 Tendenzen der Klima-, Boden- und Reliefentwicklung in der zentralen Sahara (vor dem Hintergrund einer vergleichenden Bodenstratigraphie)

Die in den regionalen Teilen des Abschnitts 3 vorgetragene und bereits ausführlich diskutierte geologisch-geomorphologische Entwicklung der zentralen Sahara soll jetzt im Zusammenhang mit der synchronen Klima- und Bodengenese dargestellt werden. Wesentliche Erkenntnisse dazu sind bereits in der Fig. 27 enthalten. Die Entwicklung der Landschaft über nachweislich sehr lange geologische Zeiträume macht es nötig, weit in die erd- und landschaftsgeschichtliche Vergangenheit zurückzuschauen. Weiterentwicklung und jüngere Genese der Oberflächenformen dagegen können dann vor dem Hintergrund einer vergleichenden Bodenstratigraphie vorwiegend des Jungtertiärs und Quartärs diskutiert werden (Fig. 30).

6.1 *Prä-Tertiär*

Wichtigste Bezugsebenen sind die (prä)kambrische Rumpffläche unter der paläozoischen Bedeckung und das Continental Intercalaire der U. Kreide.

Die „altération antétassilienne des granites" muß wegen ihrer differentiellen Tiefgründigkeit ausschlaggebend für die nachfolgende Reliefentwicklung des Basements gewesen sein. Denn wenn man die Aufschlußbilder bei Djanet (Fig. 29) und gleichartige Beobachtungen auf dem Gondwana-Untergrund verallgemeinert, war unter dem Verwitterungsmantel ein Relief entstanden, das in wesentlichen Zügen dem heutigen glich. Das heißt, der Einfluß der Reliefkonfiguration nach der Exhumierung aus der mächtigen Verwitterungsdecke könnte so groß gewesen sein, daß lange Zeit keine prinzipiell anderen Formen mehr entstanden als die präexistenten Rumpfflächen und Inselberge. Sicher ist dieses uralte Erbe nur noch in wenigen Landschaften vorhanden, doch haben in den saharischen Becken flachlagernde Sedimente des Paläozoikums und Mesozoikums solche Formen konserviert, welche nach ihrer Exhumierung weitergebildet werden konnten.

Diese extrem reliefwirksame präkambrische Verwitterung ist klimatisch nur schwer einzuschätzen, vor allem weil sie wahrscheinlich mehrere Zehner von Jahrmillionen (unter nicht bekannten biologischen Voraussetzungen) das Gestein aufbereitete. Doch dürften für eine derartige Gesteinstransformation nur sehr verwitterungsintensive Klimate in Frage kommen. Die Abtragung zu einer Fläche erfolgte jedoch nach einem Klimawechsel unter wesentlich trockeneren Bedingungen, wie die korrelaten Sedimente belegen. Insgesamt gesehen stellt die „pédiplaine infratassilienne" (Beuf et al. 1971: 25—49) die Plattform für eine Weiterbildung dar, welche die alten Formen stellenweise nur exhumierte, sonst aber zu einer Reliefserniedrigung führte. Diese ist quantitativ sehr unterschiedlich verlaufen, dürfte in tektonisch niedrigeren Positionen 100 Meter aber kaum überschritten haben.

Über dieser fundamentalen Diskordanz lagern die Sedimente des Paläozoikums. Sie leiten sich aus fluvialen, periglazialen und glazialen Abtragungsvorgängen und marinen Transgressionen ab. Das Klima war nach Beuf et al. (1971: 152, Fig. 118) im Kambro-Ordoviz gemäßigt („tempéré“) an der Grenze Ordoviz-Silur „glaziaire“ und im Silur vorwiegend heiß („chaud“). Eine prä-devonische Oberfläche wurde ferrallitisch verwittert (S. 114).

Vergleicht man die paläogeographischen Karten der Sahara von Freulon (1964) vom Kambro-Ordoviz bis zum Karbon miteinander, so waren Hoggar- und Air-Gebirge nur am Beginn und am Ende des Paläozoikums großflächig aber nicht geschlossen von Sedimenten bedeckt. Selbstverständlich schwankte auch deren Mächtigkeit sehr stark. Für die nachfolgende Oberflächenformung bedeutete dies, daß der kristalline Untergrund einerseits schon der Abtragung unterlag, während andere Teile noch konserviert waren. Daraus resultiert eine polygenetische Entwicklung (unterschiedlich alter) Formen. Auffällig in der heutigen Landschaft der Tassili sind auch die weitflächig aufgedeckten Altreliefs. So können z. B. die exhumierten Paläotäler der Tassili N'Ajjer auch nur bedingt mit den jüngeren Tälern des Djebel Acacus/Tadrart und des Mourzouk-Beckens miteinander verbunden werden, etwa im Sinne einer übergreifenden (mittel)tertiären Entwässerungsrichtung (vgl. Busche 1982, Karte 1, 3 u. 4; 1983: 38, Fig. 2).

Die im O. Karbon einsetzende und bis in den O. Jura (?) anhaltende Sedimentation führte im Abtragungsbereich zur Ausbildung der „Gondwana-Landsurface“. Diese „pénéplaine post-hercynienne“ trägt um Tidikelt auf paläozoischen Schiefern, Sandsteinen und Dolomiten eine Verwitterungsdecke, die Conrad (1969: 50—52) etwa zeitgleich mit dem Beginn der U. Kreide setzt. Sie wird einige Meter mächtig und besteht auf Sandsteinen überwiegend aus Eisenimprägnationen. Angesichts weitflächig aufgedeckter alter Landoberflächen im Bereich des anstehenden Paläozoikums wäre zu fragen, ob nicht manche, zeitlich jünger eingestufte Verwitterungsbildungen in die älteste U. Kreide zu stellen sind, so z. B. die „Laterite“ auf paläozoischen Sandsteinen im Tibesti-Gebirge.

Die paläoklimatische Deutung des Continental Intercalaire erscheint unsicher, weil im Mourzouk-Becken aus den Sedimenten des Messak-Sandstein ein feucht-tropisches Klima für die Abtragungsgebiete abgeleitet wird (Kallenbach 1972), während in der nordwestlichen Sahara eingeschaltete Dünensande für wüstenhafte Klimaphasen sprechen (Conrad 1969: 63). Auch Schwarzbach (1953: 168) nimmt für die tiefere Kreide ein relativ trockenes und warmes Klima an, „das aber mindestens zeitweise oder stellenweise reichliches Tier- und Pflanzenleben ermöglichte“. Trotz dieser Unsicherheiten und trotz des Fehlens von entsprechend verwitterten Landoberflächen in der zentralen Sahara — in den südlich anschließenden Randtropen bei 15° Nord ist ein mitteljurassischer, ein mittelkretazischer und ein untereozäner Laterit noch erhalten (s. Michel 1980 u. hier Fig. 30) — wird eine intensive Verwitterung zur Zeit der Schüttung des Messak-Sandstein unterstellt (Fig. 27).

Das Continental Intercalaire wurde nicht nur in flachen Becken abgelagert, sondern auch in Depressionen am Fuße präexistenter Schichtstufen der Tassili (Birot et al. 1955: 33, Fig. 5 u. 6; u. S. 61, Fig. 12). Aber auch im Zentrum des Hoggar-Massivs ist es stellenweise nachgewiesen (Pl. V, A u. S. 63, Fig. 13). Hier wird es zusammen mit dem präkambrischen Untergrund von einer inselbergbesetzten Rumpffläche überzogen. Da dieser bei Amguid noch einige Reste mariner O. Kreide auflagern (Birot et al. 1955: 44—51; Rognon 1967: 20, Fig. 1; Conrad 1969: 243, Fig. 160), muß davon ausgegangen werden, daß die morphologischen Grundzüge des Hoggars und seiner Umrahmung schon am Beginn bis Ende der U. Kreide festgelegt waren. Die tektonischen Verstellungen während des Tertiärs geben einen neuen Impuls für die letzte Ausgestaltung zu einer Pediplain. Was die klimatischen Bildungsbedingungen während des Känozoikums betrifft, so können diese im Atakor auf bodenstratigraphischem Weg für das Neogen und Quartär einigermaßen sicher rekonstruiert werden (Fig. 30).

6.2 *Tertiär und Quartär*

Stratigraphische Bezugsbasis sind die Vulkanite des Atakor, die von Girod (1971: 36, Tab. 1) radiometrisch an Gesteinen und Mineralen datiert wurden. Danach wären die Förderung und die Verwitterung der ältesten Basalte nicht mehr an das Ende des Eozäns zu stellen (Rognon 1967: 532, Fig. 148), sondern erst an den Beginn Miozän.

In die Fig. 30 wurden die neueren Altersangaben übernommen, die Mio-Pliozän-Grenze aber nicht auf 12 MA festgelegt (Girod), sondern mit der international gültigen in Übereinstimmung gebracht (7 MA). Mit dieser Zeiteinteilung ergibt sich jetzt eine größere Verschiebung der unter und in den Basalten konservierten Bodenbildungen in das Jungtertiär.

Die bodenstratigraphischen Befunde aus dem Atakor sind eingebettet in die Ergebnisse entsprechender Untersuchungen in den Nachbarräumen (s. Abschnitt 2) und in Süd-Indien. Hinzu kommen die Beobachtungen an Bohrkernen von Tiefsee-Sedimenten vor der nordwestafrikanischen Atlantikküste. Ziel dieses Vergleichs ist es, Vorstellungen über eine großräumige Klima- und Bodenentwicklung im Känozoikum abzuleiten und damit eine Grundlage für die klimatische Beurteilung der Reliefentwicklung in der zentralen Sahara zu erhalten. Der Atakor besitzt dabei zwar den Vorteil der reichsten Bodengliederung in der Sahara überhaupt, zugleich aber auch einen entscheidenden Nachteil: er ist mit fast 3000 m Höhe eine Klimainsel in einer trockeneren Umgebung, und was für die Gegenwart gilt, kann auch für die Vergangenheit zutreffen, soweit größere Reliefunterschiede vorhanden waren. Deshalb können paläoklimatische und paläopedologische Erkenntnisse nicht ohne weiteres auf die gesamte Zentralsahara übertragen werden.

Geht man von der vulkanologisch begründeten Zeiteinteilung aus, so fällt die bodenstratigraphische Lücke zwischen der kretazischen (Ausgangs)Pediplain und den ältesten Basalten auf. Darunter hat Rognon (1967: 532, Fig. 148) mehrere Böden und Sedimente beschrieben, die aber chemisch-mineralogisch z. T. sehr unterschiedlich zusammengesetzt sind und auf dem komplizierten Unterbau auch nur schwer stratigraphisch eingeordnet werden können. Die Fig. 17 der vorliegenden Arbeit zeigt die wichtigsten laboranalytischen Ergebnisse. Die im Zusammenhang mit klimagenetisch-geomorphologischen Forschungen höchst bedeutsame Frage nach der Existenz eines zu starker Tiefenverwitterung fähigen Klimas im Alttertiär könnte zwar mit einigen Analysen (s. a. Völk & Levelt 1970) positiv beantwortet werden, doch sind diese Einzelergebnisse an keinem autochthonen Verwitterungsprofil mehr zu überprüfen. Wenn mächtige Tropenböden das Hoggar im Tertiär jemals überzogen haben — Büdel (1963: 165, Abb. 1) rechnet bis in das O. Pliozän damit —, dann stellt sich auch die Frage, warum solche Bildungen (Latosole, Laterite) trotz intensiver geologischer Durchforschung bisher nicht gefunden wurden. Es sei daran erinnert, daß stärker entwickelte Böden unter Trockenklimaten (in erosionsgeschützten Lagen) ihre ursprünglichen Merkmale fast unverändert erhalten, während diese unter feuchteren Klimaverhältnissen allmählich abgeändert werden. Auch muß man dabei zur Kenntnis nehmen, daß in den feuchteren Zonen südlich der Sahara fixierbare Latosole (Ferrallite) und Laterite des Alttertiärs existieren und z. T. wichtige Zeitmarken darstellen (Michel 1980, Pias 1970, Ruhe 1956). Damit wäre eine intensivere Verwitterungsperiode zeitlich evtl. in die O. Kreide zu stellen, als das Hoggar im Westen an die Küste dieser Meerestransgression grenzte und dorthin entwässerte (vgl. Busche 1983: 40, Fig. 3). Sollten einige Verwitterungsspuren unter den ältesten Basalten eozänes Alter besitzen und ein feucht-tropisches Klima belegen, so bestünde dennoch ein verwitterungschemischer Unterschied zu dem gleichaltrigen Laterit der Trockenen Randtropen (s. Fig. 30), was auch mit klimatischen Intensitätsunterschieden korrelieren könnte.

Eine andere Erklärungsmöglichkeit bietet Meckelein (1959: 132—135) mit dem Konzept der Kernzonen der Sahara an, welche schon seit dem Tertiär „im ariden bis hochariden

Zustand" verharrten. Als Beispiel für einen alten Kernraum wird die Serir Tibesti genannt, wo Meckelein (1959: 95 u. 129, Abb. 74) einen entkalkten Rotlehm auf Eozän-Kalk fand, und wo auch Pachur (1974) neben limnischen Sedimenten nur zwei Ablagerungen ausscheidet, nämlich die „ältesten" (rotverwitterten) und die „älteren", spätpleistozänen Alluvialdecken. Möglicherweise trifft die Deutung eines alten, überwiegend ariden Kernraumes auch für das prä-basaltische Hoggar-Gebiet und andere Großräume zu (Tanezrouft). Auch von paläoklimatischer Seite wird den stellenweise und zeitweise feuchteren Klimaverhältnissen in der Sahara keine große Bedeutung am gesamten Klimagang des Tertiärs zugeschrieben (Schwarzbach 1953: 166—167).

Vor dem Ausbruch des Atakor-Vulkanismus, nach den neuen radiometrischen Datierungen also gegen Ende des Oligozäns, herrschte ein tropisches Trockenklima, wenn man die roten Verwitterungsbildungen direkt unter den Basalten ausdeutet (Fig. 17 u. 20). Diese Grundgebirgs-Rotlehme mit hohen Gehalten an verwitterbaren Mineralen (Feldspäte, Glimmer) sehen den außerhalb des Atakor aufgefundenen faziell sehr ähnlich, weshalb auch ihre theoretische Gleichaltrigkeit diskutiert wurde (Abschnitt 3.3.3).

Feuchtere Varianten sind erst auf den älteren miozänen Basalten gebildet worden (Fig. 17 u. 18). Dutil (1971) klassifiziert diese Böden als „Sols ferrugineux tropicaux" und weist ihnen damit ein Bildungsklima zu, wie es heute etwa im Grenzbereich zwischen Trockenen Randtropen und Sommerfeuchten Tropen herrscht (vgl. hier Fig. 2 u. 3, Tab. 2). Rognon (1967) zeigt klar die Unterschiede zu den wesentlich intensiver verwitterten, feucht-tropischen Ferralliten (Latosolen) Madagaskars auf. Um so mehr erstaunt deshalb die Deutung des Petrologen Girod (1971: 36—37), der die intrabasaltischen Vorkommen als „Sols ferrallitiques" anspricht. Auch geht aus seiner Fig. 13, S. 37, nicht hervor, ob die acht fossilen Verwitterungsbildungen des Taharout (2300 m NN) alle die gleiche Mächtigkeit und Ausbildung besitzen. Diese, durch keinerlei weiterführende Untersuchungen und Analysen abgesicherte Klassifizierung ist insofern verwirrend und irreführend, weil daraus jetzt von geomorphologischer Seite auch eine intensive chemische Verwitterung für das Gebiet des Mourzouk-Beckens abgeleitet wird (Busche 1983: 42—43).

Sieht man einmal von der theoretischen Möglichkeit einer hydrothermalen Beteiligung ab — sie könnte viele pedologische Ungereimtheiten wie die Farbsprünge, die z. T. sehr niedrigen Tongehalte, die überwiegend neutralen pH-Werte und die vertikal stark wechselnden chemischen Verhältnisse bzw. Tonmineralparagenesen (Fig. 18) klären helfen — so muß wieder nach den Äquivalenten dieser Basalt-Böden im Grundgebirge gefragt werden. Dutil (1971: 305) schließt in der weiteren Umgebung des Atakor eine entsprechende Bildung und nachträgliche Abtragung aus, weil einige verfestigte Horizonte der „Sols ferrugineux tropicaux" extrem abtragungsresistente Oberflächen abgegeben hätten. Deshalb müsse bereits im Eozän — die ältere Zeiteinteilung wird zugrunde gelegt — ein gegliedertes Relief im Zentrum des Hoggar-Massivs mit humideren Bildungsbedingungen als in der Peripherie existiert haben.

Diese Interpretation stützt die Annahme einer räumlich differenzierten, verwitterungswirksamen Feuchtigkeitsverteilung in der zentralen Sahara schon für das Tertiär. Auch die abflußlosen Grarets Süd-Libyens (Klitzsch 1974) könnten Zeugen solcher Feuchteinseln während des Oligozäns und Miozäns darstellen (s. Abschnitt 3.1.4). Damit wäre die Abtragung auch auf sehr verschieden strukturierte Oberflächen getroffen, so daß je nach Erodibilität des Verwitterungsmaterials eine Relieferniedrigung quantitativ ebenfalls sehr unterschiedlich verlaufen mußte. Formerhaltung und -weiterbildung erfolgte parallel mit Formneubildung. Ältere Formen gehen in jüngere über, was jetzt ihre Unterscheidung nach „Reliefgenerationen" oder nach „Klimawechseln" sehr erschwert.

Vergleicht man das Miozän mit dem entsprechenden Zeitabschnitt in den Regionen südlich der Sahara, so gibt es bodenstratigraphisch kein Pendant, vielmehr scheinen Abtragung älterer

Verwitterungsdecken, Bildung neuer Flächen sowie regional Aufschüttung des Continental Terminal vorzuherrschen. Nur im monsunalen Süd-Indien bilden sich Oxisole und Laterite bis an die Grenze zum Quartär, wo sie dann unter semiariden Klimabedingungen degradiert werden.

Interessant ist die paläoklimatische Deutung einiger Tiefsee-Sedimente vor Nordwestafrika. Die wegen der vielfältigen Zusammensetzung vorerst wohl nicht weiter differenzierbare Unterscheidung in humid und arid zeigt für das untere Miozän trockene Verhältnisse auf dem Festland an, erst im O. Miozän gibt es mehrere Feuchteschwankungen. Wenn man nach den oben angestellten Erörterungen diese Ergebnisse nicht auf die ganze West- oder Zentralsahara übertragen darf, so ist doch zumindest ein Hinweis gegeben, unter welchen Klimabedingungen das in den Atlantik transportierte Material gebildet wurde. Arid bedeutet dabei sicher nicht vollarid im Sinne des heutigen Klimazustandes, wie in der vorliegenden Arbeit unter semiarid-arid auch Verhältnisse verstanden werden, die durch die Klimadiagramme für die Trockenen Subtropen und Randtropen repräsentiert werden (s. Fig. 3). Entscheidend ist hier die hohe potentielle Verdunstung (PV), welche ein „aridic soil moisture regime" erzeugt, was aber nicht gleichbedeutend mit fehlender Verwitterung ist, denn wenn einmal Wasser gespeichert wird, kann dieses wegen der hohen Bodentemperaturen besonders in den Trockenen Randtropen verwitterungswirksam werden und das Gestein aufbereiten. Die hohe Niederschlagsvariabilität wirkt diesem Prozeß aber entgegen, weil der resultierende Oberflächenabfluß das pedo/geogene Verwitterungsmaterial rasch wieder entfernen kann. Die Begriffe arid und semiarid beinhalten im bodenhydrologischen Sinne damit durchaus Jahresniederschlagsmengen von 500 mm und mehr. In den miozänen „Sols ferrugineux tropicaux" des Atakor dürfte sich daher ein etwas ausgeglichenerer Niederschlagsgang mit einem jährlichen Volumen von 600—800 mm dokumentieren, wobei der lithogene Einfluß der verwitterungsanfälligen Basalte nicht berücksichtigt ist.

Das Iberische Kristallin trägt im Kastilischen Scheidegebirge verbreitet mächtige Saprolithe unterschiedlicher Ausbildung und mit roten Paläoböden (Riedel 1979, 1979a). Es handelt sich um feucht-tropische Bildungen des Tertiärs, wobei ein kretazisches Alter nicht ausgeschlossen werden kann, weil die Oberflächen im Kristallin unter entsprechend alte Sedimente abtauchen. Auch in höheren Breiten Mitteleuropas finden sich intensiv verwitterte Böden, wovon die alttertiäre Verwitterungsperiode auf süddeutschen Kalksteinen allitische Bildungen hinterließ, während die mitteltertiären (?) Plastosole, überwiegend Graulehme des Rheinischen Schiefergebirges, Fersiallite darstellen. Mediterrane Terra rossa scheint ab Miozän bis Ende Pliozän, evtl. noch bis in das Cromer gebildet worden zu sein (Skowronek 1983a). Der kurze paläopedologische Exkurs nach Europa und der bodenstratigraphische Vergleich mit dem nördlichen Afrika und mit Süd-Indien sollen noch einmal andeuten, daß das Tertiärklima der alten Welt möglicherweise eine stärkere hygrische Horizontalgliederung aufwies und keine ausgeglichene Verwitterungsaktivität garantierte wie es mit dem Begriff der „Tropoiden Alterde" und einer daran gekoppelten gleichartigen Abtragung vorgeschlagen wird (Büdel 1963, 1977).

Zyklische Entwicklungen werden bodenstratigraphisch erst ab Pliozän (Rio Bermejo, Cabo Roig) und vor allem im Quartär nachweisbar. An reich gegliederten Löß-Serien der Tschechoslowakei konnte Kukla (1969) zehn „Glazialzyklen" aufstellen, ein Gliederungsprinzip, welches Rohdenburg & Sabelberg (1973) erfolgreich auf Boden-Sediment-Serien im westlichen Mittelmeergebiet übertragen konnten. Bei den klassischen Lößprofilen des westlichen Mitteleuropa fragt sich, ob der bodentypologisch definierte Interglazialbegriff (Brunnacker 1964) nicht eine Polargrenze von Böden mit Parabraunerde-Bt-Horizonten markiert, so z. B. in Mainfranken, wo eine derartige Gliederung zur Ausweisung von sechs Kalt- und fünf Warmzeiten führen würde (Skowronek 1982).

Nördlich und südlich der Sahara dagegen sind sichere stratigraphische Belege für das mittlere und ältere Pleistozän selten. In der Wüste findet man auch nur in bestimmten Regionen stärker gegliederte Ablagerungen, so z. B. im Wadi Saoura (Chavaillon 1964), dem Ahnet-Mouydir (Conrad 1969) oder im Atakor (Rognon 1967). Die lokal und regional sehr unterschiedliche Reliefferniedrigung führte in der Regel zur Flächenverkleinerung und kann mehrere Dekameter erreichen.

Im zentralen Hoggar-Massiv zeigt sich, daß bereits im ausgehenden Miozän andere Böden als vorher gebildet wurden, nämlich die trockenen Varianten der roten Tropenböden, welche ihrerseits wieder den älteren oberoligozänen (?) Grundgebirgs-Böden sehr ähnlich sind. Sie bedecken außerhalb des Atakor auch Hänge, Glacis und Flächen. Zu ihnen gehören die meisten der untersuchten Böden des Air und Hoggar. Eine Änderung in den Bildungsbedingungen äußert sich u. a. in der Farbe. So werden die Sols bruns des Atakor zeitlich in das Quartär gestellt, wo sie insgesamt drei verschieden alte Oberflächen bedecken, wovon das Glacis supérieur und das Glacis moyen besonders auffallen. Die Grenze zwischen den pliozänen Sols brun rouge subarides und den quartären Sols bruns ist an einer Stelle mit mindestens 1,5 MA zu veranschlagen (Rognon et al. 1981). Nach Conrad (1969, Fig. 148, n. S. 224) liegt die maximale Ausdehnung des tropischen Einflusses im oberen Villafranca etwa auf der Höhe der Tidikelt-Oasen bei ca. 26° Nord. Die „cuirassements ferrugineux", welche hinsichtlich ihres paläoklimatischen Indikatorwertes auch als weniger beweiskräftig angesehen werden (Dewolf et al. 1972, 1976), finden sich in den Tieflagen des Ahnet-Mouydir, auf Kristallin wurden sie m. W. bisher nicht beobachtet. Auch die stratigraphisch jüngeren Sols bruns des Atakor werden hier nicht mehr angetroffen.

Mit diesen Ausführungen soll noch einmal unterstrichen werden, daß stellenweise nachgewiesene Bodenbildungen in der zentralen Sahara nicht in jedem Fall auf den Gesamtraum übertragen werden dürfen. Die Befundsituation und die stratigraphische Stellung der Böden zeigen vielmehr, daß gebietsweise Pedogenese stattfand, während in der Nachbarregion gleichzeitig Abtragung bzw. Akkumulation vorherrschten oder wegen zu großer Trockenheit weder Bodenbildung noch Geomorphodynamik möglich waren.

In der zentralen Sahara dürfte ein generell semiarid-arides Klima in den einzelnen Zeitabschnitten des jüngeren Tertiärs und Quartärs eine lückenhafte und in sich differenzierte Bodenverbreitung erzeugt haben, welche ihrerseits für die Abtragung sehr unterschiedliche Voraussetzungen schuf. Dadurch unterscheidet sich dieser warm-aride Großraum möglicherweise schon seit dem Alttertiär von den längerfristig humiden Gebieten.

7 Zusammenfassung

Mit der vorliegenden Arbeit wurde der Versuch unternommen, Böden der zentralen Sahara zur Klärung der klimagenetisch-geomorphologischen Landschaftsentwicklung in einem heute hyperariden Raum heranzuziehen. Ihre Untersuchung erlaubt Rückschlüsse auf die landschaftsökologischen Verhältnisse während ihrer Bildungszeit und ihrer Abtragung. Im Sinne einer Arbeitsteilung innerhalb der Geomorphologie wurden daher weniger die morphodynamischen Prozesse und die daraus resultierenden Formen analysiert, als vielmehr die Böden als Träger und Objekt der Abtragung im Zusammenhang von Klima- und Reliefentwicklung. Da sich die Diskussion derzeit auf die Frage konzentriert, ob die heutige Reliefgestalt der Sahara mehr das Ergebnis humider Klimabedingungen ist oder mehr durch langwährende, semiarid-aride Klimate geprägt wird, kommt dem Boden als Klimaindikator eine entscheidende Bedeutung zu.

Die untersuchten Böden sind überwiegend autochthon, reliktisch oder fossil, und liegen auf verschiedenen Reliefelementen in der Umrahmung des Mourzouk-Beckens, des Air- und Hoggar-Gebirges und auf dem Plateau du Tademait. Die laboranalytische Untersuchung erstreckte sich auf die Kennzeichnung der wichtigsten Merkmale, wobei der Bestimmung der Hauptelemente in der Tonfraktion und in Gesteinen eine besondere Rolle für eine vergleichende Bilanzierung zufiel. Tonmineralanalysen und Gefügetypisierung bildeten eine weitere Grundlage für die Charakterisierung des Bodenentwicklungszustandes.

Um eine Vergleichsbasis für die klimaökologische Einstufung der saharischen Paläoböden zu bekommen, werden zunächst anhand ausgewählter Literatur wesentliche Erkenntnisse zur Verwitterung, Bodenbildung und Abtragung in Afrika nördlich des Äquators vorgetragen. Beim Gang durch die einzelnen Klimazonen ist die planetarische Abfolge bestimmter taxonomischer Bodengruppen deutlich zu erkennen, es zeigt sich aber auch, daß die heutigen Oberflächenböden z.T. sehr komplex aufgebaut sind und oftmals eine polygenetische Entstehungsgeschichte aufweisen. Dies ist zu berücksichtigen, wenn man das Prinzip des Aktualismus anwendet. Andererseits gibt es bei der klimatischen Interpretation von Paläoböden kaum eine andere Möglichkeit als Vergleichsobjekte aus benachbarten Klimazonen heranzuziehen.

Anschließend werden für die zentrale Sahara 20 Bodenprofile nach Lage, Aufbau und analytischer Kennzeichnung beschrieben und diskutiert. Eine Übersicht der einschlägigen geologischen, geomorphologischen und bodenkundlichen Regionalliteratur ist jeweils vorangestellt. Aus den pedologischen Befunden und ergänzenden Geländebeobachtungen in den vier Arbeitsgebieten ergeben sich nun zahlreiche Schlußfolgerungen zur klimagenetisch-geomorphologischen Landschaftsentwicklung.

In der Umrahmung des Mourzouk-Beckens zeigen alle untersuchten Profile eine nur schwache siallitische Verwitterung an. Diese entspricht Bildungsbedingungen, die gegenüber heute sicher sehr viel feuchter waren, die aber 200 mm episodischen Jahresniederschlags kaum überschritten haben dürften. Hohe Erosionsanfälligkeit, Kappung, oberflächliche Einmischung von ortsfremdem Material und Abdeckung durch eine Serir-Auflage sind charakteristisch. Zwei, nur analytisch als Mehrschichtprofile erkennbare Fossilböden belegen mit ^{14}C-Datierungen eine

Feuchtzeit am Übergang Spätglazial-Holozän und eine im Neolithikum. Zugleich ist damit eine Erniedrigung der Stufenvorlandfläche im Dezimeter- bis Meterbereich nachzuweisen. Zwei Bodenprofile auf der Dachfläche könnten präquartäres Alter besitzen und zu einer jungtertiären Paläo-Roterde überleiten, da sie etwas stärker verwittert sind. Spuren einer, von geomorphologischer Seite oft geforderten, feucht-tropischen tertiären Tiefenverwitterung waren in den untersuchten Böden nicht zu finden. Die Geländebeobachtung einer starken Bleichung der in den Subsequenzzonen anstehenden Sedimentgesteine des Mourzouk- und Djado-Beckens führten zu der Überlegung, daß auch schon im Tertiär eine Grundwasserverwitterung vorzugsweise an den Beckenrändern die auskeilenden Sedimente aufbereitete und für eine nachfolgende Abtragung beweglich machte. Die erforderliche Auffüllung der Aquifers müßte dabei nicht unbedingt ein tropisches Feuchtklima voraussetzen, weil sich der Wasserzuzug über lange Zeit immer wieder summierte und seit dem Jungtertiär auch von dem sich hebenden Tibesti mitgesteuert werden konnte.

Die Air-Böden liegen auf Hängen, Glacis und Rumpfflächen im präkambrischen Grundgebirge. Sie sind viel stärker verwittert, noch siallitisch, reichen aber schon an den allitischen Verwitterungstyp heran. Zwei rote Böden sind lessiviert und wahrscheinlich älter als die rotbraunen Paläosole. Eine Gleichsetzung mit Böden der feuchten Tropen ist aber nicht möglich. Dagegen sprechen auch die hohen Reserven an verwitterbaren Mineralen wie Feldspat, Glimmer und Hornblenden in den B-Horizonten. Über die klimatischen Bildungsbedingungen höherer Flächenstockwerke können keine Aussagen gemacht werden, da die zugehörigen Verwitterungsprodukte nicht gefunden wurden. Lediglich in Depressionen der jurassischen Granit-Ringstruktur des Massif de Tahouadji im Süd-Air war der Zersatz einer Grundwasserverwitterung zu beobachten, welcher heute trocken liegt und durch Prozesse der Mikropedimentation abgetragen wird. Pedimentation hat auch die Basaltdecke über einem alt- bis mittelquartären Grundgebirgs-Rotbraunlehm teilweise ausgeräumt. Entlang breiter Talzüge ist das Gestein aufgeweicht und zermürbt. Generell könnte der Zersatz zusammen mit den Überresten terrestrischer Paläoböden leicht von der Abtragung aufgenommen werden, wenn die aktuelle Geomorphodynamik stärker wäre, und wenn der weitflächig verbreitete Grobschutt nicht Abtragungsschutzfunktion ausüben würde. Die vier untersuchten, sehr wahrscheinlich plio-pleistozänen Böden aus dem Süd-Air könnten ein jährliches Niederschlagsvolumen um 500 mm belegen, ein Sommerregenklima, wie es heute etwa an der Grenze zwischen Dornbusch- und Trockensavanne herrscht.

Im Hoggar-Gebirge konnte auf zahlreiche Untersuchungen besonders der fossilen Atakor-Böden durch andere Autoren zurückgegriffen werden, so daß die eigene Gelände- und Laborarbeit mehr die Böden an der heutigen Landoberfläche berücksichtigte. Die Einarbeitung radiometrischer Datierungen, die stratigraphische Darstellung der Literaturbefunde und die Zuordnung der untersuchten Böden gestattete die Rekonstruktion der Klima- und Bodenentwicklung vom oberen Oligozän ab, eine einmalige Möglichkeit, die in der Sahara sonst nicht mehr gegeben ist. Danach war das Klima im zentralen Hoggar-Massiv vor der Förderung der ältesten miozänen Basalte relativ trocken. Das Miozän ist mit den Sols ferrugineux tropicaux, den feuchtesten Böden des Jungtertiärs und Quartärs überhaupt, zeitweise etwas humider, etwa 600—800 mm im Jahresniederschlag, um dann aber noch im Miozän und vor allem im Pliozän wieder semiarid bis arid zu werden. Die untersuchten Grundgebirgs-Rotlehme, welche in der Literatur manchmal als feucht-tropische Latosole bezeichnet werden, gehören stratigraphisch in das Pliozän und müssen als trockene Rotlehm-Varianten randtropischer Provenienz angesprochen werden. Das Quartär wird durch mehrere mediterrane Basalt-Braunlehme repräsentiert, die im Grundgebirge nicht gefunden werden. Da auch die miozänen Sols ferrugineux tropicaux kein Äquivalent im kristallinen Basement besitzen, muß bereits für das Jungtertiär mit einer lückenhaften Bodenverbreitung gerechnet werden. Überträgt man diese Möglichkeit auf die gesamte Zentralsahara, so wird eine stärkere hygrische Horizontalgliederung des Tertiärklimas sehr wahrscheinlich. Dies ist zu berücksichtigen, wenn man z. B. eine übergreifende Rumpfflächenbildung im Tertiär eng an einen tiefgründigen feucht-tropischen Zersatz koppeln will.

Im Atakor wurden außerdem rote Tonkomplexe beobachtet, die in dem zersetzten Basalt leicht mit intensiv verwitterten Böden verwechselt werden können. Die Laboruntersuchungen zeigten jedoch, daß es sich um sog. vulkanogene Edaphoide handelt, also Produkte rein endogen-hydrothermaler Natur. Da die Existenz solcher Bildungen bisher nicht anerkannt bzw. diskutiert wurde, böte sich eine spezielle Untersuchung an, besonders im Hinblick auf die geomorphologische Wirksamkeit endogener Verwitterung.

Die marine O.Kreide des Plateau du Tademait trägt mäßig entwickelte, kalkreiche Paläoböden, die weitflächig von einer Auflage geschützt werden und die typologisch den Bodenbildungen der nördlich anschließenden Trockenen Subtropen mit ca. 300 mm Jahresniederschlag entsprechen. Dennoch sind sie teilweise recht komplex aufgebaut. Chalcedon und Gips werden als Ausfällungen aus hochstehendem Grundwasser gedeutet. Da detritischer Chalcedon und andere Fremdkomponenten bis tief in die B-Horizonte nachweisbar sind, muß nach der Grundwasserabsenkung noch flächenhafte Materialverlagerung erfolgt sein. In der Literatur werden größere Grobmaterialkonzentrationen in Unterböden beschrieben. Sie könnten Steinsohlen darstellen und mit dem flächenbildenden Prozeß der Pedimentation zusammenhängen. Die Böden besitzen wahrscheinlich pliozänes Alter. Die Grundwasseraustritte um das Plateau du Tademait sprechen für die Beteiligung einer Gesteinsaufbereitung, die an den Rändern artesischer Becken in der Sahara möglicherweise auch die Anlage der Schichtstufen begünstigte. Im Fall des Tademait wird der Grundwasserhaushalt vom Sahara-Atlas ferngesteuert.

Trotz der regionalen Unterschiede und der Bodendifferenzierungen in den einzelnen Arbeitsgebieten wird nach der Klassifizierung der untersuchten Böden in mehreren umfassenden Systemen und nach der stratigraphischen Einstufung folgende Tendenz deutlich: das aus den Paläoböden der zentralen Sahara ableitbare Bildungsklima liegt mindestens seit dem mittleren Tertiär im semiariden Schwankungsbereich. Feuchteinseln mit kräftigerer Bodenbildung können bestanden haben. Im Pliozän gibt es graduelle Unterschiede zwischen dem Aïr- und Hoggar-Gebirge, und das Quartär ist pedologisch nur in Gunsträumen dokumentiert. Auch der bodenstratigraphische Vergleich mit den benachbarten Klimazonen läßt erkennen, daß die Sahara schon sehr lange ein relativ trockenes Klima besitzt.

Die Auffassung eines warm-ariden Klimaganges im Jungtertiär verträgt sich nicht mit der Meinung, wonach die Reliefentwicklung bis an die Grenze zum Quartär unter den Bedingungen der Feuchtsavanne abgelaufen sein soll. Wenn man sich dabei auf die reliefkonformen roten Paläoböden der zentralen Sahara stützte, so wurde das weite klimatische Spektrum roter Subtropen- und Tropenböden nicht hinreichend genug beachtet.

In den Sahara-Böden dokumentiert sich damit ein semiarides bis arides Klima, das schon im Paläogen, vor allem aber während des Jungtertiärs und Quartärs auch die Entwicklung der teilweise altangelegten Reliefelemente geprägt haben muß.

Summary

In this volume the attempt is made to elucidate the landform development of the present hyperarid central Sahara by interpreting soils. Their investigation permits conclusions concerning the landscape-ecologic conditions during the times of soil formation and denudation. Thus the soils as bearers and objects of denudation have been more analysed than the morphodynamic processes and the resulting forms. Since the discussion is currently concentrated on the question whether the present relief configuration of the Sahara is more the result of humid climatic conditions or of long-term semiarid to arid climates, soils gain decisive importance as climatic indicators.

The studied soils are mostly autochthonous, relictic or fossil, and cover different relief elements around the Mourzouk basin, in the Air and Hoggar mountains and on the plateau of Tademait. Laboratory analyses concentrated on the most important features. Special consideration was given to the main elements in the clay fraction and in rocks to compare their geochemical balances. Clay mineral and pedofabric analyses contributed as well to the characterization of the state of soil development.

To achieve a comparative basis for the climato-ecologic interpretation of Saharan paleosols first of all literature concerning weathering, pedogenesis and denudation in Africa north of the equator has been evaluated. In the course of this the planetary sequence of certain taxonomic soil groups becomes obvious. It turns out, however, that the present surface soils are partly very complex and often have a polygenetic development. That must be taken into account in case of following the principle of actualism. As concerns the climatic interpretation of paleosols, there are scarcely any other ways but referring to comparative soils of the adjoining climatic zones.

Then 20 soil profiles of the central Sahara are presented and discussed with regard to their positions, structures and analytical features. A survey of the geologic, geomorphic and pedologic regional literature precedes respectively. The pedologic results and additional field observations in the four working areas permit numerous conclusions about the climato-genetic and geomorphic landform development.

Around the Mourzouk basin all investigated profiles indicate weak siallitic weathering. That corresponds to conditions which have been much more humid than the present but which might have exceeded barely 200 mm of episodic annual precipitation. High erodibility, capture, superficial interference of allochthonous material and serir covering are characteristic. Two paleosols only analytically as multilayered profiles recognized mark one humid period at the transition late Glacial-Holocene and another in the Neolithic with the help of ^{14}C-datings. As well the lowering of the escarpment foreland is verified up to an extent of several decimetres. Two soil profiles upon the plateau surface may be of pre-Quaternary age and turn to a Neogenic red earth because they are a bit more intensely weathered. Residuals of an often postulated humid tropical Tertiary deep-weathering could not be found in the analysed soils. In the sedimentary rocks of the Mourzouk and Djado basin, which outcrop in subsequent zones, strong bleaching was observed; therefore it was concluded that as early as Tertiary ground-water weathering might have treated the sedimentites — especially those thinning out near the rims of the basins — and made them movable for a following denudation. The necessary filling up of the aquifers does not require in any case humid tropical conditions because the water influx has probably summed up again and again during a long period and could also have been controlled by the raising Tibesti since the Neogene.

The Air soils cover slopes, glacis and pediplains in the Precambrian basement. They are much more deeply weathered, still siallitic, but already approach the allitic weathering type.

Two red soils are leached and likely older than the red-brown paleosols. It is not possible, however, to equate them with soils of the wet tropics because, inter alia, there are high reserves of alterable minerals, such as feldspar, mica and hornblende in the B-horizons. What kind of climatic conditions are due to the formation of the higher plains cannot be settled because the corresponding weathering products could not be found. Only in depressions of the Jurassic granite ring-structures of the massif of Tahouadji in the southern Air products of decomposition caused by ground-water weathering were to be seen. These covers lie in drained positions today and are degraded by micro-pedimentation. Processes of pedimentation have also partly removed the basalt sheet over an early to middle Quaternary aged red-brown loam originated on the basement. Along broad valleys the rock has been softened and mellowed. Generally speaking, the products of decomposition together with the relics of the terrestrial paleosols could be easily taken up by denudation, if the present morphodynamics was stronger, and if the widely spread coarse debris did not prevent denudation processes. The four analysed soils of the southern Air are most probably of Plio-Pleistocene age and point to former annual precipitation of about 500 mm, conditions similar to those as we find on the border of thornbush and dry savanna at present.

There are several closer studies by other authors on the Hoggar mountains, especially on fossil paleosols of the Atakor; therefore the field work and laboratory analyses concentrated more on soils originated upon the present landsurface. Radiometric datings, the stratigraphic presentation of literary results and my own investigations allowed the reconstruction of climate and soil genesis since the upper Oligocene — a chance nowhere else given in the Sahara. The findings show that there were relatively arid conditions in the central Hoggar before the effusion of the oldest Miocene basalts. The Miocene with its Sols ferrugineux tropicaux, the most humid soils in the Neogene and Quaternary, was temporarily more humid. The annual precipitation might have ranged about 600—800 mm. Towards the end of the Miocene and during the Pliocene semiarid to arid conditions dominated again. The analysed basement red loams — characterized by some authors as humid tropical latosols — stratigraphically belong to the Pliocene, and have to be interpreted as dry red loam variants of the peritropics. The Quaternary Age is represented by several Mediterranean (basalt) brown loams which could not be found on the basement. Nor do the Miocene Sols ferrugineux tropicaux have any equivalents on the crystalline basement; so we have to infer a partial spreading of soils since the Miocene. Transferring this idea to the entire central Sahara a stronger hygric horizontal subdivision of the Tertiary climate becomes very probable. That ought to be taken into consideration when explaining a widespread Tertiary planation surface in dependency on a deep humid tropical decomposition sphere.

In the Atakor moreover red clay complexes were observed which may be easily mixed up in the decomposed basalt with intensely weathered soils. Laboratory analyses revealed, however, that those are so-called vulcanogenic edaphoids, merely endogenous hydrothermal products. As the existence of such formations has not been accepted or discussed up to now, detailed studies would be useful, in particular with regard to the geomorphic influence of endogenous weathering.

The marine upper Cretaceous of the plateau of Tademait carries moderately developed, lime-rich paleosols which are mostly protected by a debris covering. Typologically they correspond to the soils of the northerly adjoining arid subtropics with about 300 mm precipitation per year. Nevertheless they are sometimes rather complex formations. Chalcedony and gypsum are interpreted as chemical precipitations of a former high ground-water level. Since detrital chalcedony and other foreign components are traceable deep into the B-horizons, superficial displacement of substance must have occurred still after the lowering of the ground-water surface. Concentrations of coarse material in subsoils are described in literature. They might be stone lines and connected with the process of pedimentation. The soils are probably Pliocene. Ground-water discharges around the plateau of Tademait indicate a rock decomposition that might have supported the development of escarpments at the rims of artesian basins in the Sahara. In case of the Tademait the ground-water resources are remote-controlled by the Sahara-Atlas.

Despite the regional differences and the variety of soils in the study areas, after the soil classification in several comprehensive systems and the stratigraphic classification the following tendency becomes apparent: deduced from the paleosols the climate of the central Sahara has ranged within the semiarid spectrum at least since the middle Tertiary. Limited areas with more intense soil formation might have existed. During the Pliocene there were gradual differences between the Air and the Hoggar mountains; the Quaternary Age is pedologically documented only in favoured regions. The soil stratigraphic comparison with the adjoining climatic zones also supported the view that the climate of the Sahara has already been relatively arid for a long time.

Thus there is a contradiction between this view and the assumption of other researchers that relief development in the Sahara occurred under conditions of the wet savanna up to the Quaternary. As those for their part also refer to the red, relief-conformable paleosols of the central Sahara, one has to remark that the wide climatic spectrum of red subtropic and tropic soils has not been paid enough attention to.

To sum up the Saharan soils document semiarid to arid conditions which must have controlled the development of partly old relief elements as early as Paleogene, but in particular during the Neogene and the Quaternary Age.

Résumé

En interprétant des sols ce travail essaie de clarifier le développement des formes du relief au Sahara central, une région actuellement hyperaride. L'analyse des sols permet des conclusions sur les conditions écologiques pendant la formation des sols comme pendant leur dénudation. Ainsi l'accent est-il mis plutôt sur les sols comme des agents et des objets de la dénudation que sur les processus morphodynamiques et les formes qui en résultent. Comme la discussion actuelle est concentrée sur la question de savoir si la configuration du relief présent du Sahara est plutôt le résultat des conditions humides ou des conditions semiarides à arides de longue durée, les sols sont de première importance comme indicateurs climatiques.

Pour la plupart les sols étudiés sont en positions autochthones; ils sont reliques ou fossiles et couvrent de divers éléments de relief à la bordure du bassin de Mourzouk, dans les massifs de l'Air et du Hoggar et sur le plateau du Tademait. Les études analytiques s'étendaient aux critères les plus importants, dont on a bien tenu compte des éléments principaux de la fraction argileuse et des roches, pour comparer leurs bilans géochimiques. Les analyses des minéraux argileux et celles de la structure des sols ont également contribué à la caractérisation de l'état du développement pédologique.

L'étude de la littérature sur l'altération, la pédogenèse et la dénudation en Afrique septentrionale fournissent une base de comparaison pour interpréter les paléosols sahariens climato-écologiquement. Au cours de ces études une séquence planétaire de certains sols taxonomiques devient évidente, mais cela montre aussi que les sols de la surface récente sont partiellement des formations très complexes et ont souvent subis un développement polygénétique. Il faut en faire la part en suivant le principe de l'actualisme. En outre, quant à l'interprétation climatique des paléosols, il n'y a guère d'autres possibilités que de consulter des objets comparables des zones climatiques avoisinantes.

Après cela 20 profils du Sahara sont exposés à l'égard de leur position, leur structure et leur caractère analytique. A ceci précède respectivement un sommaire de la littérature régionale concernant la géologie, la géomorphologie et la pédologie. Les résultats pédologiques et des observations supplémentaires dans les quatre régions étudiées permettent de nombreuses conclusions sur le développement climato-génétique et géomorphologique du relief.

A la bordure du bassin de Mourzouk tous les profils étudiés ne montrent qu'une altération faible siallitique, qui témoigne des conditions plus humides qu'aujourd'hui, mais où les précipitations épisodiques ne dépassent vraisemblablement pas plus de 200 mm par an. Haute érodibilité, dégradation des surfaces, immixtion superficielle des matériaux allochthones et couverture de serir sont des marques caractéristiques. Deux paléosols, seulement aperçus du point de vue analytique comme des profils à plusieurs strates, prouvent par des datations C-14 une première période humide à la transition du Tardiglaciaire à l'Holocène et une autre au Néolithique. De même, on peut démontrer une dégradation de plusieurs décimètres de la surface au pied de la falaise. A cause de leur altération un peu plus forte deux profils sur le plateau pourraient être pré-quaternaires et faire une transition à un sol rouge d'origine tertiaire supérieur. Ce que l'on n'a pas trouvé dans les sols étudiés, ce sont des restes d'une décomposition chimique profonde, témoins d'un climat tropical humide souvent demandé. Les roches sédimentaires des bassins de Mourzouk et de Djado, étant en place aux zones subséquentes, sont fortement décolorées. Il faut en conclure que déjà au Tertiaire une altération causée par des eaux souterraines traitait les roches — particulièrement celles qui finissent en coin aux bords des bassins — et les rendait disponibles à une dénudation suivante. En ce cas l'alimentation nécessaire des aquifères ne demande pas vraiment de conditions tropicales humides parce que l'afflux d'eau s'accumulait continuellement et parce qu'il pouvait être contrôlé en plus par la montée du Tibesti dès le Tertiaire supérieur.

Les sols de l'Air couvrent des versants, des glacis et des pédiplaines au socle cristallin précambrien. Ils sont décomposés beaucoup plus profondément, encore siallitiques, mais ils s'approchent déjà du type d'altération allitique. Deux sols rouges sont lessivés et vraisemblablement plus âgés que les paléosols rouge-bruns. Pourtant c'est impossible de les comparer aux sols qui se sont développés dans les régions tropicales humides parce qu'il y a, entre autres choses, de grandes réserves de minéraux instables, comme feldspath, mica et amphibole aux B-horizons. Il est impossible de dire quelque chose sur les conditions climatiques pendant la formation des plaines plus hautes parce qu'on n'a pas trouvé les produits d'altération correspondants. Seulement dans les dépressions des structures annulaires d'âge jurassien du massif de Tahouadji au sud de l'Air on observait des produits d'altération qui furent causés par l'eau souterraine. Ces altérites se trouvent aujourd'hui aux positions drainées et elles sont dégradées par des processus de micropédimentation. La pédimentation écartait de même partiellement la nappe basaltique sur une argile rouge-brune développée sur le socle cristallin pendant la période du Quaternaire inférieur et moyen. Le long de larges vallées, la roche est désagrégée et pourrie. Généralement, les produits d'altération et les résidus des paléosols terrestres pourraient être soulevés facilement par la dénudation si la morphodynamique actuelle était plus forte et si les débris très répandus ne l'en empêchaient pas. Les quatre sols étudiés au sud de l'Air sont probablement d'âge plio-pléistocène et peuvent indiquer des précipitations annuelles d'environ 500 mm, des conditions similaires à celles que l'on trouve actuellement au lisière de savane sahelienne et soudanienne.

En ce qui concerne le Hoggar, il y a plusieurs études détaillées par d'autres auteurs, en particulier sur des paléosols de l'Atakor; c'est pourquoi mes propres travaux en terrain et les études analytiques sont concentrés plutôt sur les sols développés au-dessus de la surface actuelle. Des datations radiométriques, la présentation stratigraphique des résultats tirés de la littérature et mes propres recherches permettent une reconstruction du paléoclimat et de la genèse des sols à partir de l'Oligocène supérieur — une occasion unique au Sahara. Selon cela le climat état relativement aride au Hoggar central avant l'effusion des basaltes miocènes le plus âgés. Pendant le Miocène avec ses sols ferrugineux tropicaux, qui sont les sols les plus humides du Tertiaire supérieur et du Quaternaire, il y avait des périodes climatiques plus humides. A cette époque les précipitations pouvaient atteindre 600 à 800 mm par an. Vers la fin du Miocène et pendant le Pliocène des conditions semiarides à arides étaient de nouveau dominantes. Les sols rouges développés sur le socle cristallin — caractérisés par certains auteurs comme des latosols tropicaux humides — appartiennent stratigraphiquement au Pliocène. Il faut les interpréter comme des variantes des sols rouges du régime à saison sèche. Le Quaternaire est représenté par plusieurs sols basaltiques bruns de type méditerranéen que l'on ne trouve pas sur le socle cristallin. Les sols ferrugineux tropicaux miocènes n'ont pas non plus d'équivalents sur le socle cristallin. On peut en déduire une répartition des sols seulement partielle à partir du Miocène. En transférant cette idée sur tout le Sahara central, une division horizontale plus hygrique du climat tertiaire devient très vraisemblable. C'est à prendre en considération en expliquant la formation d'une surface d'érosion répandue pendant le Tertiaire liée à une altération profonde tropicale humide.

Dans le massif de l'Atakor, il y a de plus quelques complexes d'argile rouge sur le basalte décomposé qu'on peut facilement confondre avec des sols très altérés. Cependant, les résultats d'analyses montrent qu'il s'agit des édaphoids vulcanogénétiques, des produits d'une origine parfaitement endogène-hydrothermale. Comme l'existence de telles formations n'est pas acceptée ou discutée jusqu'à présent, des études plus détaillées seraient utiles, particulièrement à l'égard de l'influence morphologique d'une altération endogène.

Le crétacé supérieur marin du plateau du Tademait soutient des paléosols modérément évolués et riches en chaux qui sont préservés pour la plupart par une couverture de débris. Typologiquement ils correspondent aux sols des régions subtropicales arides qui suivent au nord où il y a d'environ 300 mm de précipitations annuelles. Néanmoins il s'agit en partie des formations assez complexes. Le chalcedon et le gypse sont interprétés comme des précipitations chimiques d'une haute nappe phréatique ancienne. Lorsqu'on peut déceler le chalcedon détritique et d'autres composantes allochthones au fond des B-horizons, un déplacement des matériaux dans l'étendue doit encore avoir eu lieu même après l'abaissement de la nappe phréatique. La concentration des matériaux grossiers en bas des coupes est décrite par plusieurs auteurs. En ce cas il pourrait s'agir des débris résiduels liés aux processus de la pédimentation. Les sols sont probablement d'âge pliocène. Les affleurements des aquifères à l'entour du plateau du Tademait indiquent une décomposition des roches qui probablement favorisait le développement des falaises aux bords des bassins artésiens au Sahara. Dans le cas du Tademait les ressources d'eau souterraine sont contrôlées à distance par l'Atlas Saharien.

Enfin, malgré des différences régionales et malgré la diversité des sols dans les régions étudiées, d'après l'insertion dans plusieurs systèmes de classification des sols complets et d'après une classification stratigraphique, la tendance suivante devient évidente: déduit des paléosols, le climat du Sahara central a varié en dedans du spectre semiaride au moins dès le Tertiaire moyen. Une formation des sols plus humides peut avoir existé dans des régions isolées. Pendant le Pliocène il y avait des différences graduelles entre les massifs de l'Air et du Hoggar. Des témoins pédologiques du Quaternaire n'existent que dans les régions favorisées. La comparaison stratigraphique des sols sahariens avec ceux des zones climatiques avoisinantes soutient aussi l'opinion qu'il y a déjà longtemps que le climat du Sahara est relativement aride.

Par conséquent il existe une contradiction entre cet avis et l'opinion d'autres chercheurs qui estiment le développement du relief du Sahara s'étant passé sous des conditions de la savane guinéenne jusqu'au début du Quaternaire. Tant qu'ils se réfèrent de même aux paléosols du Sahara central, rouges et conformes au relief, il faut remarquer qu'on ne fait pas assez attention au grand spectre climatique des sols rouges des régions subtropicales et tropicales.

En résumé, les sols sahariens documentent des conditions semiarides à arides qui doivent avoir déterminé le développement du relief, dont les éléments sont partiellement anciens, déjà pendant le Paléogène, mais surtout pendant le Tertiaire supérieur et le Quaternaire.

8 Quellenverzeichnis

8.1 *Literatur*

Abdelgawad, G., Page, A. & Lund, L. (1974): Chemical and Mineralogical Properties of Kufra Sahara Soils. — Libyan J. Agric. **3**: 1—6.

Abdelgawad, G., Rahoma, E. & Bausch, W. M. (1980): Mineralogical Properties of the Clay Fraction of the Saharan Sarir Soils and Sediments — A Preliminary Study. — In Salem, M. J. & Busrewil, M. T. (ed.): The Geology of Libya, vol. III: 1007—1011, London.

Ahn, P. M. (1970): West African Soils. — Oxford.

Arambourg, C. (1963): Continental Vertebrate Faunas of the Tertiary of North Africa. — In Howell, F. C. & Bourlière, F. (ed.), African Ecology and Human Evolution, S. 55—64, Chicago.

Arbeitsgruppe Bodenkunde (1982): Bodenkundliche Kartieranleitung. — Hannover.

Atkinson, K. & Waugh, B. (1979): Morphology and Mineralogy of Red Desert Soils in the Libyan Sahara. — Earth Surface Processes **4**: 103—115.

Bakker, J. P. (1966): Paläogeographische Betrachtungen auf Grund von fossilen Verwitterungserscheinungen und Sedimenten in Wüsten und Steppen im Bereich des Mittelmeergebietes. — Nova Acta Leopoldina **31**: 45—66.

Ballais, J. L. (1973): Les inondations de 1969 en Tunisie meridionale. — Bull. Soc. Hist. nat. Afr. Nord. **64**: 99—127.

Barbier, R. (1967): Nouvelles réflexions sur le problème des „pains de sucre“ à propos d'observations dans le Tassili N'Ajjer (Algérie). — Trav. Lab. Géol. Grenoble **43**: 15—21.

Bardossy, G. (1981): Paleoenvironments of laterites and lateritic bauxites — effect of global tectonism on bauxite formation. — In: Proceedings of the International Seminar on Lateritisation Processes (Trivandrum, India 11—14 December, 1979), Rotterdam, S. 287—294.

Barth, H. K. (1982): Accelerated erosion of fossil dunes in the Gourma region (Mali) as a manifestation of desertification. — Catena Suppl. **1**: 211—219.

Barth, H. K. & Blume, H. (1975): Die Schichtstufen in der Umrahmung des Murzuk-Beckens (libysche Zentralsahara). — Z. Geomorph. N. F., Suppl. **23**: 118—129.

Beaudet, G., Coque, R., Michel, P. & Rognon, P. (1977): Altérations tropicales et accumulations ferrugineuses entre la vallée du Niger et les massifs centraux sahariens (Air et Hoggar). — Z. Geomorph. N. F. **21**: 297—322.

Beaudou, A., Chatelin, Y., Collinet, J., Martin, D. & Sala, G.-H. (1977): Notes sur la micromorphologie de certains sols ferrallitiques jaunes de régions équatoriales d'Afrique. — Cah. ORSTOM sér. Pédol. **15**: 361—379.

Beaudou, A. & Chatelin, Y. (1979): La pédoplasmation dans certains sols ferrallitiques rouges de savane en Afrique Centrale. — Cah. ORSTOM sér. Pédol. **17**: 3—8.

Becker, R. E. (1979): Die tertiäre und quartäre Entwicklung im Bereich der Kufrah-Oasen (Zentrale Sahara) unter besonderer Berücksichtigung aktualistischer Vorgänge. — Geol. Rdsch. **68**: 584—621.

Beckmann, H., Scharpenseel, H. W. & Stephan, S. (1972): Profilstudien an tunesischen Böden. I. Beschreibung und Analyse. — Fortschr. Geol. Rheinld. u. Westf. **21**: 65—82.

Beese, F., Ehlers, W. & Hugenroth, P. (1974): Eine Sequenz roter und schwarzer Böden in Karamoja, Uganda: I. Morphologie und chemische Zusammensetzung der Böden in Beziehung zu ihrer Genese. — Mitteilgn. Dtsch. Bodenkundl. Gesellsch. **20**: 131—141.

Bertouille, H., Coutard, J. P., Soleilhavoup, F. & Pellerin, J. (1979): Les galets fissurés. Etude de la fissuration des galets sahariens. Comparaison avec des galets issus des diverses zones climatiques. — Rev. Geomorph. Dyn. **28**: 33—48.

Beuf, S., Biju-Duval, B., Stevaux, J. & Kulbicki, G. (1966): Ampleur des glaciations „siluriennes“ au Sahara: leurs influences et leurs conséquences sur la sédimentation. — Rev. Inst. Franc. du Pétrol **21**: 363—381.

Beuf, S., Biju-Duval, B., Charpal, O. de, Rognon, P., Gariel, O. & Bennacef, A. (1971): Les grès du Paléozoique inférieur au Sahara. Sédimentation et discontinuités. Évolution structurale d'un craton. — Publ. de l'Inst. Fr. du Pétrole, Collection Technip **18**.

Bigarella, J. J. (1972): Continental drift and paleocurrent analysis (A comparison between Africa and South America). — Bol. Paran. Geoci. **30**: 73—97.

Birot, P., Capot-Rey, R. & Dresch, J. (1955): Recherches morphologiques dans le Sahara central. — Trav. Inst. Rech. Sahar. **13**: 13—74.

Black, R. & Girod, M. (1970): Late Palaeozoic to Recent igneous activity in West Africa and its relationship to basement structure. — In Clifford, T. N. & Gass, I. G. (ed.): African Magmatism and Tectonics, S. 185—210, Edinburgh.

Black, R., Jaujou, M. & Pellaton, C. (1967): Notice explicative sur la carte géologique de l'Air à l'échelle du 1 / 500 000. — Éditions du B.R.G.M., Paris.

Blaise, J. (1967): Le Précambrien du Tazat. Sa place dans les structures du Hoggar oriental (Sahara central). — C.N.R.S., sér. géol. **7**.

Blume, H.-P. & Petermann, Th. (1979): Yermosol-Solonchak-Bodenschaft des Fezzan. I. Genese und Ökologie. — Mitteilgn. Dtsch. Bodenkundl. Gesellsch. **29**: 799—810.

Blume, H.-P. & Röper, H.-P. (1974): Zur Genese lateritischer Roterden. — Mitteilgn. Dtsch. Bodenkundl. Gesellsch. **20**: 80—86.

Bocquier, G. (1973): Genèse et évolution de deux toposéquences des sols tropicaux du Tchad. Interprétation biogéodynamique. — Mém. ORSTOM **62**.

Bocquier, G., Rognon, P., Paquet, H. & Millot, G. (1977): Géochimie de la surface et formes du relief. II. Interprétation pédologique des dépressions annulaires entourant certains inselbergs. — Sci. Géol. Bull. **30**: 245—253.

Boissonnas, J. (1973): Les granites a structures concentriques et quelques autres granites tardifs de la chaine pan-africaine en Ahaggar (Sahara central, Algérie). — Centre de Rech. sur les Zones Arides, sér. géol. **16**.

Bordet, P. (1952): Les appareils volcaniques récents de l'Ahaggar. — XIXème Congr. géol. inter., Monogr. région., 1re Serie, **11**.

Bos, R. H. G. (1971): Quaternary Evolution of a Mountainous Area in N. W. Tunisia — a Geomorphological and Pedological Analysis. — Publ. Fys. Geogr. Bodemk. Lab. Univ. Amsterdam **19**.

Boudouresque, E. & Schulz, E. (1981): The flora and vegetation of NE Niger (Djado, Kaouar and Ténéré). — Willdenowia **11**: 363—394.

Boulet, R. (1978): Toposequences de sols tropicaux en Haute-Volta. Équilibre et déséquilibre pédobioclimatique. — Mém. ORSTOM **85**.

Boulvert, Y. (1968): Quelques aspects de l'influence de la topographie et du matériau originel sur la répartition de sols ferrallitiques, sols ferrugineux tropicaux et vertisols dans la région de Bossangoa au Nord-quest de la République Centrafricaine. — Cah. ORSTOM sér. Pédol. **6**: 259—275.

Bourcart, J. (1928): Une carte de reconnaissance du sommet de l'Ahaggar (Sahara central). — Rev. Géogr. Phys. Géol. Dyn. 1928: 121—139.

Bourgeat, F., Sourdat, M. & Tricart, J. (1979): Pedogenèse et morphogenèse d'après des examples à Madagascar (1). — Mad. Rev. de Géo. **35**: 9—54.

Bout, P. (1953): Études de géomorphologie dynamique en Islande. — Expéditions polaires françaises, Missions Paul-Emile Victor III.

Bowman, D. (1982): Iron coating in recent terrace sequences under extremely arid conditions. — Catena **9**: 353—359.

Boyé, M. & Fritsch, P. (1973): Dégagement artificiel d'un dome cristallin au Sud-Cameroun. — Trav. et doc. géogr. tropical **8**: 31—63.

Boyé, M. & Seurin, M. (1973): Les modalités de l'altération à la carrière d'Ebaka (Sud-Cameroun). — Trav. et doc. géogr. tropical **8**: 65—95.

Brechtel, R. & Rohmer, W. (1980): Afrika-Kartenwerk, Beiheft N4. Bodenkunde-Nordafrika (Tunesien, Algerien) 32° — 37° 30 N, 6° — 12° E. Bodenkunde. — Berlin - Stuttgart.
Brewer, R. (1976): Fabric and Mineral Analysis of Soils. — New York.
Briem, E. (1977): Beiträge zur Genese und Morphodynamik des ariden Formenschatzes unter besonderer Berücksichtigung des Problems der Flächenbildung (aufgezeigt am Beispiel der Sandschwemmebenen in der östlichen zentralen Sahara). — Berliner Geogr. Abh. **26**.
Brunnacker, K. (1964): Über Ablauf und Altersstellung altquartärer Verschüttungen im Maintal und nächst dem Donautal bei Regensburg. — Eisz. u. Geg. **15**: 72—80.
— (1979): Zur Bodengeschichte des Jungquartärs im mediterranen Raum. — Z. Geomorph. N.F., Suppl. **33**: 109—117.
— (1980): Young Pleistocene loess as an indicator for the climate in the Mediterranean area. — Palaeoecology of Africa **12**: 99—113.
Brunner, H. (1969): Verwitterungstypen auf den Granitgneisen (Peninsular Gneis) des östlichen Mysore-Plateaus (Südindien). — Pet. Geogr. Mitt. **113**: 241—248.
— (1970): Pleistozäne Klimaschwankungen im Bereich des östlichen Mysore-Plateaus (Südindien). — Geologie **19**: 72—82.
Buchanan, F. (1807): A journey from Madras through the countries of Mysore, Canara, and Malabar. — London.
Buckle, C. (1978): Landforms in Africa. An Introduction to Geomorphology. — London.
Büdel, J. (1952): Bericht über klima-morphologische und Eiszeit-Forschungen in Nieder-Afrika auf Grund einer Forschungsreise 1950/51. — Erdkunde **6**: 104—132.
— (1955): Reliefgenerationen und plio-pleistozäner Klimawandel im Hoggar-Gebirge (Zentrale Sahara). — Erdkunde **9**: 100—115.
— (1957): Die „Doppelten Einebnungsflächen" in den feuchten Tropen. — Z. Geomorph. N.F. **1**: 201—228.
— (1963): Die pliozänen und quartären Pluvialzeiten der Sahara. — Eisz. u. Geg. **14**: 161—187.
— (1965): Die Relieftypen der Flächenspülzone Süd-Indiens am Ostabfall Dekans gegen Madras. — Coll. Geogr. **8**.
— (1969): Das System der klima-genetischen Geomorphologie. — Erdkunde **23**: 165—183.
— (1969a): Der Eisrindeneffekt als Motor der Tiefenerosion in der exzessiven Talbildungszone. — Würzb. Geogr. Arb. **25**.
— (1971): Das natürliche System der Geomorphologie, mit kritischen Gängen zum Formenschatz der Tropen. — Würzb. Geogr. Arb. **34**.
— (1975): Das Relief der Sahara zwischen Anti-Atlas und Hoggar-Gebirge. — Würzb. Geogr. Arb. **43**: 66—78.
— (1977): Klima-Geomorphologie. — Berlin - Stuttgart.
— (1978): Das Inselberg-Rumpfflächenrelief der heutigen Tropen und das Schicksal seiner fossilen Altformen in anderen Klimazonen. — Z. Geomorph. N.F., Suppl. **31**: 79—110.
— (1981): Die großen Prozeßgefüge und die Haupttypen subaerischer Reliefbildung. — Z. Geomorph. N.F., Suppl. **39**: 51—57.
Buringh, P. (1979): Introduction to the study of soils in the tropical and subtropical regions. — Wageningen.
Busche, D. (1972): Untersuchungen zur Pedimententwicklung im Tibesti-Gebirge (République du Tchad). — Z. Geomorph. N.F., Suppl. **15**: 21—38.
— (1973): Die Entstehung von Pedimenten und ihre Überformung, untersucht an Beispielen aus dem Tibesti-Gebirge, République du Tchad. — Berliner Geogr. Abh. **18**.
— (1982): Die geomorphologische Entwicklung des westlichen Murzuk-Beckens, des Djado-Plateaus und des nördlichen Kaouar (Zentrale Sahara). — Habil.-Schrift Würzburg.
— (1983): Silcrete in der zentralen Sahara (Murzuk-Becken, Djado-Plateau und Kaouar; Süd-Libyen und Nord-Niger). — Z. Geomorph. N.F., Suppl. **48**: 35—49.
Busche, D., Grunert, J. & Hagendorn, H. (1979): Der westliche Schichtstufenrand des Murzuk-Beckens (Zentral-Sahara) als Beispiel für das Gefügemuster des ariden Formenschatzes. — Festschr. 42. Dt. Geogr.-Tag Göttingen 1979, S. 43—63.
Busche, D., Grunert, J., Schulz, E. & Skowronek, A. (1979): Erste Radiocarbondaten aus dem Vorland des Messak Mellet und Plateau du Mangueni, Zentral-Sahara. — Würzb. Geogr. Arb. **49**: 183—198.

Capot-Rey, R. (1947): L'Edeyen de Mourzouk. — Trav. Inst. Rech. Sahar. **4**: 67—109.
Chatelin, Y. (1967): Influence des conceptions géomorphologiques et paléoclimatiques sur l'interprétation de la genèse et la classification des sols ferrallitiques d'Afrique centrale et australe. — Cah. ORSTOM sér. Pédol. **5**: 243—255.
— (1972): Les sols ferrallitiques. Tome 1: historique — développement des connaissances et formations des concepts actuels. — Initiations/Documentations techniques **20**.
Chauvel, A. & Pedro, G. (1978): Genèse de sols beiges (ferrugineux tropicaux lessivés) par transformation des sols rouges (ferrallitiques) de Casamance (Sénégal). — Cah. ORSTOM sér. Pédol. **16**: 231—249.
Chavaillon, J. (1964): Étude stratigraphique des formations quaternaires du Sahara nord-occidental (Colomb-Béchar à Reggane). — Centre de Rech. sur les Zones Arides, sér. géol. **5**.
Clemente, L. & Paneque, G. (1974): Propiedades, génesis y classification de suelos de terrazas del valle del Guadalquivir. I. Factores ecológicos y relaciones edafo-geomorfológicas. — Anal. Edaf. y Agrobiol. **33**: 241—258.
Cline, M. G. (1975): Origin of the term Latosol. — Soil Sci. Soc. Amer. Proc. **39**: 162.
Conant, L. C. & Goudarzi, G. H. (1977): Geological map of Libya, 1 : 2 000 000. — Misc. Geological Investigation Map 1-350-A, Geological Survey, Washington, D. C.
Conrad, G. (1969): L'évolution continentale post-hercynienne du Sahara Algérien (Saoura, Erg Chech-Tanezrouft, Ahnet-Mouydir). — C. N. R. S., Paris.
Conrad, G., Gèze, B. & Paloc, H. (1967): Observations sur des phénomènes karstiques et pseudokarstiques du Sahara. — Rev. Géogr. Phys. Géol. Dyn. **9**: 357—370.
Correns, C. W. (1962): Beobachtungen über die Bildung und Umbildung von Tonmineralen bei der Zersetzung von Basalten. — Coll. int. C. N. R. S. **105**: 109—116.

Daveau, S. (1964): Faconnement des versants de l'Adrar Mauretanien. — Z. Geomorph. N.F., Suppl. **5**: 119—130.
Delibrias, G., Hugot, H. & Quezel, P. (1957): Trois datations de sédiments sahariens récents par le radio-carbone. — Libyca. Alger. **5**: 267—270.
Dewolf, Y., Joly, F., Raynal, G. & Rougerie, G. (1972): Premières observations sur une traversée du Sahara Central. — Bull. A. G. F. **399**: 191—211.
Dewolf, Y., Dresch, J., Joly, F. & Raynal, R. (1976): Cuirasses et ocres du Mouydir (Sahara central). Genèse et signification. — Z. Geomorph. N.F. **20**: 468—475.
D'Hoore, J. L. (1964): Soil Map of Africa Scale 1 to 5 000 000. Explanatory Monograph. — C.C.T.A. Publication **93**.
Didier de Saint-Amand, R. (1969): Le Continental Terminal et son influence sur la formation des sols au Niger. — Cah. ORSTOM sér. Pédol. **7**: 561—584.
Diester-Haass, L. (1975): Sedimentation and climate in the Late Quaternary between Senegal and the Cape Verde Islands. — „Meteor" Forsch.-Ergebnisse, Reihe C, **20**: 1—32.
— (1979): DSDP Site 397: Climatological, sedimentological, and oceanographic changes in the Neogene autochthonous sequence. — Initial Reports of the Deep Sea Drilling Project, **47**: 647—670.
Diester-Haass, L. & Chamley, H. (1978): Neogene paleoenvironment off NW Africa based on sediments from DSDP Leg 14. — J. Sed. Petrol. **48**: 879—896.
Dregne, H. E. (1976): Soils of Arid Regions. — Developments in Soil Science **6**.
Dresch, M. J. (1959): Notes sur la géomorphologie de l'Air. — Bull. A. G. F. **280—281**: 2—20.
Dubief, J. (1959, 1963): Le climat du Sahara. — Mém. Inst. Rech. Sahar. **1, 2.**
Duchaufour, Ph. & Souchier, B. (1977): Pédologie, 1. Pédogenèse et classification. — Paris.
Durand, A., Lang, J., Morel, A. & Roset, J.-P. (1983): Évolution géomorphologique, stratigraphique et paléoclimatique au Pléistocène supérieur et à l'Holocène de l'Air oriental (Sahara méridional, Niger). — Rev. Géol. Dyn. Géogr. Phys. **24**: 47—59.
Durand, J. H. (1959): Les sols rouges et les croûtes en Algérie. — Serv. des Etudes Scien., Birmandreis.
Durand, J. H. & Dutil, P. (1958): Présence de latérite fossile au Hoggar. — Bull. Soc. d'Hist. Nat. de l'A. F. N. **49**: 21—22.
Dutil, P. (1959): Sur la présence de deux niveaux quaternaires dans le massif central du Sahara (Hoggar). — C. R. somm. S. G. F., S. 199—200.
— (1964): La pédogenèse dans le désert saharien. — Trans. 8th Intern. Congr. Soil Sci., S. 283—288.
— (1971): Contribution à l'étude des sols et des paléosols du Sahara. — Thèse Strasbourg.

Ehlers, W. & Beese, F. (1974): Eine Sequenz roter und schwarzer Böden in Karamoja, Uganda: III. Physikalische und chemische Eigenschaften. — Mitteilgn. Dtsch. Bodenkundl. Gesellsch. **20**: 150—157.

Ehrlichmann, F. J. & Dongus, H. (1981): Das Klima des Tertiärs in Süddeutschland nach paläobotanischen Befunden. — Ber. z. dt. Landeskunde **55**: 67—82.

Ergenzinger, P. (1978): Das Gebiet des Enneri Misky im Tibesti-Gebirge, République du Tchad. Erläuterungen zu einer geomorphologischen Karte 1 : 200 000. — Berliner Geogr. Abh. **23**.

Eswaran, H. (1972): Micromorphological indicators of pedogenesis in some tropical soils derived from basalt from Nicaragua. — Geoderma **7**: 15—31.

Fabriès, J. & Rocci, G. (1965): Le massif granitique du Tarraouadji (République du Niger). Étude et signification pétrogénétique des principaux minéraux. — Bull. Soc. franc. Minér. Crist. **88**: 319—340.

FAO-Unesco (1973): Soil map of the world 1 : 5 000 000 sheet VI-1. — Paris.

— (1974): Soil map of the world 1 : 5 000 000. Volume I Legend. — Paris.

Faure, H. (1965): Inventaire des évaporites du Niger (Mission 1963). — Rap. B. R. G. M., Dakar.

— (1966): Reconnaissance géologique des formations sédimentaires post-paléozoiques du Niger oriental. — Mém. B. R. G. M. **47**.

Felix-Henningsen, P. (1983): Zur Genese und Vergesellschaftung von Böden auf den Altdünen der nördlichen Goz-Region im Sudan. — Mitteilgn. Dtsch. Bodenkundl. Gesellsch. **38**: 485—490.

Follot, J. (1952): Ahnet et Mouydir. — XIXème Congr. géol. inter., Monogr. région., 1re Série, **1**.

Fölster, H. (1964): Die Pedi-Sedimente der südsudanesischen Pediplane, Herkunft und Bodenbildung. — Pedologie **14**: 64—84.

— (1964a): Morphogenese der südsudanesischen Pediplane. — Z. Geomorph. N.F. **8**: 393—423.

— (1969): Slope Development in SW-Nigeria During Late Pleistocene and Holocene. — Göttinger Bodenkundl. Ber. **10**: 3—56.

— (1971): Ferrallitische Böden aus sauren metamorphen Gesteinen in den feuchten und wechselfeuchten Tropen Afrikas. — Göttinger Bodenkundl. Ber. **20**.

— (1979): Holozäne Umlagerung pedogenen Materials und ihre Bedeutung für fersiallitische Bodendecken. — Z. Geomorph. N.F., Suppl. **33**: 38—45.

— (1983): Bodenkunde - Westafrika (Nigeria, Kamerun) 4° — 8° N, 3° 15 — 9° 30 E. Bodengesellschaften. — Berlin - Stuttgart.

Fölster, H. & Kalk, E. (1967): Mineralogische Untersuchungen an tiefgründigen Verwitterungsdecken mit Hinweisen auf das unterschiedliche Verhalten von Feldspäten und Phyllosilikaten bei tiefgründiger und oberflächennaher Verwitterung. — Chemie der Erde **26**: 188—218.

Fölster, H. & Ladeinde, T. A. O. (1967): The influence of stratification and age of pedisediments on the clay distribution in ferruginous tropical soils. — Pedologie **17**: 212—231.

Fölster, H., Moshrefi, N. & Ojenuga, A. G. (1971): Ferrallitic pedogenesis on metamorphic rocks, SW-Nigeria. — Pedologie **21**: 95—124.

Frakes, L. A. & Kemp, E. M. (1972): Influence of Continental Positions on Early Tertiary Climates. — Nature **240**: 97—100.

Freulon, J.-M. (1964): Étude géologique des séries primaires du Sahara central (Tassili n'Ajjer et Fezzan). — Centre de Rech. sur les Zones Arides, sér. géol. **3**.

Furon, R. (1948): Notes de paléoclimatologie africaine. — C. R. som. séanc. Soc. Biogéogr. **25**: 40—45.

— (1951): Les grandes lignes de la paléogéographie de la Berberie et du Sahara; leur sens biogéographique. — C. R. som. séanc. Soc. Biogéogr. **241**: 46—48.

— (1954): Réflexions sur la paléogéographie, la tectonique et la morphologie de l'Afrique nord-équatoriale. — XIXème Congr. géol. inter., C.R. 19. sess., S. 41—51.

Fürst, M. (1964): Die Oberkreide-Paläozän-Transgression im östlichen Fezzan. — Geol. Rdsch. **54**: 1060—1088.

— (1965): Hammada — Serir — Erg, eine morphogenetische Analyse des nordöstlichen Fezzan (Libyen). — Z. Geomorph. N.F. **9**: 385—421.

— (1966): Bau und Entstehung der Serir Tibesti. — Z. Geomorph. N.F. **10**: 387—418.

— (1968): Die Paläozän-Eozän-Transgression in Südlibyen. — Geol. Rdsch. **58**: 296—313.

— (1970): Beobachtungen an quartären Buntsedimenten der zentralen Sahara. — Abh. hess. L.-Amt Bodenforsch. **56**: 129—150.

Gabriel, B. (1982): Die Sahara im Quartär. Klima-, Landschafts- und Kulturentwicklung. — Geogr. Rdsch. **34**: 262—268.

Gariel, O., Charpal, O. de & Bennacef, A. (1968): Sur la sedimentation des gres du cambro-ordovicien (unite II) dans l'Ahnet et le Mouydir (Sahara central). — Publ. Serv. géol. Algérie (Nlle série) **38**: 7—37.

Gavaud, M. (1968): Les sols bien drainés sur matériaux sableux du Niger. Essai de systématique régionale. — Cah. ORSTOM sér. Pédol. **6**: 277—307.

Gebhardt, H., King, M.-T. & Meyer, B. (1969): Mineralogisch-chemische Untersuchungen zum Prozeß der Rubefizierung in Kalkstein-Rotlehm und fossilem Laterit in Nordhessen. — Göttinger Bodenkundl. Ber. **9**: 65—124.

Gehrenkemper. J. (1978): Rañas und Reliefgenerationen der Montes de Toledo in Zentralspanien. — Berliner Geogr. Abh. **29**.

Gellert, J. (1971): Das System der Entstehung und Gestaltung der Rumpfflächen, Inselberge samt Pedimenten und Rumpftreppen in Afrika. — Pet. Geogr. Mitt. **115**: 173—182.

Gießner, K. (1970): Das Air-Gebirge und seine geomorphologische Differenzierung. — Jb. Geogr. Ges. zu Hannover 1969: 67—109.

— (1977): Hydrometrische Erosionsbestimmung und morphodynamische Prozeßanalyse in Nordafrika. Ein Beitrag zur aktualgeomorphologischen Aussagekraft von Hydrogramm-Analysen. — Mitt. Basler Afrika Bibliogr. **19**: 45—80.

— (1981): Die jungquartäre Klimageschichte der Sahara — Stand und Vergleich der bisherigen Forschungsergebnisse. — Würzb. Geogr. Arb. **53**: 111—127.

Girod, M. (1965): Données pétrographiques sur les basanites à analcim. — Bull. Soc. fr. Min. Cristall. **88**: 58—65.

— (1971): Le massif volcanique de l'Atakor (Hoggar, Sahara algérien). Étude pétrographie, structurale et volcanologique. — C.N.R.S., Paris.

Glaeser, R. (1980): Geochemische und sedimentpetrographische Untersuchungen zur Gliederung paläozoischer und mesozoischer Sedimente aus der zentralen Sahara. — Berliner geowiss. Abh. (A) **21**.

Glennie, K. W. (1970): Desert Sedimentary Environments. — Developments in Sedimentology **14**.

Greigert, J. & Pougnet, R. (1967): Essai de description des formations géologiques de la République du Niger. — Mém. B.R.G.M. **48**, Dakar.

Grunert, J. (1980): Geomorphologische Untersuchungen am West- und Südrand des Murzuk-Beckens (Zentrale Sahara), unter besonderer Berücksichtigung von Rutschungen an Schichtstufenhängen. — Habil.-Schrift Würzburg.

— (1983): Geomorphologie der Schichtstufen am Westrand des Murzuk-Beckens (Zentrale Sahara). — Relief - Boden - Paläoklima **2**.

Haberland, W. (1975): Untersuchungen an Krusten, Wüstenlacken und Polituren auf Gesteinsoberflächen der nördlichen und mittleren Sahara (Libyen und Tchad). — Berliner Geogr. Abh. **21**.

Haberland, W. & Fränzle, O. (1975): Untersuchungen zur Bildung von Verwitterungskrusten auf Sandsteinoberflächen in der nördlichen und mittleren Sahara (Libyen und Tschad). — Würzb. Geogr. Arb. **43**: 148—163.

Hagedorn, H. (1971): Untersuchungen über Relieftypen arider Räume an Beispielen aus dem Tibesti-Gebirge und seiner Umgebung. — Z. Geomorph. N.F., Suppl. **11**.

— (1980): Fluvial processes in the Sahara. — Palaeoecology of Africa **12**: 115—123.

Hanna, F. S. & Beckmann, H. (1975): Clay minerals of some soils of the Nile Valley in Egypt. — Geoderma **14**: 159—170.

Hecht, F., Fürst, M. & Klitzsch, E. (1964): Zur Geologie von Libyen. — Geol. Rdsch. **53**: 413—470.

Hervieu, J. (o.J.): Géographie des sols Malgaches. Essai synthétique.

— (1975): Évolution du milieu naturel en Afrique et à Madagascar. L'interprétation paléoclimatique du quaternaire — Essai de synthèse. — Initiations-Documentations Techniques **26**, ORSTOM, Paris.

Hubert, P. (1970): The soils of Cyrenaica (Libya). — Pedologie **20**: 285—338.

Hugenroth, P., Gebhardt, H. & Beese, F. (1974): Eine Sequenz roter und schwarzer Böden in Karamoja, Uganda: II. Mikromorphologie und Mineralbestand. — Mitteilgn. Dtsch. Bodenkundl. Gesellsch. **20**: 142—149.

Hugenroth, P. & Meyer, B. (1979): Pleistozän-Sedimente und Böden in Tripolitanien und Fezzan. — Mitteilgn. Dtsch. Bodenkundl. Gesellsch. **29**: 827—832.

Jäkel, D. (1980): Current Weathering and Fluvio-Geomorphological Processes in the Area of Jabal as Sawda. — In Salem, M. J. & Busrewil, M. T. (ed.): The Geology of Libya, vol. III: 861—875, London.

— (1982): Bemerkungen zur geologischen Alterseinstufung des Tibesti-Vulkanismus und des „Bardai-Sandsteins" nach Kalium-Argon-Datierungen. — Berliner Geogr. Abh. **32**: 133—142.

Jaritz, G. (1966): Untersuchungen an fossilen Tertiärböden und vulkanogenen Edaphoiden des Westerwaldes. — Diss. Bonn.

Jeje, L. K. (1980): A review of geomorphic evidence for climatic change since Late Pleistocene in the rain-forest areas of southern Nigeria. — Palaeogeogr. Palaeoclimatol. Palaeoecol. **31**: 63—86.

Jones, J. R. (1971): Ground Water Provinces of Libyan Arab Republic. — In Gray, C. (ed.): Symposium on the Geology of Libya, S. 449—457, University of Libya.

Joulia, F. (1959): Les séries primaires au N et NW de l'Air (Sahara central). Discordances observées. — Bull. Soc. géol. Fr. 7. ser. **1**: 192—195.

Kaiser, K.-H. (1972): Der känozoische Vulkanismus im Tibesti-Gebirge. — Berliner Geogr. Abh. **16**: 9—33.

— (1972a): Prozesse und Formen der ariden Verwitterung am Beispiel des Tibesti-Gebirges und seiner Rahmenbereiche. — Berliner Geogr. Abh. **16**: 49—80.

Kallenbach, H. (1972): Beiträge zur Sedimentologie des kontinentalen Mesozoikums am Westrand des Murzukbeckens (Libyen). — Geol. Rdsch. **61**: 302—322.

— (1972a): Petrographie ausgewählter quartärer Lockersedimente und eisenreicher Krusten der libyschen Sahara. — Berliner Geogr. Abh. **16**: 83—93.

Kantor, W. & Schwertmann, U. (1974): Mineralogy and genesis of clays in red-black soil toposequences on basic igneous rocks in Kenya. — J. Soil. Sci. **25**: 67—78.

Kellog, C. E. (1949): Preliminary suggestions for the classification and nomenclature of great soil groups in tropical and equatorial regions. — Commonwealth. Bur. Soil Sci. Tech. Comm. **46**: 76—85.

— (1950): Tropical soils. — Transact. 4th Int. Congr. Soil Sci. **1**: 266—276.

King, L. C. (1967): The morphology of the earth. A study and synthesis of world scenery. — Edinburgh - London.

Klaer, W. (1970): Formen der Granitverwitterung im ganzjährig ariden Gebiet der östlichen Sahara (Tibesti). — Tübinger Geogr. Stud. **34**: 71—78.

Klitzsch, E. (1966): Bericht über starke Niederschläge in der Zentralsahara (Herbst 1963). — Z. Geomorph. N.F. **10**: 161—168.

— (1970): Die Strukturgeschichte der Zentralsahara. Neue Erkenntnisse zum Bau und zur Paläogeographie eines Tafellandes. — Geol. Rdsch. **59**: 459—527.

— (1971): The Structural Development of Parts of North Africa since Cambrian Time. — In Gray, C. (ed.): Symposium on the Geology of Libya, S. 253—262, University of Libya.

— (1974): Bau und Genese der Grarets und Alter des Großreliefs im Nordostfezzan (Südlibyen). — Z. Geomorph. N.F. **18**: 99—116.

Klitzsch, E., Sonntag, Ch., Weistroffer, K. & El Shazly, E. M. (1976): Grundwasser der Zentralsahara: Fossile Vorräte. — Geol. Rdsch. **65**: 264—287.

Knetsch, G. (1955): Über Wüstenverwitterung, Wüsten-Feinrelief und Denkmalzerfall in Ägypten. — N. Jb. Geol. u. Paläontol., Abh. **101**: 227—256.

— (1966): Über Boden- und Grundwasser in der Wüste (am Beispiel westägyptischer Vorkommen). — Nova Acta Leopoldina **31**: 67—88.

Kogbe, C. A. & Dubois, D. (1980): Economic Significance of the „Continental Terminal" (CT). — Geol. Rdsch. **69**: 429—436.

Kress-Voltz, M. (1964): Gefüge- und Strukturuntersuchungen an vulkanogenen Edapoiden. — In Jongerius, A. (ed.): Soil Micromorphology, S. 139—150, Amsterdam.

Kubiena, W. L. (1938): Micropedology. — Ames, Iowa.

— (1943): Gefügeuntersuchungen an tropischen und subtropischen Rotlehmen. — Beitr. z. Kolonialforsch. **3**: 48—58.

Kubiena, W. L. (1948): Entwicklungslehre des Bodens. — Wien.
— (1950): Zur Mikromorphologie der braunen und roten Tropenböden. — Transact. 4th Int. Congr. Soil Sci. **1**: 304—307.
— (1953): Bestimmungsbuch und Systematik der Böden Europas. — Stuttgart.
— (1953a): Pour la reconnaissance des formes d'altération primaire et secondaire dans les sédiments désertiques. — C.R. 19. Sess. Congr. Intern. Géol., Section VII, S. 85—89, Alger 1952.
— (1954): Über Reliktböden in Spanien. — Mitt. Inst. angew. Vegetationskunde **1**: 213—224.
— (1955): Über die Braunlehmrelikte des Atakor (Hoggar-Gebirge, Zentral-Sahara). — Erdkunde **9**: 115—132.
— (1956): Rubefizierung und Laterisierung (zu ihrer Unterscheidung durch mikromorphologische Merkmale). — Transact. 6th Int. Congr. Soil Sci. EV **39**: 247—249.
— (1957): Neue Beiträge zur Kenntnis des planetarischen und hypsometrischen Formenwandels der Böden Afrikas. — Stuttgarter Geogr. Stud. **69**: 50—64.
— (1962): Die Böden des mediterranen Raumes. — Int. Kongr. über Kali/Athen 1.—4.5.1962, S. 167—190.
— (1964): Die Genese lateritischer Profile als bodenkundliches Problem. — Schr. Ges. Dt. Metallhütten u. Bergleute **14**: 79—84.
— (1967): On the hypsometric change of morphology and micromorphology of terrestric soils. — Anal. Edaf. y Agrobiol. **26**: 499—523.
— (1970): Micromorphological Features of Soil Geography. — New Brunswick, N.J.
Kukla, J. (1969): Die zyklische Entwicklung und die absolute Datierung der Löss-Serien. — Periglazialzone, Löss und Paläolithikum der Tschechoslowakei, S. 75—95, Brno.
Kulbicki, G. & Millot, G. (1960): L'évolution de la fraction argileuse des grès pétroliers cambro-ordoviciens du Sahara central. — Bull. Serv. Carte géol. Als. Lorr. **13**: 147—156.
Kulke, H. (1974): Zur Geologie und Mineralogie der Kalk- und Gipskrusten Algeriens. — Geol. Rdsch. **63**: 970—998.

Labib, F. & Sys, C. (1970): Soils on lacustrine and marine deposits in the United Arab Republic. — Pedologie **20**: 381—403.
Lapparent, J. de (1937): Les phénomènes anciens de rubéfaction dans le Sahara central. — C.R. Acad. Sc. Paris **205**: 196—198.
Lelubre, M. (1952): Conditions structurales et formes de relief dans le Sahara. — Trav. Inst. Rech. Sahar. **8**: 189—238.
— (1952a): L'antécambrien de l'Ahaggar (Sahara Central). — XIXème Congr. géol. inter., Monogr. région., 1re Série, **6**.
— (1952b): Recherches sur la géologie de l'Ahaggar central et occidental (Sahara central). — Bull. Serv. Carte géol. Algérie (2e Série), **22**.
— (1955): Généralités sur la structure géologique et la géographie physique du Sahara. — Cah. Ch. de Foucauld (9. Ser.) **38**: 23—33.
Lessard, L. (1962): Les séries primaires des Tassilis Oua-n-Ahaggar au Sud du Hoggar entre l'Air et l'Adrar des Iforas (Sahara méridional). — Bull. Soc. Géol. Fr. **3**: 501—513.
Lévêque, A. (1976): Pédogenèse sur le socle granito-gneissique du Togo. Différenciation des sols et remaniements superficiels. — Cah. ORSTOM sér. Pédol. **14**: 63—72.
— (1977): La fraction granulométrique argileuse. Les caractères essentiels de sa répartition dans les différents sols du socle granito-gneissique au Togo. — Cah. ORSTOM sér. Pédol. **15**: 109—130.
— (1978): Les concentrations du fer dans les sols développés sur le socle granito-gneissique au Togo. — Cah. ORSTOM sér. Pédol. **16**: 3—22.

Maignien, R. (1958): Le cuirassement des sols en Guinée, Afrique occidentale. — Mem. Serv. Carte Géol. d'Alsace et de Lorraine **16**.
Mainguet, M. & Cossus, L. (1980): Sand circulation in the Sahara: Geomorphological relations between the Sahara desert and its margins. — Palaeoecology of Africa **12**: 69—78.
Martin, D. (1967): Géomorphologie et sols ferrallitiques dans le Centre-Cameroun. — Cah. ORSTOM sér. Pédol. **5**: 189—218.
McFarlane, M. J. (1976): Laterite and Landscape. — London - New York - San Francisco.

McGreevy, J. P. (1982): Hydrothermal alteration and earth surface rock weathering: a basalt example. — Earth surface processes and landforms **7**: 189—195.
McKee, E. D. (1962): The Origin of the Nubian and similar Sandstones. — Geol. Rdsch. **52**: 551—587.
Meckelein, W. (1959): Forschungen in der zentralen Sahara. Klimageomorphologie. — Braunschweig.
— (1979): Einige aktuelle Fragen der Saharaforschung. — Innsbrucker Geogr. Stud. **5**: 543—550.
— (1980): Polygenetische Flächenbildung in der Tanezruft (Algerische Sahara). — Verh. Dt. Geographentag **42**: 238—240.
Menchikoff, N. (1957): Les grandes lignes de la géologie saharienne. — Rev. Géogr. Phys. Géol. Dyn. **1**: 37—45.
Mensching, H. (1970): Beobachtungen im Ahaggar-Gebirge und Untersuchungen in der Inselberglandschaft seines kristallinen Sockelreliefs. — Jb. Geogr. Ges. zu Hannover 1969, S. 111—143.
— (1970a): Beobachtungen zur Morphogenese des Hammada-Reliefs in der zentralen und nördlichen Algerischen Sahara. — Jb. Geogr. Ges. zu Hannover 1969, S. 145—158.
— (1970b): Flächenbildung in der Sudan- und Sahel-Zone (Ober-Volta und Niger). Beobachtungen zum arid-morphodynamischen System und zur Morphogenese in den Randtropen Westafrikas. — Z. Geomorph. N.F., Suppl. **10**: 1—29.
— (1970c): Klima-geomorphologische Beobachtungen zur Blockbildung in den ariden Subtropen und Tropen Afrikas. — Tübinger Geogr. Stud. **34**: 133—140.
— (1974): Landforms as a dynamic expression of climatic factors in the Sahara and Sahel — a critical discussion. — Z. Geomorph. N.F., Suppl. **20**: 168—177.
— (1976): Fluviale und äolische Formungsprozesse arider Morphodynamik an Stufenrändern des saharischen Hamada-Reliefs. — Z. Geomorph. N.F., Suppl. **24**: 120—127.
— (1978): Inselberge, Pedimente und Rumpfflächen im Sudan (Republik). Ein Beitrag zur morphogenetischen Sequenz in den ariden Subtropen und Tropen Afrikas. — Z. Geomorph. N.F., Suppl. **30**: 1—19.
— (1979): Beobachtungen und Bemerkungen zum alten Dünengürtel der Sahelzone südlich der Sahara als paläoklimatischer Anzeiger. — Stuttgarter Geogr. Stud. **93**: 67—78.
— (1979a): Die klima-geomorphologische Bedeutung von Wadis in der Ariden Zone. Bemerkungen zu ihrer morphogenetischen Sequenz. — Innsbrucker Geogr. Stud. **5**: 551—561.
— (1980): Breitet sich die Wüste aus? Desertifikation in der Sahelzone Afrikas. — Geoökodynamik **1**: 23—36.
— (1980a): Morphogenetische Sequenzen der Reliefentwicklung im Air-Gebirge und in seinem Vorland (Aride Randtropen der Republik Niger). — Tübinger Geogr. Stud. **80**: 79—93.
— (1983): Die Wirksamkeit des „Arid-Morphodynamischen Systems“ am mediterranen Nordrand und am randtropischen Südrand (Sahel) der Sahara. Ein Beitrag zur zonalen Klima-Geomorphologie. — Geoökodynamik **4**: 173—189.
Mensching, H., Gießner, K. & Stuckmann, G. (1970): Geomorphologische Beobachtungen auf einer Forschungsexpedition nach West- und Nordafrika. — Jb. Geogr. Ges. zu Hanover 1969.
Menzel, A. (1933): Die Stufenlandschaften der zentralen Sahara. — Wiss. Veröff. Museum f. Länderkunde zu Leipzig N.F. **2**: 103—130.
Meyer, B. (1979): Die Entcarbonatierungsrötung als bodengenetischer Teilprozeß. — Mitteilgn. Dtsch. Bodenkundl. Gesellsch. **29**: 705—708.
Michel, P. (1980): Vergleichende Reliefentwicklung in der südlichen Sahara, im Sahel und in Südwest-Afrika. — Tübinger Geogr. Stud. **80**: 95—111.
Mohr, E. C. J., van Baren, F. A. & van Schuylenborgh, J. (1972): Tropical soils. A comprehensive study of their genesis. — The Hague - Paris - Djakarta.
Molle, H.-G. (1979): Untersuchungen zur Entwicklung der vorzeitlichen Morphodynamik im Tibesti-Gebirge (Zentralsahara) und in Tunesien. — Berliner Geogr. Abh. **25**.
Monod, Th. (1963): The Late Tertiary and Pleistocene in the Sahara and Adjacent Southerly Regions. — In Howell, F. C. & Bourlière, F. (ed.): African Ecology and Human Evolution, S. 117—229, Chicago.
Moreau, Ch. & Morel, A. (1979): Observations sur les relations entre géologie et géomorphologie du massif de l'Air (Niger). — Annales Univ. Niamey **2**: 89—96.
Morel, A. (1972): Remarques sur le modèle de deux hauts massifs de l'Air (Sahara méridional). — Bull. A.G.F. **399**: 213—225.

Morel, A. (1981): Formes, formations superficielles et variations climatiques recentes dans les massifs centraux de l'Air (Sud-Sahara). — Palaeoecology of Africa **13**: 189—198.
Morel, A. & Moreau, Ch. (1979): Relations entre le modelé et la pétrologie des anorthosites et des roches associées de l'Ofoud (Air-Niger). — Rev. Géol. Dyn. Géogr. Phys. **21**: 247—255.
Morel, A. & Schulz, E. (1981): Recherches palynologiques et géomorphologiques dans le massif de l'Air (Niger): note préliminaire. — Rev. Géogr. Alpine **69**: 583—592.
Mückenhausen, E. (1967): Die Feinsubstanz vulkanogener Edaphoide. — Anal. Edaf. y Agrobiol. **26**: 703—715.
— (1977): Entstehung, Eigenschaften und Systematik der Böden der Bundesrepublik Deutschland. — Frankfurt am Main.
Müller, M. (1980): Handbuch ausgewählter Klimastationen der Erde. — Forschungsstelle Bodenerosion Mertesdorf (Ruwertal), Heft 5.
Müller-Feuga, R. (1954): Contribution à l'étude de la géologie, de la pétrographie et des ressources hydrauliques et minérales du Fezzan. — Ann. des Mines et de la Géol. **12**.
Murad, E. (1982): Iron oxide mineralogy of a hydrothermal assemblage on Santorini Island, Aegean Sea. — Min. Mag. **46**: 89—93.

Nabhan, H. M., Sys, C. & Stoops, G. (1969): Mineralogical study of the suspended matter in the Nile water. — Pedologie **19**: 34—48.
Nye, P. H. (1954, 1955): Some soil-forming processes in the humid tropics. I. A field study of a catena in the West African forest. — J. Soil Sci. **5**: 7—21. II. The development of the upper-slope member of the catena. — J. Soil Sci. **6**: 51—62. III. Laboratory studies on the development of a typical catena over granitic gneiss. — J. Soil Sci. **6**: 63—72.

Oberlin, A. & Freulon, J.-M. (1958): Étude minéralogique de quelques argiles des séries primaires du Tassili N'Ajjer et du Fezzan (Sahara central). — Bull. Soc. franc. Miner. Crist. **81**: 186—189.
Oberlin, A., Freulon, J.-M. & Lefranc, J.-Ph. (1958): Étude minéralogique de quelques argiles des grés de Nubie du Fezzan, Libye. — Bull. Soc. franc. Miner. Crist. **81**: 1—4.
Ollier, C. D. (1959): A two cycle theory of tropical pedology. — J. Soil Sci. **10**: 137—148.
— (1969): Weathering. — Edinburgh.

Pachur, H.-J. (1974): Geomorphologische Untersuchungen im Raum der Serir Tibesti (Zentralsahara). — Berliner Geogr. Abh. **17**.
Paquet, H. (1969): Évolution géochimique des minéraux argileux dans les altérations et les sols des climats mediterranéens et tropicaux à saisons contrastées. — Thèse Strasbourg.
Paquet, H., Maignien, R. & Millot, G. (1961): Les argiles des sols des régions tropicales semi-humides d'Afrique occidentale. — Bull. Serv. Carte géol. Als. Lorr. **14**: 111—128.
Penven, M.-J., Fedoroff, N. & Robert, M. (1981): Altération météorique des biotites en Algérie. — Geoderma **26**: 287—309.
Perret, R. (1935): Le relief du Sahara. — Rev. Géogr. Phys. Géol. Dyn. **8**: 211—256, 363—410.
— (1938): Les „cotes" du Sahara français. — Ann. Geogr. **47**: 602—616.
— (1952): Le relief des granits de l'Ahaggar. — Bull. Assoc. Geogr. Fr. **226—228**: 82—88.
— (1953): Morphologie de quelques îlots granitiques du Sahara français. — Bul. Soc. Roy. Geo. Egypte **25**: 49—56.
Perret, R. & Lombard, A. (1932): Itinéraire d'In Salah au Tahat à travers l'Ahaggar. — Ann. Geogr. **41**: 379—398.
Petermann, Th. (1981): Zur Klassifizierung von Wüstenböden. — Mitteilgn. Dtsch. Bodenkundl. Gesellsch. **32**: 659—666.
Petermann, Th. & Blume, H.-P. (1979): Yermosol-Solonchak-Bodenschaft des Fezzan. II. Soziologie und Bewässerungseignung. — Mitteilgn. Dtsch. Bodenkundl. Gesellsch. **29**: 811—820.
Pfeffer, K.-H. (1975): Zur Genese von Oberflächenformen in Gebieten mit flachlagernden Carbonatgesteinen. — Wiesbaden.
Pias, J. (1970): Les formations sédimentaires tertiaires et quaternaires de la cuvette tchadienne et les sols qui en dérivent. — Mém. ORSTOM **43**.
— (1970a): Notice explicative N° 41. Carte pédologique du Tchad à 1/1.000.000. Vol. I, II. — Centre ORSTOM de Fort-Lamy, Paris.

Plachut, B., Faure, H., Jacquemont, P. et al. (1960): Notice explicative sur la carte géologique du bassin du Djado (feuilles Djado et Toummo), 1:500000. — Bureau de Recherches de Petrole, B.R.G.M., Dakar.

Pons, A. & Quezel, P. (1957): Première étude palynologique de quelques paléosols sahariens. — Trav. Inst. Rech. sahar. **16**: 15—40.

Prasad, G. (1983): Frühtertiäres Bauxitevent in Südamerika, Afrika und Indien. — Vortrag am 25. Juni in Würzburg im Kolloquium 1983 der Afrikagruppe deutscher Geowissenschaftler.

Prescott, J. A. & Pendleton, R. L. (1952): Laterite and lateritic soils. — Comm. Bur. Soil Sci. Techn. Commun. **47**: 1—51.

Radwanski, S. A. & Ollier, C. D. (1959): A study of an East African catena. — J. Soil Sci. **10**: 149—168.

Rapp, A. (1975): Some views on the Ordovician palaeoglaciation in Saharan Africa. — Geologiska Föreningens i Stockholm Förhandlingar (GFF) **97**: 142—150.

Raulais, M. (1959): Esquisse géologique sur le massif cristallin de l'Air (Niger). — Bull. Soc. géol. Fr., 7. sér. **1**: 207—223.

Riedel, W. (1979): Rote Paläoböden im Iberischen Kristallin. — Landschaftsgenese u. Landschaftsökologie **5**: 5—8.

— (1979a): Zur Klimamorphogenese extremer Verwitterung und Bodenbildung in Iberien. — Z. Geomorph. N.F., Suppl. **33**: 127—134.

Riedl, H. (1970): Der Wert bodengeographischer Befunde für die Geomorphologie. — Österreich in Geschichte u. Literatur **14**: 252—260.

— (1973): Wesen und Bedeutung der Bodengeographie. — Salzburger Universitätsreden, **48**.

Riedl, K.-F. (1976): Neubildung von Schichtsilikaten auf der Oberfläche von künstlich verwitterten Olivinen, Pyroxenen und Amphibolen unter hydrothermalen Bedingungen. — Diss. Köln.

Riser, J. (1975): Les modelés des granites du Jbel Sarhro oriental (Anti-Atlas oriental). — Rev. Géogr. Phys. Géol. Dyn. **17**: 61—72.

Rocci, G. (1965): Essai d'interprétation de mesures géochronologiques la structure de l'quest africain. — Sciences de la Terre **10**: 463—479.

Rognon, P. (1967): Le massif de l'Atakor et ses bordures (Sahara Central). — C.N.R.S., Paris.

— (1976): Essai d'interprétation des variations climatiques au Sahara depuis 40000 ans. — Rev. Géogr. Phys. Géol. Dyn. **18**: 251—282.

— (1976a): Les oscillations du climat saharien depuis 40 millénaires. Introduction à un vieux débat. — Rev. Géogr. Phys. Géol. Dyn. **18**: 147—156.

— (1980): Comparison between the Late Quaternary Terraces around Atakor and Tibesti. — In Salem, M. J. & Busrewil, M. T. (ed.): The Geology of Libya, vol. III: 815—821, London.

— (1980a): Pluvial and arid phases in the Sahara: The role of nonclimatic factors. — Palaeoecology of Africa **12**: 45—62.

Rognon, P., Charpal, O. de & Biju-Duval, B. (1968): Les glaciations „siluriennes" dans l'Ahnet et le Mouydir (Sahara central). — Publ. Serv. géol. Algérie, (Nlle série) **38**: 53—81.

Rognon, P., Gourinard, Y. & Bandet, Y. (1981): Un épisode de climat aride dans l'Atakor (Hoggar) vers 1,5 Ma (datations K/Ar) et sa place dans le contexte paléoclimatique du Plio-Pléistocène africain. — Bull. Soc. géol. France **23**: 313—318.

Rohdenburg, H. (1969): Hangpedimentation und Klimawechsel als wichtigste Faktoren der Flächen- und Stufenbildung in den wechselfeuchten Tropen an Beispielen aus Westafrika, besonders aus dem Schichtstufenland Südost-Nigerias. — Göttinger Bodenkundl. Ber. **10**: 57—152.

— (1970): Morphodynamische Aktivitäts- und Stabilitätszeiten statt Pluvial- und Interpluvialzeiten. — Eisz. u. Geg. **21**: 81—96.

— (1971): Einführung in die klimagenetische Geomorphologie anhand eines Systems von Modellvorstellungen am Beispiel des fluvialen Abtragungsreliefs. — Gießen.

— (1977): Beispiele für holozäne Flächenbildung in Nord- und Westafrika. — Catena **4**: 65—109.

— (1982): Geomorphologisch-bodenstratigraphischer Vergleich zwischen dem nordostbrasilianischen Trockengebiet und immerfeucht-tropischen Gebieten Südbrasiliens — mit Ausführungen zum Problemkreis der Pediplain-Pediment-Terrassentreppen. — Catena Suppl. **2**: 73—122.

Rohdenburg, H. & Meyer, B. (1968): Zur Datierung und Bodengeschichte mitteleuropäischer Oberflächenböden (Schwarzerde, Parabraunerde, Kalksteinbraunlehm): Spätglazial oder Holozän? — Göttinger Bodenkundl. Ber. **6**: 127—212.

Rohdenburg, H. & Sabelberg, U. (1969): „Kalkkrusten" und ihr klimatischer Aussagewert — neue Beobachtungen aus Spanien und Nordafrika. — Göttinger Bodenkundl. Ber. **7**: 3—26.

— — (1969a): Zur landschaftsökologisch-bodengeographischen und klimagenetisch-geomorphologischen Stellung des westlichen Mediterrangebietes. — Göttinger Bodenkundl. Ber. **7**: 27—47.

— — (1973): Quartäre Klimazyklen im westlichen Mediterrangebiet und ihre Auswirkungen auf die Relief- und Bodenentwicklung vorwiegend nach Untersuchungen an Kliffprofilen auf den Balearen und an der marokkanischen Atlantikküste. — Catena **1**: 71—180.

— — (1980): Northwestern Sahara margin: Terrestrial stratigraphy of the Upper Quaternary and some paleoclimatic implications. — Palaeoecology of Africa **12**: 267—275.

Ruhe, R. V. (1956): Landscape evolution in the High Ituri, Belgian Congo. — Publ. Ineac **66**.

Sabelberg, U. (1978): Jungquartäre Relief- und Bodenentwicklung im Küstenbereich Südwestmarokkos. — Landschaftsgenese u. Landschaftsökologie **1**.

Sarntheim, M. (1978): Neogene sand layers off northwest Africa: composition and source environment. — Initial Reports of the Deep Sea Drilling Project, vol. **41**: 939—959.

Scharpenseel, H. W. & Zakosek, H. (1979): Phasen der Bodenentwicklung in Tunesien. — Z. Geomorph. N.F., Suppl. **33**: 118—126.

Scheffer, F., Meyer, B. & Kalk, E. (1963): Biologische Ursachen der Wüstenlackbildung. Zur Frage der chemischen Verwitterung in ariden Gebieten. — Z. Geomorph. N.F. **7**: 112—119.

Scheffer, F., Schoen, U. & Hess, C. (1967): Über die Tirse Marokkos — schwarzerdeartige Böden unter subtropischem Klima. — Anal. Edaf. y Agrobiol. **26**: 653—672.

Schmidt-Lorenz, R. (1971): Böden der Tropen und Subtropen. — In Blanckenburg, P. von & Cremer, H.-D. (ed.): Handbuch der Landwirtschaft und Ernährung in den Entwicklungsländern. Band 2: Pflanzliche und tierische Produktion in den Tropen und Subtropen, S. 44—80, Stuttgart.

— (1974): Lateritisierung — ein Sonderfall der Ferrallitisierung. — Mitteilgn. Dtsch. Bodenkundl. Gesellsch. **20**: 68—79.

— (1974a): Nachweis von Laterit-Spuren in paläopedogenem Material, aufgezeigt an Beispielen aus Mitteleuropa. — Mitteilgn. Dtsch. Bodenkundl. Gesellsch. **20**: 114—122.

— (1977): Feuchttropen-Reliktböden im Aufforstungsprojekt Ouagadougou/Obervolta (Sudan-Sahel-Klima). — Mitt. d. Bundesforsch. Anst. Forst.- u. Holzwirtsch. Hamburg-Reinbek **118**: 164—175.

Schmitt, B. M. (1981): Vergleiche von Serirproben aus der Zentralsahara. Auswertung der Untersuchungsergebnisse nach deskriptiv-phänomenologischen und statistischen Methoden. — Dipl.-Arb. Würzburg (Geogr. Inst.).

Schoen, U. (1966): Beitrag zur Kenntnis der Tonminerale im marokkanischen Boden. — Habil.-Schrift Göttingen.

Schulz, E. (1979): Die aktuelle Vegetation der Randbereiche des Murzuk-Beckens (zentrale Sahara). — Würzb. Geogr. Arb. **49**: 125—161.

— (1979a): Zur Flora und Vegetation der Randgebiete des Murzuk-Beckens (Fezzan-Libyen und Nord-Niger). — Willdenowia **9**: 239—259.

— (1980): Zur Vegetation der östlichen zentralen Sahara und zu ihrer Entwicklung im Holozän. — Würzb. Geogr. Arb. **51**.

Schütz, L. & Jaenicke, R. (1980): Eolian dust from the Sahara desert. — Palaeoecology of Africa **12**: 97—98.

Schwarzbach, M. (1953): Das Alter der Wüste Sahara. — N. Jb. Geol. Paläontol., Mh. **1953**: 157—174.

— (1968): Das Klima des rheinischen Tertiärs. — Z. deutsch. geol. Ges. **118**: 33—68.

— (1974): Das Klima der Vorzeit. Eine Einführung in die Paläoklimatologie.. — Stuttgart.

Segalen, P. (1967): Les sols et la géomorphologie du Cameroun. — Cah. ORSTOM sér. Pédol. **5**: 137—187.

— (1967a): Les sols de la vallée du Noun. — Cah. ORSTOM sér. Pédol. **5**: 287—349.

— (1974): Sols ferrallitiques. Surfaces d'aplanissement anciennes et zones de tectonique et volcanisme récents. — Pedologie **24**: 147—163.

Selby, M. J. (1977): On the origin of sheeting and laminae in granitic rocks: evidence from Antarctica, the Namib Desert and the Central Sahara. — Madoqua **10**: 171—179.

Semmel, A. (1980): Geomorphologische Arbeiten im Rahmen der Entwicklungshilfe — Beispiele aus Zentralafrika und Kamerun. — Geoökodynamik **1**: 101—114.

Semmel, A. (1982): Catenen der feuchten Tropen und Fragen ihrer geomorphologischen Deutung. — Catena Suppl. **2**: 123—140.
Sieffermann, G. (1973): Les sols de quelques régions volcaniques du Cameroun. Variations pédologiques et minéralogiques du milieu équatorial au milieu tropical. — Mém. ORSTOM **66**.
Sindowski, K.-H. (1959): Sedimentpetrographisch-bodenkundliche Untersuchungen an einigen Steppen-, Vollwüsten- und Extremwüstenböden und Gesteinen aus der mittleren Sahara (Libyen). — In Meckelein, W.: Forschungen in der zentralen Sahara, S. 152—178, Braunschweig.
Singer, A. (1970): Edaphoids and paleosols of basaltic origin in the Galilee, Israel. — J. Soil Sci. **21**: 289—296.
Singer, A. & Amiel, A. J. (1974): Characteristics of Nubian sandstone-derived soils. — J. Soil Sci. **25**: 310—319.
Sivarajasingham, S., Alexander, L. T., Cady, J. G. & Cline, M. (1962): Laterite. — Adv. Agron. **14**: 1—60.
Skowronek, A. (1978): Untersuchungen zur Terra rossa in E- und S-Spanien — ein regionalpedologischer Vergleich. — Würzb. Geogr. Arb. **47**.
— (1979): Die Terra rossa in Spanien und ihre Bedeutung für klimageomorphologische Fragestellungen. — Z. Geomorph. N.F., Suppl. **33**: 135—142.
— (1979a): Paläoböden in der zentralen Sahara. — Würzb. Geogr. Arb. **49**: 163—181.
— (1979b): Paläoböden und Vorzeitklima in der zentralen Sahara. — Mitteilgn. Dtsch. Bodenkundl. Gesellsch. **29**: 821—825.
— (1979c): Preliminary report on palaeosols and soil sediments in the Messak/Mangueni region (Central Sahara). — Palaeoecology of Africa **11**: 57—59.
— (1982): Bibliography on Paleopedology. Third List: 1971/72 — 1979/80. North Africa & Sahara. — Mitteilgn. Dtsch. Bodenkundl. Ges. **35**: 171—180.
— (1982a): Paläoböden und Lösse in Mainfranken vor ihrem landschaftsgeschichtlichen Hintergrund. — Würzb. Geogr. Arb. **57**: 89—107.
— (1983): Böden in der Landschaftsforschung. — Tagungsber. u. wiss. Abh. 43. Dt. Geographentag Mannheim, S. 115—117.
— (1983a): Reliktische Kalkstein-Verwitterungslehme am Bocksberg und ihr paläoklimatischer Indikatorwert für klimagenetisch-geomorphologische Fragestellungen in Unterfranken. — Unveröff. Manuskript.
— (1983b): Traditionelle Bodenklassifikations-Systeme und Probleme der Korrelation. — Mitteilgn. Dtsch. Bodenkundl. Gesellsch. **38**: 591—596.
Smith, B. J. & Whalley, W. B. (1982): Observation on the composition and mineralogy of an Algerian duricrust complex. — Geoderma **28**: 285—311.
Soil Survey Staff (1960): Soil classification. A comprehensive system. 7th Approximation. — Washington. D.C.
— (1975): Soil Taxonomy. A Basic System of Soil Classification for Making and Interpreting Soil Surveys. — Washington, D.C.
Soleilhavoup, F. & Cailleux, A. (1979): Formes de suffossion actuelle près de Tamanrasset (Hoggar, Sahara). — Z. Geomorph. N.F. **23**: 13—26.
Stephan, S. (1972): Profilstudien an tunesischen Böden. II: Mikromorphologie. — Fortschr. Geol. Rheinld. u. Westf. **21**: 83—100.
Stoops, G. (1968): Micromorphology of some characteristic soils of the lower Congo (Kinshasa). — Pedologie **18**: 110—149.
Stoops, G. & Jongerius, A. (1975): Proposal for a micromorphological classification of soil materials. I. A classification of the related distributions of fine and coarse particles. — Geoderma **13**: 189—199.

Thienhaus, R. (1964): Verwitterungsprofile über Itabiriten von Afrika und Indien. — Schr. Ges. Dt. Metallhütten u. Bergleute **14**: 89—100.
Thorp, J. & Smith, G. D. (1949): Higher Categories of Soil Classification: Order, Suborder, and Great Soil Groups. — Soil Sci. **67**: 117—126.
Thorp, M. B. (1969): Some Aspects of the Geomorphology of the Air Mountains, Southern Sahara. — Trans. Inst. Brit. Geogr. **47**: 25—46.

Thorsteinsson, T. & Elíasson, J. (1970): Geohydrology of the Laugarnes Hydrothermal System in Reykjavik, Iceland. — Geothermics, spec. iss. **2**: 1191—1204.

Tillet, T. (1983): Le paleolithique du bassin tchadien septentrional (Niger-Tchad). — C.N.R.S., Paris.

Torrent, J., Schwertmann, U. & Schulze, D. G. (1980): Iron oxide mineralogy of some soils of two river terrace sequences in Spain. — Geoderma **23**: 191—208.

Vageler, P. (1955): Zur Bodengeographie Algiers. Faktoren der Bodenbildung und -verteilung. Die Catena als bodengenetische Einheit. — Pet. Geogr. Mitt., Erg.-H. **258**.

Van Wambeke, A. (1959): Le rapport limon/argile, mesure approximative du stade d'altération des materiaux originels des sols tropicaux. — Proc. 3rd Int. African Soils Conf. Dalaba, S. 161—167.

Verheye, W. (1979): Le profil d'altération pédo-géologique sur granodiorites en côte d'ivoire centrale. — Rev. Geomorph. dyn. **28**: 49—60.

Vincent, P. M. (1963): Les volcans tertiaires et quaternaires du Tibesti occidental et central (Sahara du Tchad). — Mém. B.R.G.M. **23**.

Vogg, R. (1981): Bodenressourcen arider Gebiete. Untersuchungen zur potentiellen Fruchtbarkeit von Wüstenböden in der mittleren Sahara. — Stuttgarter Geogr. Stud. **97**.

Vogt, J. & Black, R. (1963): Remarques sur la géomorphologie de l'Aïr. — Bull. B.R.G.M. **1**: 1—29.

Volk, O. H. & Geyger, E. (1970): „Schaumböden" als Ursache der Vegetationslosigkeit in ariden Gebieten. — Z. Geomorph. N.F. **14**: 79—95.

Völk, H. R. & Levelt, Th. W. M. (1970): Tonmineralogische Ergebnisse und einige paläoklimatische Betrachtungen. — Jb. Geogr. Ges. zu Hannover 1969, S. 191—211.

Vuillaume, G. (1968): Premiers résultats d'une étude analytique du ruissellement et de l'érosion en zone sahélienne. Bassin représentatif de Kountkouzout (Niger). — Cah. ORSTOM sér. Hydrol. **5**: 33—56.

— (1969): Analyse quantitative du rôle du milieu physico-climatique sur le ruissellement et l'érosion à l'issue de bassins de quelques hectares en zone sahélienne. (Bassin de Kountkouzout, Niger). — Cah. ORSTOM sér. Hydrol. **6**: 87—131.

Walker, T. R. (1967): Formation of Red Beds in Modern and Ancient Deserts. — Geol. Soc. Amer. Bull. **78**: 353—368.

Wiechmann, H. & Felix-Henningsen, P. (1983): Chemische und mikromorphologische Untersuchungen an Oxidkrusten. — Mitteilgn. Dtsch. Bodenkundl. Gesellsch. **38**: 607—612.

Wilhelmy, H. (1974): Geomorphologie in Stichworten. IV. Klimageomorphologie. — Kiel.

Williams, G. E. (1969): Characteristics and origin of a precambrian pediment. — J. Geol. **77**: 183—207.

Williams, M. A. J. (1968): A dune catena on the clay plains of the west central Gezira, Republic of the Sudan. — J. Soil Sci. **19**: 367—378.

Wirthmann, A. (1981): Täler, Hänge und Flächen in den Tropen. — Geoökodynamik **2**: 165—204.

— (1983): Lösungsabtrag von Silikatgesteinen und Tropengeomorphologie. — Geoökodynamik **4**: 149—171.

Wirtz, R. (1972): Beitrag zur Kenntnis der Paläosole im Vogelsberg. — Abh. hess. L.-Amt Bodenforsch. **61**.

Young, A. (1976): Tropical Soils and Soil Survey. — Cambridge.

Ziegert, H. (1969): Gebel ben Ghnema und Nord-Tibesti. Pleistozäne Klima- und Kulturenfolge in der zentralen Sahara. — Wiesbaden.

Zöller, I. (1976): Zur Sedimentologie und Stratigraphie der postkarbonen kontinentalen Sedimente am Südost- und Ostrand des Murzuk-Beckens (Zentralsahara, Libyen). — Diss. TU Berlin.

8.2 *Karten*

1 : 200 000	Topographische Karte	
	NE-32-IX	Elméki (1973)
	NE-32-XV	Tímìa (1973)
	NF-31-XVIII	Tamanrasset (1940)
	NF-31-XXIV	Assekrem (1972)
	NF-32-XXIV	In Ezzane (1971)
	NF-33-I	Séguédine (1979)
	NF-33-VIII	Madama (1979)
	NF-33-XIII	Achelouma (1975)
	NG-31-V	Tesnou (1959)
	NG-31-X	Arak (1957)
	NG-32-VI	Col d'Anai (1956)
	NH-31-III	Ain el Hadjadj (1963)
	NH-31-IX	Fort Miribel (1960)
1 : 1 000 000	Internationale Weltkarte	
	NE-32	Agadez (1976)
	NF-31	Tamanrasset (1975)
	NF-32	I-n-azoua (1975)
	NF-33	Djado (1961)
	NG-31	In Salah (1975)
	NG-32	Djanet (1967)
	NH-31	Ouargla (1965)
1 : 75 000	Carte géologique du centre de l'Atakor (1971)	
1 : 500 000	Carte géologique du Bassin du Djado, Feuilles Djado et Toummo (1960)	
1 : 500 000	Carte géologique du Sahara, Fort Lapperine (1961)	
1 : 500 000	Carte géologique de reconnaissance de l'Air (1967)	
1 : 2 000 000	Geological Map of Libya (1977)	
1 : 500 000	Carte pédologique de reconnaissance de la République du Niger, Niamey (1964)	
1 : 5 000 000	Soil Map of the World, Sheet VI-1 (1973)	
1 : 10 000 000	Carte du danger d'érosion en Afrique au Sud du Sahara	

9 Sachregister

Gemäß Pressegesetz sind wir zum Abdruck der folgenden Gegendarstellung verpflichtet:

Gegendarstellung zum Beitrag von

Erhard Körber und Wolfgang Zech, Bayreuth:

„Zur Kenntnis tertiärer Verwitterungsreste und Sedimente in der Oberpfalz und ihrer Umgebung".

Erschienen in: Relief-Boden-Paläoklima, Vol. 3: 67—150, Berlin · Stuttgart, 1984

Die genannten Autoren gründen ihre Aussagen auf bodenmineralogische und sedimentologische Analysen, die im Anhang dieser Arbeit genannt werden. Dabei geben sie an, daß diese in ihrer Gesamtheit das Ergebnis eigener Forschung sind.

Das ist unrichtig.

Etwa ein Drittel der Aufschlüsse wurde mineralogisch (Leicht-, Schwermineraluntersuchungen, Tonmineralanalyse, Dünnschliffuntersuchungen) vom Unterzeichnenden bearbeitet.

Es handelt sich um folgende Aufschlüsse (Probennr. Anhang Vol. III):

Nr. 32: Kiesgrube Zessau
Nr. 33: Friedersreuth
Nr. 34: Kiesgrube Schiltern
Nr. 35: Ostende Kaolinwerk bei Stulln
Nr. 36: Stulln (westl. d. Kaolinwerkes)
Nr. 37: Südende von Stulln
Nr. 38: Freihöls
Nr. 39: Weiber-Breitenbrunn
Nr. 40: Obertrübenbach
Nr. 41: Perlbachtal
Nr. 42: Ochsenberg-Sandgrube
Nr. 43: Unteres Dellerbachtal
Nr. 44: Mülldeponie Ramspau
Nr. 45: Schergengraben, westl. der Waldlichtung
Nr. 46: Kiesgrube westl. Maxhütte
Nr. 47: Götzdenkmal südl. Burglengenfeld
Nr. 48: Pentlberg/Zeitlarn
Nr. 49: Mappenberg/Meldau
Nr. 50: Sandgrube Blechhammer/Bodenwöhr

Außerdem wurden 10 Proben aus dem Hessenreuther Forst (Nr. 14) auf ihren Schwermineralgehalt hin untersucht.

Eine Kopie des Datenmaterials wurde Herrn Prof. Dr. Zech für eine gemeinsame wissenschaftliche Arbeit überlassen.

Harald Dill, Hannover

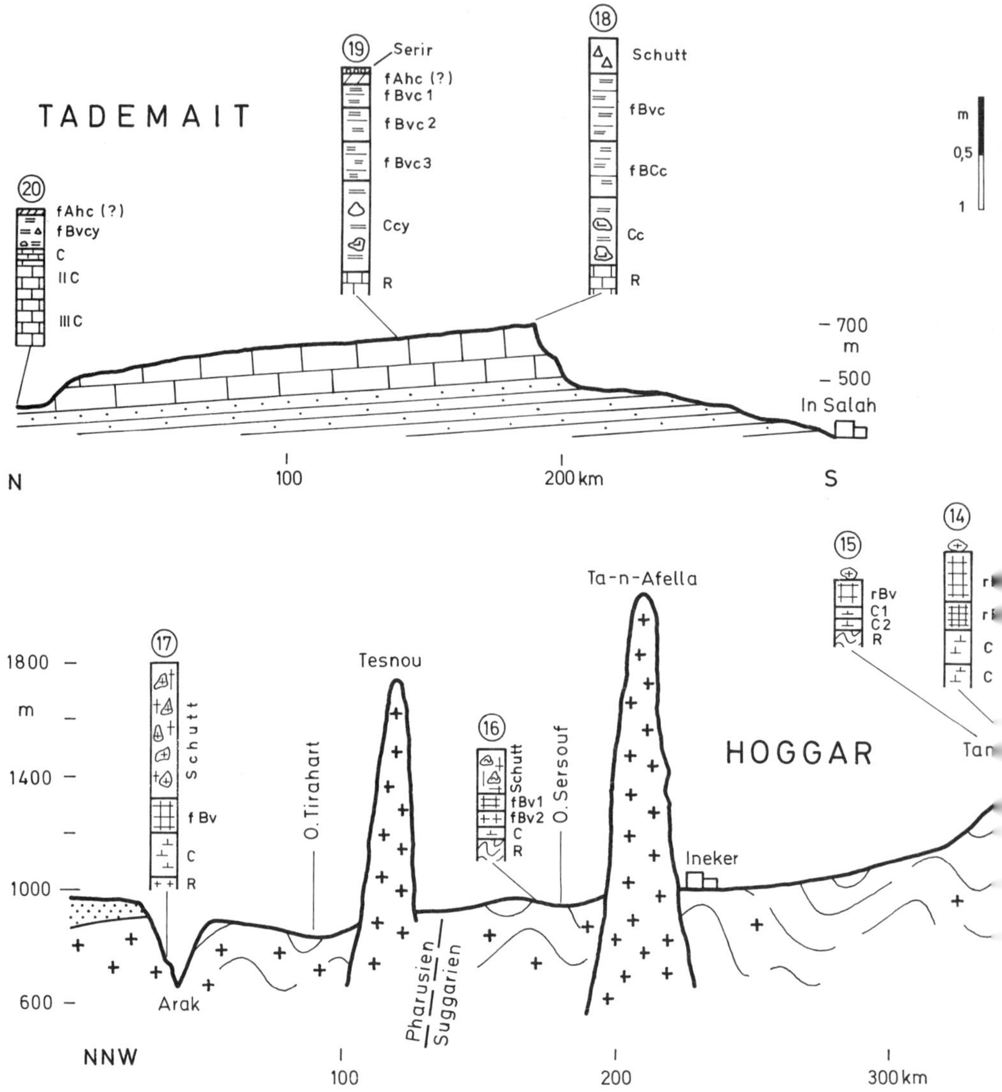

Fig. 32 Untersuchte Sahara - Böden, Großrelief und geologisches Profil der Arbeitsgebiete

(stark überhöht)

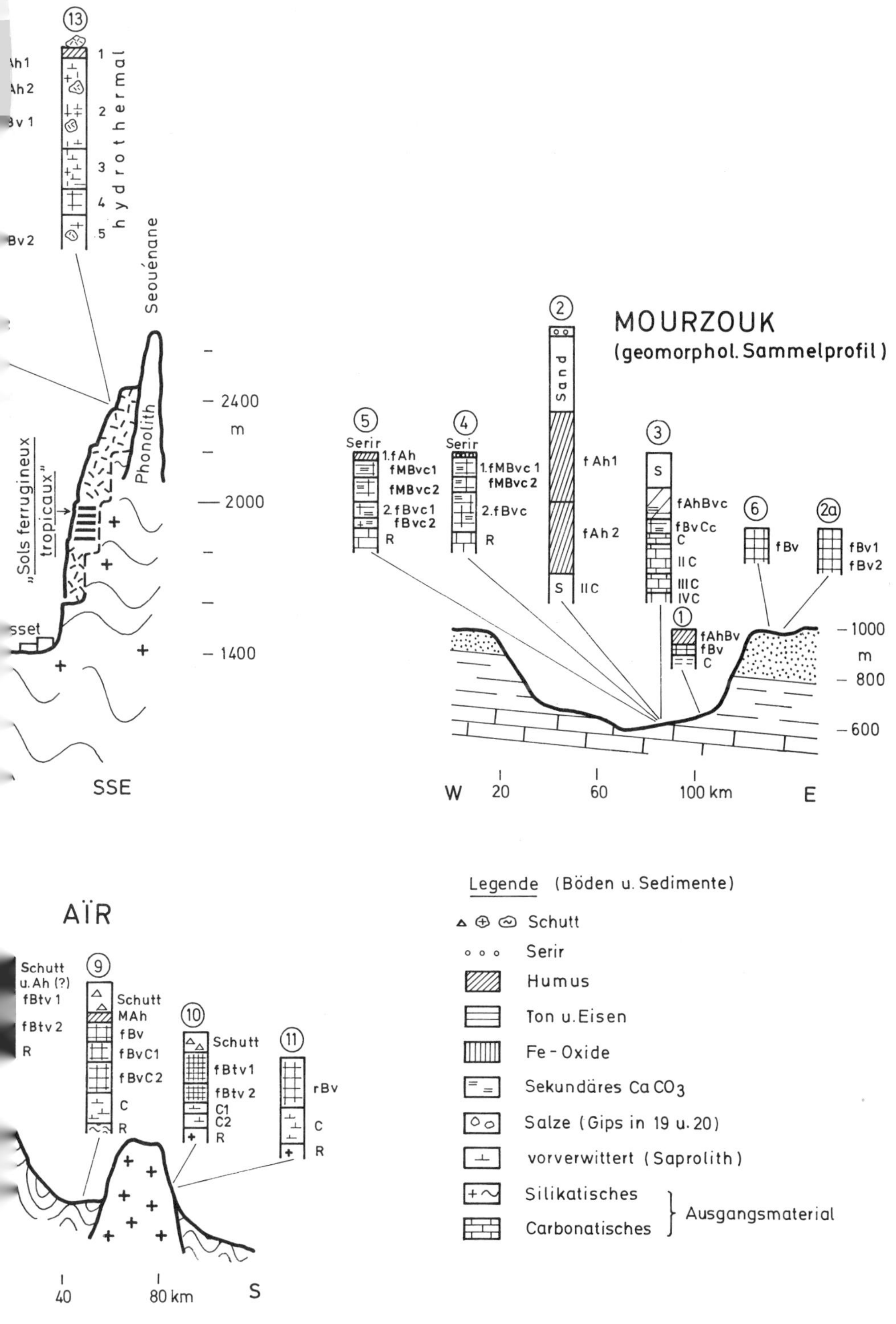

13
hydrothermal
Seouénane
Phonolith
„Sols ferrugineux tropicaux"
2400
m
2000
1400
SSE
MOURZOUK
(geomorphol. Sammelprofil)
Serir
1.fAh
fMBvc1
fMBvc2
2.fBvc1
fBvc2
R
1.fMBvc 1
fMBvc 2
2.fBvc
Sand
fAh1
fAh 2
S
IIC
fAhBvc
fBvCc
C
II C
III C
IVC
fAhBv
fBv
fBv1
fBv2
1000
m
800
600
W
20
60
100 km
E
AÏR
Schutt u.Ah (?)
fBtv 1
fBtv 2
Schutt
MAh
fBvC1
fBvC2
C1
C2
rBv
40
80 km
S
Legende (Böden u. Sedimente)
Schutt
Serir
Humus
Ton u. Eisen
Fe-Oxide
Sekundäres Ca CO3
Salze (Gips in 19 u. 20)
vorverwittert (Saprolith)
Silikatisches
Carbonatisches
Ausgangsmaterial

756